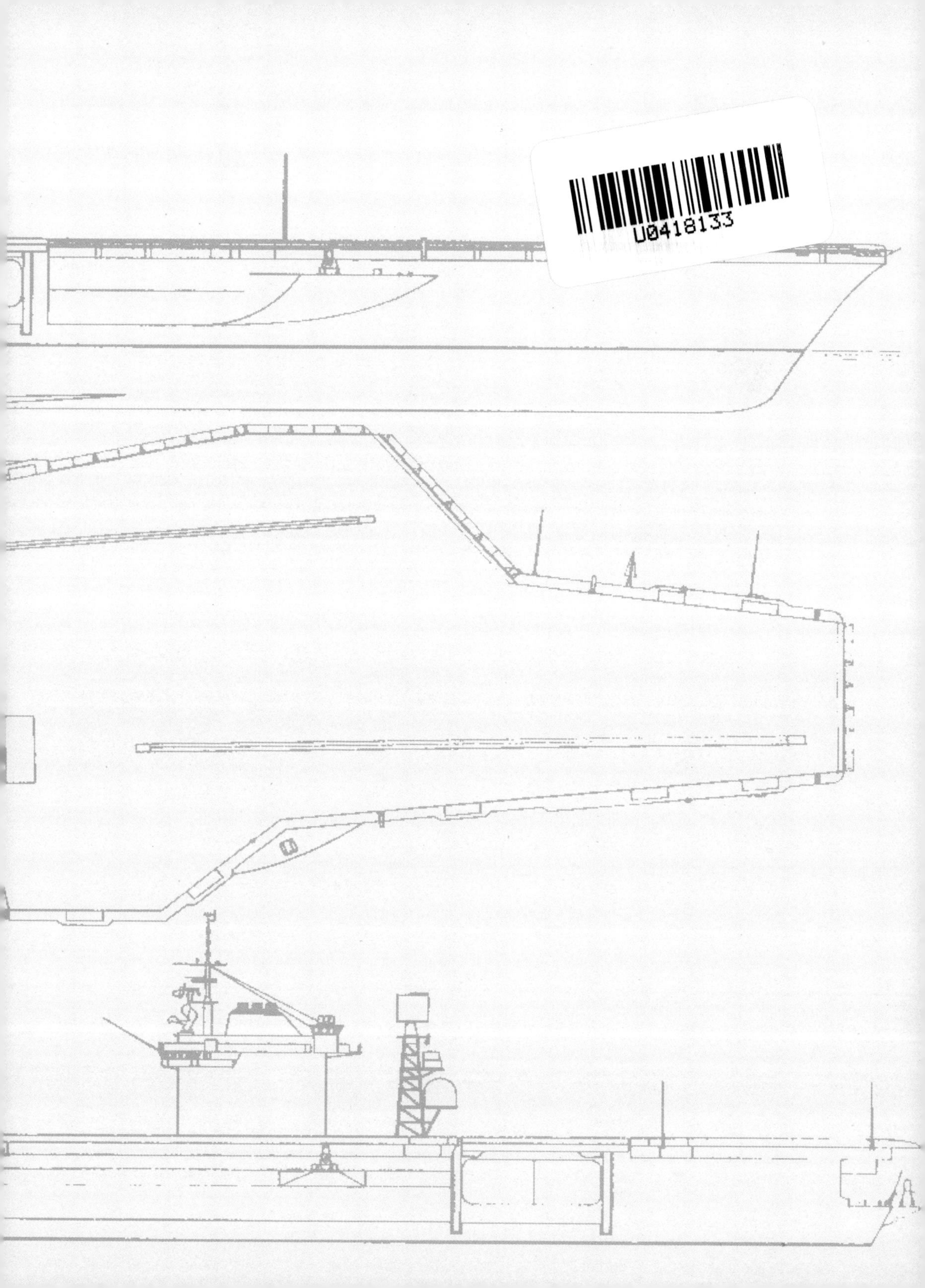
U0418133

从“合众国”号到“小鹰”级

张明德　著

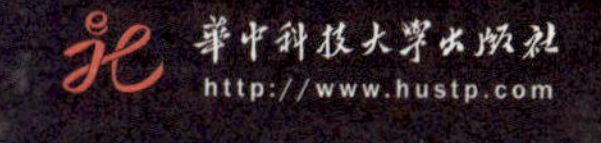

图书在版编目（CIP）数据

美国海军超级航空母舰. 从“合众国”号到“小鹰”级 / 张明德著. -- 武汉：华中科技大学出版社，2022.1（2023.4重印）

ISBN 978-7-5680-7570-1

Ⅰ. ①美… Ⅱ. ①张… Ⅲ. ①航空母舰－美国－图集 Ⅳ. ①E925.671

中国版本图书馆CIP数据核字（2021）第215284号

本书由知书房出版社授权出版

湖北省版权局著作权合同登记图字：17-2021-211 号

美国海军超级航空母舰. 从“合众国”号到“小鹰”级　　张明德　著

Meiguo Haijun Chaoji Hangkongmujian: Cong “Hezhongguo” Hao dao “Xiaoying” ji

策划编辑：金　紫

责任编辑：陈　骏

封面设计：千橡文化

责任校对：李　琴

责任监印：朱　玢

出版发行：华中科技大学出版社（中国・武汉）　电话：(027)81321913

武汉市东湖新技术开发区华工科技园　邮编：430223

录　　排：北京千橡文化传播有限公司

印　　刷：固安兰星球彩色印刷有限公司

开　　本：710mmx1000mm　1/16

印　　张：20

字　　数：436 千字

版　　次：2023 年 4 月第 1 版第 2 次印刷

定　　价：96.00 元

编辑推荐

航空母舰是当代世界上唯一终极海上多任务作战平台，也是空海一体战、全域作战等各种新旧理论和实战的中心点。作为当今海上不可或缺的利器和一个国家综合国力的象征，航空母舰的重要性不言而喻，其研发历程、技术发展也是值得我们了解的。当今世界各国发展航空母舰和相应的海陆空力量是很实际的做法。“航空母舰丛书”立意就是做一些科普工作。

华中科技大学出版社出版的“航空母舰丛书”第一批推出《美国海军超级航空母舰：从“合众国”号到“小鹰”级》《美国海军超级航空母舰：从“企业”号到“福特”级》《现代航空母舰的三大发明：斜角甲板、蒸汽弹射器与光学着舰辅助系统的起源和发展》，深入而清晰地讲述了美国海军超级航空母舰的研发、制造和改进过程，以及航空母舰这一终极海上多任务作战平台的运用历史。本丛书以美国海军航空母舰发展的时间为脉络，将航母发展中发生的技术进步从航母设计的技术角度完整展现，在国内尚属首次。作者以其事无巨细的文风将航母发展过程中的那些故事娓娓道来，使读者极为尽兴。作者特别撰写了现代航空母舰三大发明的背景和全过程，细致地疏理了现代航空母舰的发展。

本书作者张明德是著名军事作家和军事领域专栏编辑，在长达十几年的军事文章写作过程中形成了自己的风格。他的文章内容翔实，基础资料多来源于国外的原版资料，对于航空母舰技术、发展的描写和分析从不用推测方法进行臆想，而是极为关注该领域的最新文章、书籍。本书中的很多内容都曾经在军事刊物或论坛中发表，引起了读者的广泛好评。

59

目录
Content

第1部
从“合众国”号到“福莱斯特”级

71

第2部

承先启后的“小鹰”级

第1部

从“合众国”号到“福莱斯特”级

★★★★★

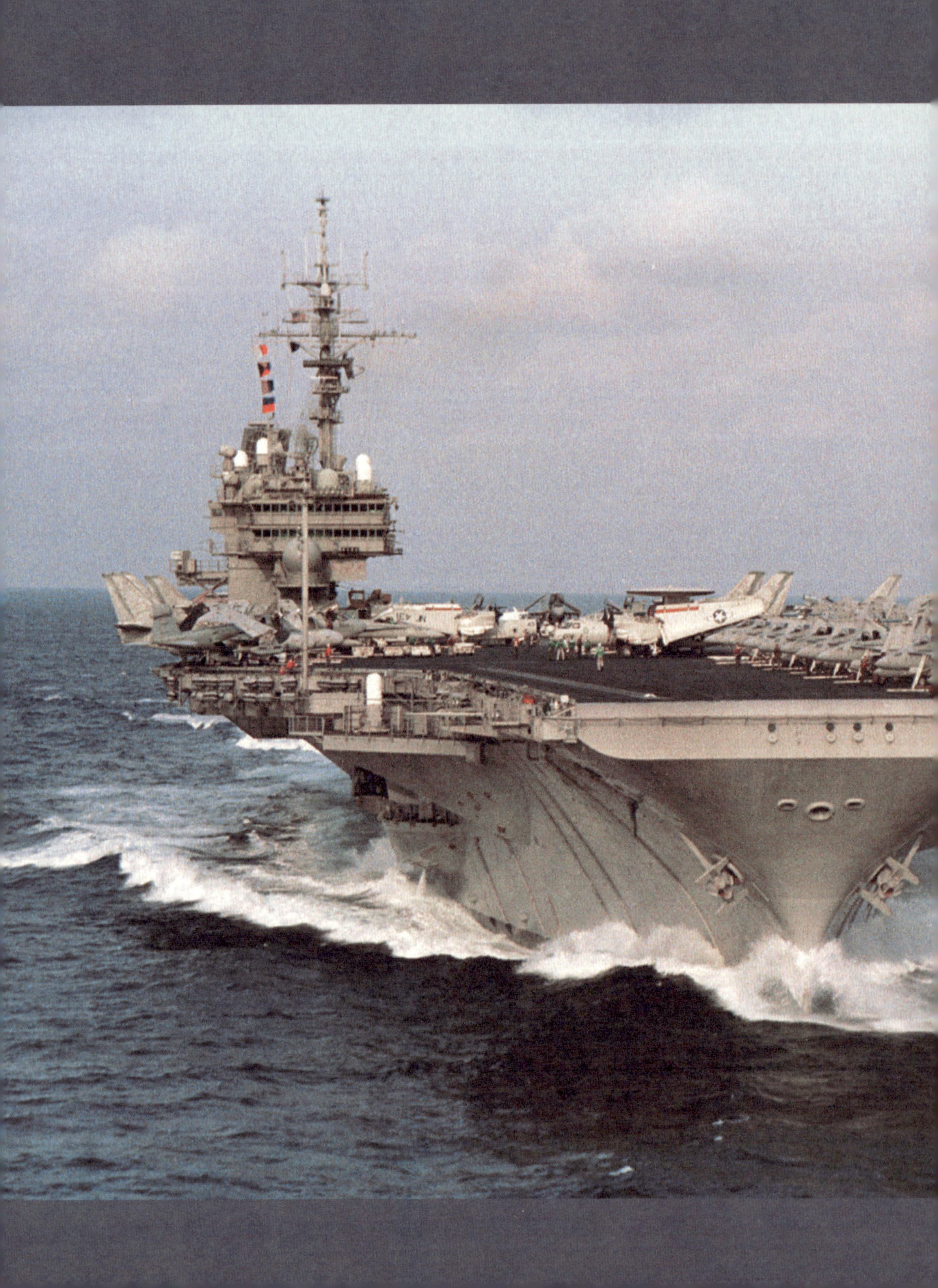

1

核时代的航空母舰发展

“我极力建议，请您授权让海军做好在紧急时投送原子弹的准备，以便航空母舰特遣舰队能为国防发挥最大效用。”

——美国海军代理部长苏利文致杜鲁门总统

1947年7月24日

1945年8月投在广岛与长崎的两枚原子弹，永远改变了现代海军的作战形态与技术发展方向。

原子弹这种毁灭威力空前的新武器出现后，显而易见将成为强权手上的头号打击工具，甚至成为决定未来战争结果的“唯一仲裁者”，而目标显著的水面舰队，也将成为打击目标之一。因此核时代的到来，让美国海军面临了前所未有的危机。美国海军必须证明自身的存在价值。

首先，必须证明海军舰队在核打击下的生存能力。

其次，必须证明海军舰队也能作为一种有效的核打击力量。

第一个问题已有答案。1946年7月在比基尼环礁

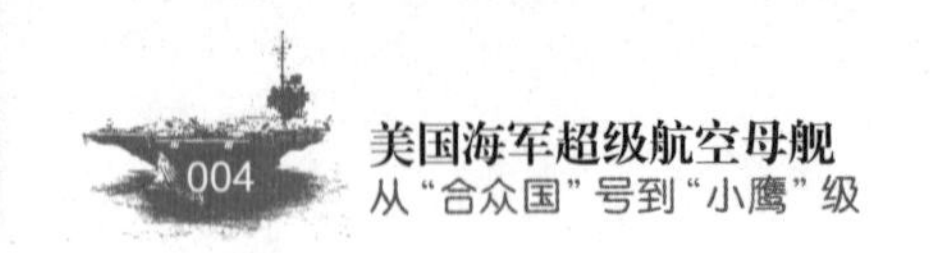

（Bikini Atoll）进行的“十字路行动”（Operation Crossroads）核爆试验，证明了只要疏散距离适当，配合一定的防护措施，水面舰队在核打击下仍能维持相当程度的生存能力。

较棘手的是第二个问题。显然，威力巨大的原子弹必然成为第二次世界大战（后文简称“二战”）之后最受重视的武器。任何军种或者武器系统，若无法在核打击领域占有一席之地，就意味着将失去预算分配上的优先权。然而开发原子弹的“曼哈顿计划”（Manhattan Project）由美国陆军主导，美国海军只能象征性地参与，且仅有少数海军技术军官参与，负责开发原子弹的非核子部分部件，他们甚至连原子弹的基本参数都未被告知。

二战结束时，美国的核打击能力仍十分有限，实际可用的原子弹寥寥无几（到1946年中，美国储备的核裂变材料仅能组装7枚原子弹），唯一可用的投掷载具也只有陆军航空队几架改装过的B-29“超级空中堡垒”（Superfortress）轰炸机，因此海军要在核打击能力方面追赶陆军脚步，为时未晚。

在导弹技术尚未成熟前，利用飞机携载是唯一实用的投掷原子弹手段，对海军来说，也就是使用航空母舰舰载机作为原子弹投掷载具。由于初期的原子弹重达1万磅[1]，要携带这样重的炸弹深入敌境、对敌方腹地施以打击，对飞机配载——航程性能有相当高的要求。这不仅牵涉机体构造（考虑到舰载机的舰载作业需求），也会影响航空母舰的设计。

争夺核打击控制权——航空母舰与战略轰炸机

二战后初期，美国的核裂变材料量产体制仍未走上轨道，数量有限的核裂变材料也就成了各军种争夺的目标。陆军航空队希望将这些材料用来生产已获验证的空投炸弹，最佳的投掷

[1] 因作者写作年代原因，本书采用英制单位。英制单位与公制单位换算可参见附录。编者注。

载具是B-29“超级空中堡垒”及其后继的战略轰炸机；海军也希望获得部分核裂变材料，用于发展可供舰载机携带的原子弹。

早在1946年7月24日，代理海军部长的约翰·苏利文（John Sullivan）便曾上书杜鲁门（Harry S. Truman）总统，苏利文在详述了海军航空母舰在机动性与灵活性方面的优势后，提出赋予航空母舰特遣舰队投放原子弹能力的种种需求，建议总统授权海军“做好在紧急时投送原子弹的准备，以便航空母舰特遣舰队能为国防发挥最大效用”。

当陆军航空队于1947年9月18日成为独立的空军后，更加追求对于核打击任务与核打击能力的绝对控制权，海、空两个军种间对于核打击任务控制权的争夺也日趋激烈。由于空军拥有核打击的实战经验与立即可用的打击方式（如远程轰炸机），在这场争夺战中明显居于上风，但尽管如此，海军仍认

上图：核武器的出现，动摇了海军舰队的存在基础，美国海军必须证明水面舰队在核打击下的生存能力，以及在核打击任务中的作用，来确认自身在核时代中的价值。图片为1948年4月被封存在华盛顿州普吉特海湾（Puget Sound）的美国海军水面舰艇，可见到“埃塞克斯”级航空母舰与数艘战列舰。（美国海军图片）

上图：1946年7月在比基尼环礁进行的“十字路行动”核试爆，证明了只要有适当的疏散距离与一定防护措施，水面舰队仍可在核爆中生存。图片为“十字路行动”中“Baker”水下核爆试验景象，在蘑菇云下方可以见到作为试验目标的水面舰艇舰影。（美国海军图片）

为自己有几点独特优势。

基于航空母舰的核打击力量

海军助理作战部部长加雷利（Daniel Gallery）少将在1947年12月17日的一份备忘录中，阐述了基于海军航空母舰的核打击能力相对于陆基轰炸机的优势所在。

加雷利指出，B-29“超级空中堡垒”轰炸机的作战半径不超过2000英里，必须海外部署才能打击假想敌的腹地。B-36“和平缔造者”（Peacemaker）轰炸机虽然航程更远、可越洲飞行，但须由战斗机护航，而且航程较短的护航战斗机仍然需要海外基地。显然，若最终还是需要使用海外基地的话，那就不需要超远程的B-36“和平缔造者”了。

相比较而言，拥有投掷核弹能力的航空母舰则能“将轰炸机运载到大洋彼岸，在距离目标1000英里处起飞”。因此无须发展超长航程的轰炸机，海军的舰载轰炸机只需具备相对较短的航程能力，从而可有更佳的飞行性能。

在加雷利的构想中，舰载轰炸机最特别的一点在于采用了轰炸机单程攻击概念，他认为：“原子弹轰炸任务的重要性，值得因此牺牲负责投弹的飞机，但我们并不希望牺牲飞行员——通过在预设地点部署潜艇，然后让投弹完毕的轰炸机飞往该水域迫降（由潜艇搭载轰炸机乘员），便可做到这一点。”

通过这种类似二战时期杜立特空袭（Doolittle Raid）的单程核打击战术，可获得几个优势：一来由于无须考虑返航航程，可进一步延伸舰载轰炸机的打击距离；二来当轰炸机起飞离舰后，航空母舰便可自由行动，即使敌人跟踪轰炸机航线也无法找到航空母舰所在。

依据前述构想，加雷利将这种舰载核攻击机的基本需求定义为：“以单程任务为基准进行设计最佳化；无须增加着陆装置，机体设计适于水上迫降……通过沿着甲板上的跑道运行、利用弹射器或火箭助推的滑车来带动飞机起飞。”加雷利认为，通过这样的特性“飞机尺寸可比现役舰载机大幅增加”。他希望能借此达到1500海里（2776千米）的作战半径。

加雷利指出，1500海里的作战半径，已足以让轰炸机到达欧洲任何地点，以及除西伯利亚中部部分区域外的亚洲所有地区，只要将搭载这种轰炸机的航空母舰部署在公海上即可。

以1500海里作战半径为基础设计的舰载轰炸机，在敌方领空的性能表现（如机动性、速度等），显然高于必须横越大洋的超远程轰炸机。即使与1500海里作战半径的陆基轰炸机相比，加雷利认为他构想的1500海里作战半径的舰载轰炸机在性能上也具有优势：首先，相对于陆基飞机，舰载机对起飞条件的要求低了许多——飞行甲板上至少有30节的风速可用，又有弹射器可帮助起飞；而陆基飞机会因为起飞性能的需求而限制其基本构型的设计。其次，舰载机省略了着陆装置，可减少5%的重量；没有着陆装置的舰载机可利用这省下的5%的重量增加航程或提高速度性能。

对于搭配这种舰载轰炸机、用于执行核打击任务的航空母舰，加雷利也在备忘录中提出了基本设想：“操作要求是尽可能为舰载机提供最好的起飞平台，去除飞行甲板上的舰岛上层结构，采用新型弹射器来帮助飞机起飞，拦阻装置在设计上的重要性居于次要位置，可维持12架飞机待命值勤，并配备用于搜救的高速潜艇。”

加雷利最后指出，二战经验显示，航空母舰特遣舰队可缓解对陆上基地的需求，而且航空母舰1天能移动500海里，1周内便可从北冰洋转移到地中海。加雷利的结论则是：如果海军按照前述理念开始发展核轰炸能力，“我们将比空军更适合投送原子弹”。

他建议海军与空军的分配任务如下。

海军：主要任务是对敌人首府与工业中心进行核打击，次要任务是控制海洋。

空军：主要任务是保护美国不受空袭，次要任务是从海外基地对敌人发起核打击。

下图：原子弹是由美国陆军主导开发的武器，最初唯一可用的投掷载具是陆军航空队所属、经特别改装的B-29“超级空中堡垒”轰炸机，美国海军未参与核打击体系。为维持自身地位，美国海军在战后开始积极发展自身的核打击力量。图片为负责轰炸广岛的“伊诺拉·盖伊”（Enola Gay）号B-29“超级空中堡垒”轰炸机。（美国空军图片）

海军核打击能力的起步——新轰炸机与新航空母舰

加雷利这份明目张胆向空军抢夺核打击任务控制权的备忘录，马上就遭到海军部部长苏利文与海军作战部部长登菲尔德（Louis Denfeld）的否定，宣称加雷利的许多论点都与海军部政策不同。

但许多海军官员与海军军人都赞同海军自行发展核攻击能力的想法。若按美国空军想法，让空军成为美国核打击能力的绝对控制者，显然将会减少甚至消除美国对海军的需要，甚至可能导致各军种的航空单位被强制并入空军。

事实上，在加雷利这份备忘录之前，美国海军已经在发展拥有核攻击能力的舰载轰炸机以及能搭载、运用这种轰炸机的新型航空母舰了。

早在1944年至1945年间，太平洋战区的美国航空母舰指挥官们便纷纷要求发展一种航程更远的舰载轰炸机，以便能在日军陆基飞机有效距离外发动攻击。1945年8月原子弹轰炸广岛与长崎的事件，改变了海军对轰炸机的需求设定。海军作战部部长厄内斯特·金（Ernest King）在1945年9月组成一个直属海军作战部的部长办公室，由一名少将领导特别武器部（Special Weapons Division），负责规划发展一种采用喷气或涡轮旋桨作为动力来源、起飞总重量可达10万磅、拥有1.2万磅承载能力与2000海里任务半径的新型舰载轰炸机，以及能够起飞与回收这种轰炸机的大型航空母舰。

舰载轰炸机的起步

美国海军的新型舰载轰炸机需求设定，明显是以能搭载当时的原子弹为基准，海军航空局据此提出一个ADR-42舰载轰炸机研究方案。为减少风险，海军航空局在1945年12月提出一个三阶段发展策略，先以技术成熟的较小机型作为过渡，逐步获得性能可达ADR-42舰载轰炸机研究方案标准的理想机型。

433

相较于陆基远程轰炸机，航空母舰特遣舰队的优势在于机动性与部署弹性，至于舰载轰炸机航程较短的问题，部分美国海军人士曾设想利用类似杜立特轰炸东京的单程任务来弥补——航空母舰只作为轰炸机起飞平台，但轰炸机不返航降落，借此延长行动距离。图片为在1942年4月的杜立特行动中，停放在海军“大黄蜂”号航空母舰上的陆军航空队B-25B“米切尔”轰炸机。（美国海军图片）

阶段一：基于既有成熟技术（如活塞动力、直线翼等），发展一种起飞总重量为4.5万磅等级、任务半径超过300海里的机型。

阶段二：以阶段一机型为基础，放大机体、引进涡轮喷气或涡轮旋桨等新型动力系统与其他改进技术，成为起飞总重量达7万磅、任务半径为1000～1200海里的机型。

阶段三：发展采用了涡轮喷气动力与其他崭新设计、起飞总重量达10万磅、任务半径为1700～2000海里的机型。

海军航空局在1946年1月发出针对阶段一需求的提案征求书（RFP），除起飞总重量为4.5万磅等级外，具体性能指标还包括：可将8000磅的炸弹投放到300海里以外的目标，机内炸弹舱可携带直径5英尺、长16英尺的炸弹，航速每小时达500英里，升限4.5万英尺等。随后又将作战半径需求提高到600～800海里。

新机型的起降性能与尺寸设定以搭配“中途岛”级（Midway Class）航空母舰为准，具体性能指标包括：以600英尺长的甲板滑跑距离起飞；机体未折叠时的尺寸，应允许2架轰炸机在“中途岛”级航空母舰舰桥后方的飞行甲板交错通过；主起落架轮距上限为24英尺，以便能从“中途岛”级航空母舰后甲板进场并利用捕捉钩着舰。

最后北美公司的设计方案从3家厂商的提案中脱颖而出赢得竞标。北美公司开始负责研制美国海军第一种以携带核弹为目的的舰载轰炸机。随着海军获得更多关于原子弹的资料，并得知投放在长崎的“胖子”原子弹重达1万磅后，两位直属海军作战部部长办公室核武部门的参谋——曾在轰炸长崎的“博克斯卡”号（Bockscar）B-29“超级空中堡垒”上担任武器官的阿什沃斯（Frederick Ashworth）中校，以及曾任职于海军航空局的莫菲（Joseph Murphy）上校，于1946年夏季一同前往北美公司，确认北美公司设计方案搭配核武器的适应性。

两人视察过北美公司的AJ舰载轰炸机实体模型后，建议修

改北美公司AJ方案的弹舱规格，以便能携带1枚MK 3原子弹或1枚MK 4原子弹。这不仅要求弹舱容积必须能够挂载直径达60英寸、重1万磅的原子弹，还要求设置特别的弹舱舱门开启机构。

阿什沃斯中校起草了一份提案，交由海军部转呈总统，要求批准海军发展这种具有核攻击能力的舰载轰炸机。不过当时的海军部部长福莱斯特认为此事无须上呈总统，径自批准了北美AJ轰炸机发展计划。于是海军航空局便于1946年6月向北美公司订购了3架XAJ-1原型机，并赋予了这种机型“野人”（Savage）的代称。

1946年11月19日，海军作战部部长尼米兹（Chester Nimitz）指示负责后勤的作战部副部长，要求着手规划3艘“中途岛”级航空母舰的改造工程，以便搭载AJ“野人”轰炸机。

上图：杜立特空袭行动证明了海军航空母舰搭配中型轰炸机的效用。利用航空母舰的机动性，美国海军认为舰载轰炸机只需1500海里作战半径，就能满足打击苏联核心地区的需要，远比需要4000海里任务半径的空军战略轰炸机简单与实用。图片为杜立特空袭行动中，从“大黄蜂”号航空母舰起飞的陆军B-25B“米切尔”轰炸机，这次行动缔造了当时从航空母舰上起飞最大型飞机的纪录。（知书房档案）

比基尼核试爆中的航空母舰

早在“曼哈顿计划”进行的1944年，管理该计划的高层就曾考虑使用原子弹轰炸日军的特鲁克（Truk）海军基地。后来陆军航空队司令阿诺德（Henery Arnold）在1945年7月建议研究原子弹对港口与舰艇的攻击效果。同年8月，曾资助过早期核能研究，战时身兼海军部部长高级顾问、军械局专员、陆海军军械委员等多项职务的施特劳斯（Lewis Strauss），向海军部部长福莱斯特（James Forrestal）建议研究原子弹打击军舰的效果，并提议使用多余的舰艇作为标靶，进行实际的核爆攻击试验。

下图：1946年比基尼核试爆中著名的“Baker”试爆图片，可见到水下核爆产生的圆球状威尔逊云（Wilson cloud）向外扩散，逐渐遮蔽了整个目标舰队。（美国海军图片）

为了解核爆对舰艇的种种影响，如空中爆炸与水中爆炸的效果分别如何，现有舰艇经改造后能否抵抗核攻击，1枚原子弹的威力是否足以摧毁1支特遣大队甚至特遣舰队，美国政府在1945年底批准海军将原子弹用于舰艇的试爆计划，并定于1946年5月于马绍尔群岛

（Marshall Islands）的比基尼环礁进行试爆。

负责这次试验的是海军中将布兰迪（William Blandy）率领的陆-海军第1联合特遣部队（JTF-1），共含有200余艘舰艇、4.2万名官兵与190架飞机，作为核爆标靶的是经过挑选的95艘舰艇（其中有30艘登陆舰），“可代表现代技术建造的海军与商用船只”（参谋长联席会议训令中的说法）。其中包括“萨拉托加”号（USS Saratoga CV 3）与“独立”号（USS Independence CVL 22）两艘正规航空母舰。为模拟真实情况，目标船舰都装载了燃料、弹药与舰载机，以非常密集的队列停泊于目标区，平均每平方英里分布20艘舰艇，比正规舰艇编队允许的队列密度上限高出3至5倍，借以检验核爆威力随

下两图：在比基尼试爆中作为目标舰的两艘美国航空母舰，上为“萨拉托加”号航空母舰，下为“独立”号航空母舰。“萨拉托加”号航空母舰先在“Able”试爆中受创，后来在“Baker”试爆中沉没。“独立”号航空母舰也在“Able”试爆中受重创，但仍能漂浮，该舰未参与“Baker”试爆，后来被拖到旧金山作为放射线研究样本，最后在1951年作为靶舰结束生涯。（美国海军图片）

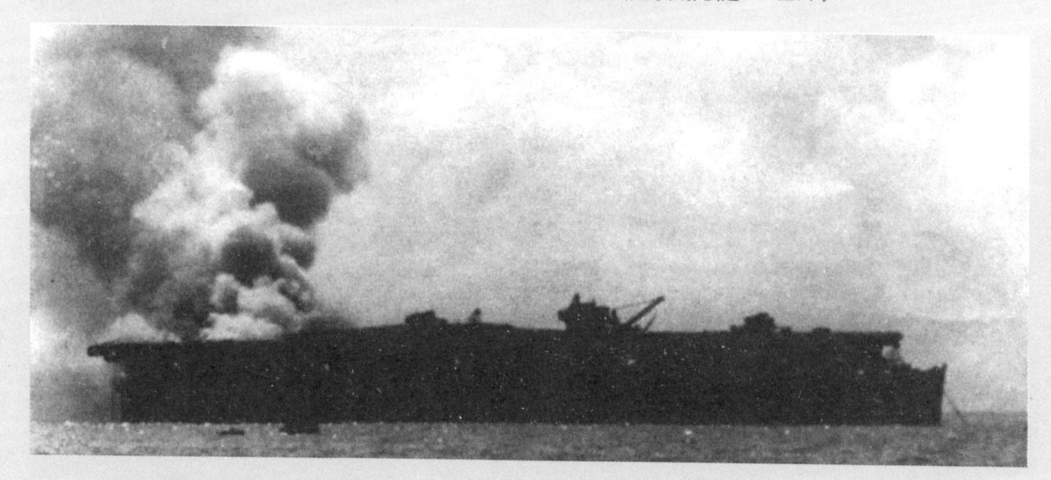

距离递减的程度。

整个试爆任务的代号是“十字路行动”，计划进行3次试爆，“Able”试爆是空中试爆、“Baker”试爆是浅水层试爆、“Charlie”试爆则是深水层试爆。为便于国会议员参观，试爆实际执行时间从1946年5月延到7月。

1946年7月1日的“Able”试爆，由B-29“超级空中堡垒”投下1枚当量23kt的MK 3A原子弹［以“胖子”（Fat Man）原子弹为基础的量产型］，在520英尺的高度爆炸，“独立”号航空母舰当时距爆炸中心约0.5海里，“萨拉托加”号航空母舰则距离爆炸中心4海里。核爆摧毁了“独立”号航空母舰的飞行甲板，扯掉了舰体靠爆炸端的舰角、桅杆与烟囱，燃起的大火烧毁了该舰内部，并持续了一日一夜，但该舰仍能在水面上漂浮，后来被拖离目标区。“萨拉托加”号航空母舰内部因引发大火而受创，但大火稍后被扑灭，舰体外部受损也不大，于是便被留下来继续接受第二次试爆。（由于爆炸中心较预定弹着点偏差710码，“Able”核爆只让5艘舰艇沉没，另有14艘重创。）

7月25日的“Baker”试爆中，另1枚MK 3A原子弹被预置在LSM-60中型登陆舰下方水深90英尺处引爆，爆炸激起6000英尺高的壮观水柱，喷出的雾气与水蒸气不断向外扩散，最后遮蔽了整个目标舰队。在这次爆炸中，距爆炸中心450英尺的“萨拉托加”号航空母舰再次遭到重创，该舰标志性的大型烟囱被扯离舰身、倒在飞行甲板上，原先固定在甲板上的飞机与装备被冲击波一扫而空，舰体也向右倾斜。拖救“萨拉托加”号航空母舰的尝试因爆炸点过高的辐射量而放弃，最后该舰在爆炸过后7.5小时沉没。

至于在“Baker”试爆之前就被拖离目标区的“独立”号航空母舰，则于8月底拖抵夸贾林环礁（Kwajalein Atoll），1947年6月经由珍珠港拖抵旧金山，直到1951年用于放射线研究，接下来该舰又充作靶舰，经不断的武器试射后于1951年1月29日沉没。

“Able”与“Baker”试爆取得了大量资料，洛阿莫斯实验室（Los Alamos National Laboratory, LANL）主管布拉德柏里（Norris Bradbury）认为“Baker”浅水试爆的资料，已能用于预估深水核爆的威力，因此“Charlie”深水试爆被取消。

率领这次试爆的陆-海军第1联合特遣部队指挥官布兰迪中将，在1946年9月5日于波士顿发表的谈话中，总结了他从试爆中获得的经验：“我认为未来如果发生核战争，海战仍是不可避免的……有人认为在未来战争中，将出现可飞越海洋与大陆、然后在城市上空引爆核弹头的精确导弹，因此便不再需要海军。这种武器的确可能成为现实，但我不同意这将消除所有其他形式战争的想法。海战的舰艇、武器与战术可能因此发生根本性的变化，而我们必须在这样的变革中一直领先。”

从航空母舰上起飞中大型飞机

美国海军助理作战部部长加雷利少将在1947年底提出的核攻击航空母舰与舰载轰炸机构想中，打算让舰载轰炸机采用只起飞、不返回航空母舰的单程飞行，这个想法乍听下似乎十分极端，但美国海军在此之前，确实成功进行过数次中大型双发动机飞机（起飞重量超过10吨、翼展20米以上），从航空母舰上起飞的特殊单程飞行任务。加雷利的想法并非全无依据。

多发动机飞机可通过更强劲的动力系统，拥有较单发动机飞机更好的承载性能和远航能力，但受较大的机翼翼展与起降性能所限，迟迟没有成为正规舰载机的一员。自航空母舰这个舰种于20世纪初期诞生以来，舰载机一直以单发动机飞机为主。直到1936年9月22日，才由法国完成了首次从航空母舰上起飞多发动机飞机的试验，成功让一架Potez 56E轻型双发通用飞机从“贝亚恩”号（Bearn）航空母舰上起飞。

美国海军为了试验双发动机与前三点起落架飞机在航空母舰上操作的可能性，1939年8月29日，克拉克（Thurston Clark）少校驾驶一架洛克希德XJO-3运输机，在加州外海航行的“列克星顿”号航空母舰（USS Lexington CV 2）上进行了11次起飞与着舰。

Potez 56E与XJO-3都只算是轻型机，起飞重量分别只有2.6吨

下图：1939年8月29日，美国海军以一架洛克希德XJO-3运输机在“列克星顿”号航空母舰上进行了美国首次双发动机舰载的起降作业。（美国海军图片）

上图：1944年11月15日在“香格里拉”号航空母舰上，一架加装了捕捉钩的PBJ-1H轰炸机成功降落于该舰，稍后又从该舰成功起飞，证实了只要经过适当改装，这种原为陆基操作设计的机型也能具备航空母舰作业能力。（美国海军图片）

与3.9吨。

接下来美国军队在1942年2月2日跨出了一大步，两架起飞重量超过15吨、利用起重机吊放到航空母舰甲板上的陆军航空军所属B-25B“米切尔”（Mitchell）轰炸机，以不到500英尺长的滑行距离便成功从“大黄蜂”号航空母舰（USS Hornet CV 8）上起飞，为即将展开的杜立特空袭行动验证了可行性。接下来便是同年4月由杜立特率领的空袭行动，“大黄蜂”号航空母舰在距离日本海岸623英里处，让16架满载的B-25B“米切尔”轰炸机起飞，完成轰炸日本本土任务后飞往中国迫降，整个任务航程长达2250英里。

除美国外，二战中的英国皇家海军，为评估组建舰载“蚊式”（Mosquito）轰炸机中队的可行性，于1944年3月25日进行了相关试验，由著名试飞员布朗（Eric Brown）中校驾驶一架“蚊式”轰炸机，于“不倦”号航空母舰（HMS Indefatigable）上完成5次起降，验证了在航空母舰上操作这种起飞重量达8吨的双发动机轰炸机的可行性。

1944年11月，美国海军又在太平洋海域于新服役的“埃塞克斯”级（Essex Class）航空母舰“香格里拉”号（USS Shangri-la CV 38）上，进行了一系列特殊的起降试验，使用PBJ-1H（加装了捕捉钩的B-25H海军版）与F7F-1“虎猫”（Tigercat）两种双发动机飞机，以及单发动机的P-51D“野马”（Mustang）战斗机，在1944年11月15日成功完成着舰与起飞试验。这次试验证实：一些起降性能较好的陆基飞机，只要经过适当改装，也能在航空母舰上起降。

难度更高的一次是1947年1月的南极探险支援任务。“香格里拉”号航空母舰于1946年底在诺福克（Norfolk）基地利用起重机将6架R4D-5L运输机［陆军C-47“空中列车”（Skytrain）运输机的海军版］吊放到飞行甲板上，然后启程前往南极。该舰于1947年1月下旬抵达南极海域后，于1月29日成功让6架R4D-5L运输机起飞，并降落到800英里外的“小美国”（Little America）营地。利用4具助推火箭（Jet Assisted Take-Off, JATO），配合“香格里拉”号航空母舰以30节逆风航行与11节风速所构成的合成风速，这些R4D-5L运输机仅滑行了240英尺便成功起飞（R4D-5L运输机在陆上平常的起飞作业都需要长达2500英尺的滑行跑道）。

R4D-5L运输机的起飞总重量（11~12吨）虽然稍低于试验中使用的PBJ-1H轰炸机（15~16吨），不过机身长度与翼展均远大于后者（19.4米对15.5米；29米对20.6米），缔造了当时从航空母舰上起飞的大型飞机纪录。

上图：1947年1月正通过巴拿马运河驶往南极的“香格里拉”号航空母舰，可见到甲板上停放的6架R4D-5L运输机。R4D-5L运输机的翼展已接近“香格里拉”号航空母舰飞行甲板最大宽度，为缩短起飞距离，每架R4D-5L都安装了4组助推火箭。（美国海军图片）

右图：在1942年4月18日的杜立特空袭行动中，重量近15吨的B-25B“米切尔”轰炸机以最短467英尺的滑行距离，便成功从“大黄蜂”号航空母舰上起飞。但B-25B“米切尔”轰炸机虽勉强能从航空母舰上起飞，却无法降落，轰炸机队在日本上空投弹后，便各自进入中国领土迫降。（美国海军图片）

超级航空母舰的起步

在原子弹这项新武器刺激下，美国海军航空相关部门从1945年底开始讨论改变战时以“通用化”为主轴的航空母舰发展方向（通用化是指让航空母舰同时携带多种机型、可用以承担不同任务），转而发展一种专门用于搭载小编队重型轰炸机，以战略打击为目的的新航空母舰。

搭载重型轰炸机是这种新航空母舰的主要目的，重型轰炸机的尺寸显然会影响新航空母舰的构型设计与吨位，于是海军航空局局长萨拉达（H. B. Sallada）少将于1945年12月28日向新任海军作战部部长尼米兹建议：“我们相信3.96万吨的航空母舰将能在各方面适应一般海战需求……为了让海军能在未来的空海作战中保有公平的位置，我们必须认真考虑立刻发展一种额外形式的航空母舰……可容纳总重量约10万磅、2000海里（任务）半径的飞机。这种舰或许可以采用一些较极端的设计，例如没有舰岛，也没有机库。飞行甲板尺寸相当于‘中途岛’级航空母舰，可停放大约14架飞机……可携载50万加

仑汽油，以确保每架飞机都能进行8次全航程的飞行。这种航空母舰将可提供一种远程轰炸能力，在其他时候也能适用于较传统的作战。”

删除机库与舰岛的构想，反映了这种航空母舰所要搭载的轰炸机尺寸。由于构想中的ADR-42舰载轰炸机过于庞大，难以在舰体中配置一个能容纳这种机体的传统机库，于是便干脆省略机库，改用露天甲板停放；而省略舰岛，则能进一步去除上层结构对轰炸机翼展造成的限制。至于燃油承载量仅满足14架飞机进行8次全程飞行，则反映了这种飞机将以核武器作为主要武装——核攻击只需少数架次即能达到目的，所以航空母舰无须携带过多燃油。

此时主管海军航空业务的作战部副部长，是曾在二战中率领快速航空母舰特遣舰队的米切尔（Marc Mitscher）中将。以海军航空局的构想为基础，米切尔中将与帕森斯[1]（William Parsons）上校及海沃德（John Hayward）中校（两位曾参与“曼哈顿计划”的海军军官）详细讨论了基于航空母舰的核打击力量发展后，于1946年1月8日向海军作战部部长尼米兹建议上述方案。于是尼米兹在2月7日批准展开这种新型攻击航空母舰的研究，海军舰船局则于4月4日开始着手CVB X新型航空母舰预备设计作业。

对页图：考虑到理想中的10万磅级重型舰载轰炸机并非一蹴而就，美国海军航空局在1945年12月提出3阶段发展策略，先以技术成熟的较小机型作为过渡，逐步获得性能可达标准的理想机型。这3阶段计划分别产生了起飞总重量5万磅级的AJ“野人”、6至7万磅级的A2J“超级野人”（Super Savage）与8万磅级的A3D“空中战士”（Skywarrior）3种舰载轰炸机，不过其中只有AJ“野人”与A3D“空中战士”轰炸机实际进入服役。由上而下分别为XAJ-1原型机、XA2J原型机与A3D量产型。（美国海军图片）

《西礁协议》

1947年底，加雷利提出那份公开要求让海军接手核战略轰炸任务的备忘录时，美国海军已在基于航空母舰的核打击能力发展上默默投入了许多心血。

在舰载核轰炸机方面，海军航空局已与北美公司签约，开始发展搭配“中途岛”级航空母舰、作为过渡使用的北美AJ“野人”轰炸机，并正在草拟更大型的阶段二与阶段三重

[1] 帕森斯上校曾在轰炸广岛的“伊诺拉·盖伊”号B-29“超级空中堡垒”上担任武器官，亲自参与了史上首次实战核轰炸任务。

型舰载轰炸机需求；在搭配核轰炸机的新型航空母舰方面，海军舰船局已展开CVB X新型航空母舰预备设计研究，舰艇特性委员会（Ship Characteristics Board, SCB）则在1947年初提出了SCB 6A航空母舰设计方案。

为尽快打破空军在核武器上的垄断，并展现海军在核打击方面的潜力，海军内部还从1947年中开始研究以改造的P2V“海王星”（Neptune）巡逻轰炸机搭配“中途岛”级航空母舰充当临时核轰炸机的可行性。

然而这一切都只是海军单方面的动作，并未得到总统或国防部高层的正式认可。尽管杜鲁门总统默许了海军让3艘“中途岛”级航空母舰搭载AJ“野人”轰炸机的改造计划，但关于如何在各军种间协调和分配核武器的发展与管理权限，仍缺乏完整的政策。为争夺核弹这种“终极武器”的控制权，各军种的竞争日趋激烈，于是此时已从海军部部长转任首任国防部部长的福莱斯特，便于1948年3月在佛罗里达南端的西礁群岛（Key West），举行了一次跨军种会议，并在会中达成了分配核武器控制权的协议。

按《西礁协议》（*Key West Agreement*）的规定，空军是唯一的战略航空武力保有者，承担主要的核打击任务，可投掷核武器的战略轰炸机与远程弹道导弹、巡航导弹，都归空军管理；陆军则获得发展短程、战术用途的核弹头弹道导弹权限；海军被允许发展自身的舰载核攻击力量，以用于对抗敌方港口、潜艇等目标。

虽然空军在《西礁协议》获得了他们要求的战略核打击垄断权，不过这份协议也为海军发展特定用途的舰载核打击能力打开了大门。海军航空局随即开始推动重型舰载轰炸机的阶段二与阶段三计划，先在1948年4月与北美公司签约，以AJ“野人”轰炸机为基础，发展改用T40涡轮旋桨发动机、尺寸放大到7万磅级的A2J“超级野人”轰炸机，随后又在8月向航空界发出10万磅级重型轰炸机的邀标书。

与此同时，在曾任海军部部长的福莱斯特协调下，杜鲁门总统也于同年7月29日批准海军在1949年海军拨款法案中，建造5艘专为搭载10万磅级重型核轰炸机设计的“超级航空母舰”（Super Carriers）。美国海军建立核打击能力的计划至此终于全面展开。

对页图：三种美国早期原子弹，由上而下分别为MK 3、MK 4与MK 5。三者的设计都源自轰炸长崎的“胖子”原子弹。早期的原子弹体积、重量十分庞大，只有承载量与弹舱空间足够的轰炸机才能容纳，因此美国海军发展的第一代舰载核轰炸机都是相当大的机型，连带也影响到航空母舰设计，必须采用新型航空母舰才能操作这种轰炸机。（美国国防部图片）

下图：这张XAJ-1的照片似乎拍摄于帕塔克森特河。注意机身尾部的褶皱。在“野人”的第一次亮相仪式上，这些褶皱就非常明显了，这引起了出席仪式的政要们的担忧。（美国国防部图片）

在印度洋海域航行的一支美国海军航空母舰战斗舰群，居于中间位置的是“中途岛”号航空母舰，在属舰之中较为大型的舰船是导弹巡洋舰“班布里奇”号和油船“纳瓦索塔”号。（美国海军图片）

NAVY

失落的超级航空母舰——“合众国”号航空母舰

1948年3月的《西礁协议》，为美国海军发展基于航空母舰的核打击力量提供了依据，让美国海军得以放开手脚，持续推动既有的舰载重型轰炸机开发计划，以及可运用这类机型的大型航空母舰设计。

超级航空母舰的起步——重型航空母舰预备研究

如前所述，在1948年7月杜鲁门批准海军建造超级航空母舰之前，美国海军已在这个领域投入了数年研究，最早可追溯到1945年12月28日海军航空局局长萨拉达少将，向作战部部长尼米兹建议的一种新型航空母舰构想。

萨拉达将建造这种新航空母舰的目的定为：“……可容纳总重量约10万磅、2000海里（任务）半径的飞机。”显然地，这种航空母舰是以专门搭载舰载核轰炸机为目的，考虑到承载一航程能力

上图：新航空母舰上大型轰炸机示意图。（美国海军图片）

的要求，这种新型轰炸机的机体规模将会非常庞大，甚至比B-17“空中堡垒”（Flying Fortress）轰炸机、B-24“解放者”（Liberator）轰炸机这些陆基轰炸机都还大上一号，为运用这种尺寸空前的舰载机，必须在航空母舰设计上采用有别于传统的做法。

所以萨拉达的构想是：“这种舰或许可以采用一些较极端的设计，例如没有舰岛，也没有机库。飞行甲板尺寸相当于‘中途岛’级航空母舰，可停放大约14架飞机。”燃油仅能让14架轰炸机进行8次全程飞行的设定，明显反映了这种飞机将以核武器作为主要武装。换言之，新航空母舰的种种特征，都反映了这种舰艇是围绕着搭载大型核攻击轰炸机而设计的。

萨拉达研拟了一种以3.96万吨级航空母舰为基础的战略轰炸运用方案，认为这种舰型可搭载起飞总重量4.5万磅、任务半径1000海里的舰载轰炸机，虽然这种舰型与理想中的需求仍存在着不小差距，但可作为后续发展的基础。

萨拉达的构想提出后，在海军内部获得了广泛回响，当时负责海军航空业务的作战部副部长、二战中拥有丰富航空母舰作战指挥经验的米切尔中将，针对核武器运用议题，征询了帕森斯上校及哈沃德中校的意见后，又对萨拉达的提案做了重要修正。

米切尔于1946年1月8日向海军作战部部长尼米兹建议：将

新型航空母舰飞机搭载量提高到16～24架（原为14架）重型轰炸机，燃油承载量则改为确保每架飞机可执行4～6次全程飞行任务，全舰可无须补给连续执行100架次左右的轰炸任务。

以萨拉达与米切尔的构想为基础，海军作战部部长尼米兹于1946年2月7日批准展开这种新型攻击航空母舰的研究，海军舰船局随即开始着手暂时称为CVB X的新航空母舰预备设计作业。

CVB X航空母舰研究方案

海军舰船局的新航空母舰设计以当时最大的航空母舰“中途岛”级为起点，并很快就在1949年2月19日的一份内部备忘录中，提出了一个称作“10万磅型飞机CV X”的航空母舰设计方案。这个方案预定采用2套新型液压弹射器，可弹射的重量较“中途岛”级航空母舰上弹射重量上限为6万磅、弹射行程（Stroke）225英尺长的H4-1液压弹射器高出近2倍，另外还预定配备3组拦阻索（每组4条），而“中途岛”级航空母舰则配备了4组拦阻索。

尽管在这个CV X方案中，轰炸机直接停放在飞行甲板上，

下图：1946年的CVB X航空母舰设计方案。舰体与飞行甲板基本构型颇类似“中途岛”级航空母舰，但舰体内未设置机库，所搭载的轰炸机均直接停放于飞行甲板上，飞行甲板宽度可并排停放3架折叠后的轰炸机，轰炸机利用舰艏的2组液压弹射器弹射起飞，然后由舰艉降落回收。自卫武装包括12座单管5英寸54倍口径炮与16座双管3英寸70倍口径炮，拥有飞行甲板装甲，但不配置机库甲板装甲。虽然海军航空局强烈建议采用无舰岛的平甲板构型，但海军舰船局仍试着保留一个小型舰岛结构，以便保有较佳的操舰视野，同时也便于配置雷达与烟囱。（美国海军图片）

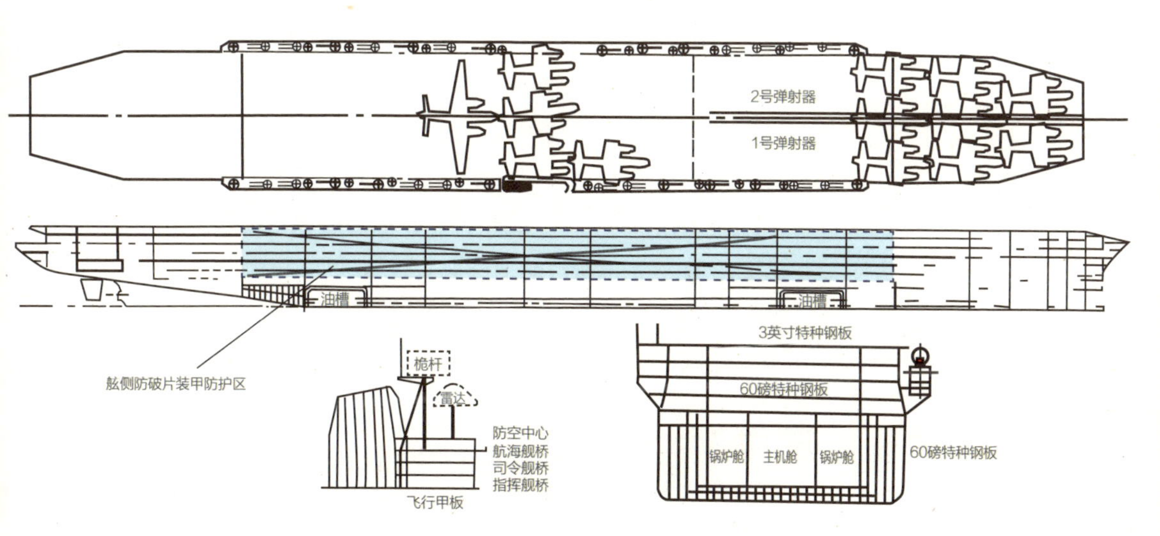

上图：在新型舰载轰炸机规格尚未具体化前，美国海军暂时先以当时手上最大的轰炸机型——P2V“海王星”巡逻轰炸机，作为CVB X航空母舰研究方案的舰载机操作需求基准。（美国海军图片）

但海军舰船局仍尝试在舰体内保留机库配置，以便停放体型较小的舰载机。理论上，新型轰炸机能以10万磅的重量弹射起飞，并以9万磅的重量着舰。这时候新型轰炸机仍在初期规划阶段，海军还没有这种机型的具体规格数据，因此以陆基的P2V“海王星”巡逻轰炸机（起飞总重6万磅，翼展100英尺）作为估算舰载机作业需求的样本。

继前述CV X先期研究而展开的CVB X航空母舰研究方案，许多规格都取自在1945年后期展开的“舰队航空母舰研究”（Fleet Carrier Study），包括：相同的航速与续航力规格——最大航速33节，20节航速续航1.2万海里；相似的自卫火炮配置——8座单管5英寸54倍口径炮与至少12座新型双管3英寸70倍口径炮；以及概念相近的防护设计——3英寸厚的特种钢[1]

[1] 特种钢是美国海军20世纪前半叶经常使用的结构兼甲板防护双重用途钢板，既可作为军舰基础舰体结构材料，也可作为防破片用的薄装甲。所谓“特种钢装甲”，指的是每平方英尺重60磅的特种钢装甲板，约有1.5英寸厚，40磅特种钢则约有1英寸厚，80磅特种钢约有2英寸厚。

（Special Treatment Steel, STS）装甲飞行甲板，辅以水线上方第5甲板的一层1.5英寸厚防破片甲板，搭配从机库甲板两舷舷侧向下延伸到水线下8英尺的1.5英寸厚舷侧防破片装甲，整个舷侧防破片装甲防护区总长约700英尺，防护区前后两端各以1.5英寸厚的特种钢隔舱装甲封闭，形成一个箱型构造[1]。

与之前的航空母舰相比，除了前述的规格有相似之处外，CVB X航空母舰的根本不同之处，在于这种舰型是专为操作核轰炸机而设计的，且必须反映早先设定的任务需求规格，包括携载50万加仑航空燃油，让24架可载弹8000～12000磅的轰炸机执行100次任务，还应设置用于为轰炸机重新装填重型炸弹的特别设施。

依据新型舰载轰炸机需求所提出的ADR–42设计草案，海军舰船局估计新型轰炸机的尺寸为90英尺长，翼展则宽达114英尺（通过折叠机翼可缩减为44英尺），大约需要500英尺长的着舰滑行距离（使用拦阻索），使用弹射器的起飞距离需求约为400英尺。

ADR–42舰载轰炸机的尺寸与起降性能，决定了CVB X航空母舰的飞行甲板最小面积，进而又决定了舰体的最小尺寸。CVB X航空母舰飞行甲板尺寸以固定停放23架轰炸机为基准，另有空间停放第24架，24架轰炸机总共需要长达1125英尺（343米）的飞行甲板。如果将舰载轰炸机大队的规模从24架降到15架，则可将飞行甲板长度降到900英尺（274米）。

舰体长度则设定为1195英尺，舰艏、舰艉均略为突出，可在这个突出位置设置防空炮。为支撑最大宽度约132英尺（40.2米）的飞行甲板，舰体舷宽定为130英尺。另一方面为了抑制最大舷

[1] 这个设计方案未替机库甲板设置防护装甲，与二战时期美国海军的航空母舰运用经验有所不同，按著名海军专家弗里曼（Norman Friedman）在《美国航空母舰》（*U.S. Aircraft Carriers-An Illustrated Design History*）中的推测，设计者或许是假设这种舰型的壳体较深，故任何炸弹的引信在炸弹触及飞行甲板装甲后、向下穿透触及第5甲板装甲之前，都会被引爆，从而让第5甲板的特种钢装甲发挥防御破片作用，借以保护下方的轮机舱。

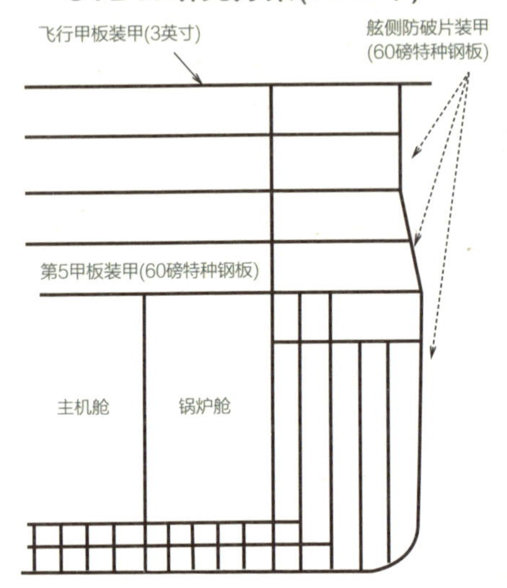

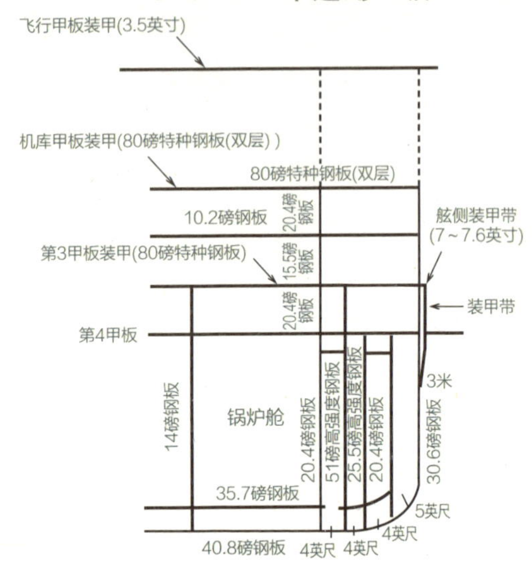

上图：CVB X与“中途岛”级航空母舰的装甲防护配置对比。从上图可以看出，CVB X航空母舰的装甲配置较“中途岛”级航空母舰精简许多，在水平防护方面，CVB X除了3英寸厚的飞行甲板装甲外，就只有第5甲板有一层60磅特种钢装甲保护主机舱；相比之下，“中途岛”级航空母舰除了3.5英寸厚飞行甲板装甲外，机库甲板（主甲板）与第3甲板都各有一层特种钢装甲。在舷侧防护方面，CVB X航空母舰舷侧只设有60磅特种钢防破片装甲，不过覆盖范围相当大，全长达700英尺、深度则从飞行甲板向下延伸到水线下方8英尺；“中途岛”级航空母舰则在水线附近设有3～8英寸厚不等的舷侧装甲带。（知书房档案）

宽，CVB X航空母舰特地采用尺寸较小的单管5英寸口径炮塔，而非火力密度更高的双管炮塔，不过即使如此，这种舰型的舷宽还是远远超过巴拿马运河的通行舰宽限制（32.3米）。

考虑到新型轰炸机的翼展十分庞大，海军航空局最初的估算尺寸是114英尺，但很快就增加到116英尺甚至125英尺（38.1米），已直逼CVB X航空母舰的最大舷宽。为确保安全，这种轰炸机起飞时最好沿着舰身中线滑行，因此CVB X航空母舰的2组弹射器沿着舰身中线紧密并排安装在舰艏位置，彼此稍有重叠，其中1组弹射器作为备用。这种配置让轰炸机从靠近飞行甲板中线的位置弹射起飞，弹射作业允许的飞机最大翼展限制则为132英尺。

对于以搭载规模较小（少于24架）的轰炸机机队为基准的短舰型方案，由于舰体长宽比较低，必须增大主机输出功率，才能保有33节的最大航速，不过更大功率的主机也会造成舰体内部布置的麻烦。

本页图：1947年在大卫·泰勒模型试验水槽（David Taylor Model Basin）进行耐海性测试的“合众国”号航空母舰试验模型，这是早期构型，仍采用传统的直线型飞行甲板，还没有在舰舯两侧设置大型的突出外张甲板结构，不过仍可看出该舰的平甲板构型与开放式舰艏等特征。（美国海军图片）

早期的平甲板航空母舰

从CVB X航空母舰研究到“合众国”号航空母舰（USS Unite State CVA 58）的发展过程中，平甲板构型一直是最大争议所在，这也突显了航空母舰在“水面舰艇”与“飞机起降平台”两个角色间面临的冲突。

操作飞机是“航空母舰”这种舰种的存在目的，就飞机起降来说，自然是省略舰岛、毫无阻碍的全通式平甲板最为有利；但航空母舰也是一艘舰只，与所有水面舰只一样都必须满足提供良好操舰视野，以及布置动力系统排烟管道的要求，若能在飞行甲板上布置一个舰岛结构，将能很方便地满足前述需求。

对于身为“海上机场”的航空母舰来说，随着飞行甲板面积与舰载机数量的增大，航空管制人员也需要一个拥有良好环视视野的作业地点（舰岛），以便有效执行舰载机起降作业管制与甲板调度任务。

在航空母舰发展初期，作为先驱者的英国皇家海军，便尝试过无舰岛平甲板与附加舰岛两种构型。事实上，世界上第一艘全通式平甲板航空母舰——英国皇家海军的“百眼巨人”号航空母舰（HMS Argus），便是无舰岛的平甲板航空母舰，而第二艘全通式平甲板航空母舰“老鹰”号（HMS Eagle），则设置了右舷大型舰岛的构型。

虽然不易处理操舰视野与烟囱布置问题，但自20世纪20年代至二

下图：平甲板构型在航空母舰发展上有悠久历史，史上第一艘全通式平甲板航空母舰——英国皇家海军的“百眼巨人”号航空母舰，便是无舰岛的平甲板航空母舰。（知书房档案）

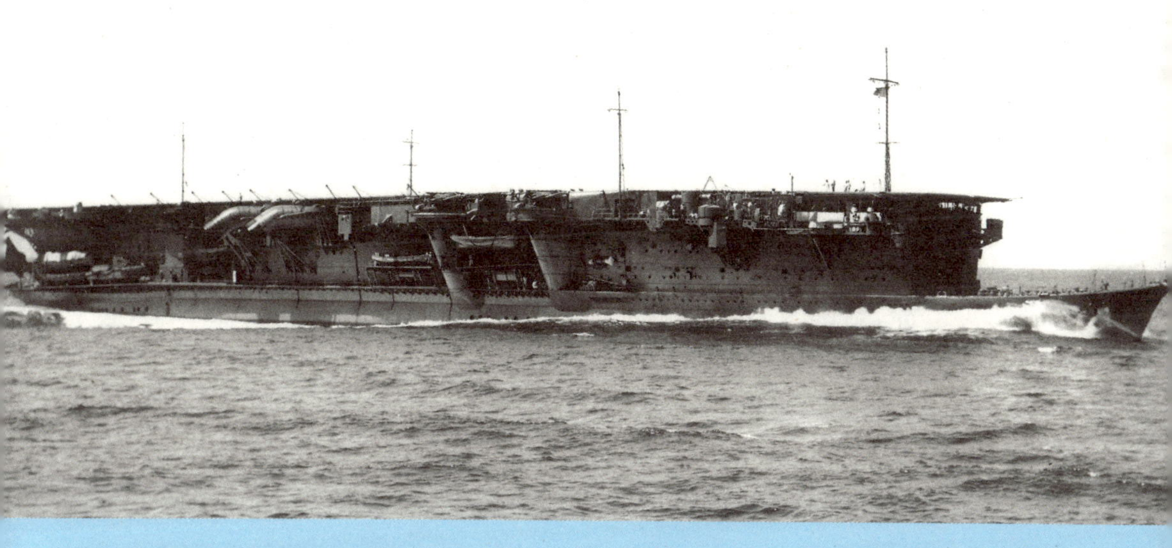

上图：在平甲板构型航空母舰的建造运用上，旧日本海军拥有丰富的经验，自1920年代末期开工的“龙骧”号航空母舰以来，日本先后建造了9艘平甲板航空母舰。（知书房档案）

下图：美国海军第一艘航空母舰“兰利”号航空母舰为无舰岛的平甲板构型，不过平甲板构型在美国海军并未成为主流。（知书房档案）

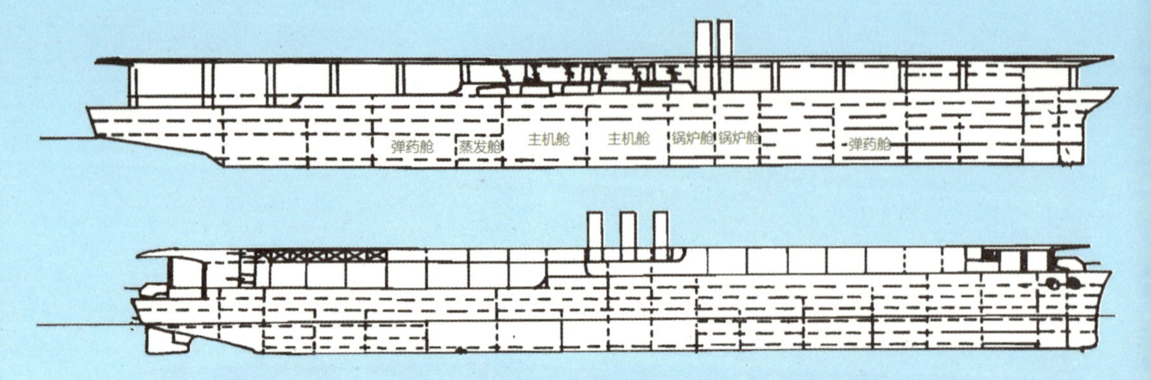

上图：美国海军20世纪20年代后期规划建造轻型舰队航空母舰时，曾提出几个无舰岛平甲板构型方案，还附有可垂直竖起、水平旋转倒放的烟囱设计（上），不过后来实际开工的“突击者”号航空母舰仍被加上一个小型舰岛（下）。（美国海军图片）

战之间，仍有不少航空母舰采用了无舰岛平甲板构型，其中尤以日本为多，如日本海军在20世纪30年代建造的“龙骧”号，以及以其他类型舰只改造而来的轻型航空母舰，如“瑞凤”号、“翔凤”号、“龙凤”号、“神鹰”号、“海鹰”号、“大鹰”号、“千岁”号与“千代田”号等航空母舰，都是平甲板构型。另外20世纪20年代第三次改装后的英国海军“狂怒”号（HMS Furious）航空母舰，以及刚完工时期的日本海军“赤城”号与“加贺”号航空母舰，也可看作是一种变形的平甲板构型——这3艘航空母舰都没有舰岛，但飞行甲板均为多层式，不完全属于全通式平甲板构型。

在美国海军方面，其第一艘航空母舰“兰利”号航空母舰（USS Langley CV1）也是无舰岛的全通式平甲板构型，不过这种构型在美国海军中没有成为主流，后来建造的航空母舰均为有舰岛式。“突击者”号航空母舰虽曾规划以平甲板构型建造，但最后还是增设了小型舰桥，之后的“约克城”级则在规划阶段便否决了平甲板构型。

随着雷达电子设备在海战中的重要性不断提高，舰岛成了设置天线的理想场所，平甲板构型更是被打入冷宫。直到二战后，美国海军为了追求核打击能力，必须在航空母舰上操作尺寸空前庞大的核轰炸机，平甲板构型才再次获得“重生”。

上图与左图：图片为美国海军“埃塞克斯”级航空母舰“约克城”号的舰岛，可见到其上布满了各式各样的电子设备天线。（知书房档案）

平甲板构型的利弊

对海军舰船局来说，新航空母舰需求设定中最让人困扰的是全通式平甲板（Flush Deck）概念。

平甲板构型通过取消舰岛与烟囱结构，将上层结构对飞行甲板作业的干扰降到最低。不过如此一来，必须在舰桥与烟囱配置上采取不同于传统舰岛的设计——如将舰桥改为布置在突出于舷侧外部的结构上，或设在舰艏、飞行甲板前端下方。然而这类舰桥设计虽然对飞行甲板的干扰较小，但操舰视野较差，考虑到在繁忙水域航行操作的需求，还是有设置瞭望上层结构的必要。

此外，取消舰岛后，排烟处理也会出现麻烦，失去了一个便于布置烟囱的上层结构，无法将排烟通过耸立于舰岛上的烟囱排放到上空，必须改为采用舷侧排烟，将烟囱开在舰体侧面，使排烟对飞行甲板作业的干扰降到最小，但在航空母舰快速航行时，烟会被吹到甲板上，妨碍舰载机作业。

考虑到操舰与甲板管制的需求，海军舰船局十分反对CVB X航空母舰设计方案采用平甲板构型，试图保留舰岛，将舰桥与烟囱整合到一个小型舰岛结构内。海军舰船局认为：只要将这个舰岛安置于拦阻索之前，着舰区便不会受到影响，借此可为舰载机的起飞与降落作业提供500英尺长、毫无阻碍的飞行甲板空间。航空单位却不满意这种配置，仍倾向对飞机起降最有利的平甲板构型，坚持要求去除所有高于飞行甲板的突出构造物。

关于航空母舰是否需要设置突出于飞行甲板上的舰岛，在美国海军内部一直是个有争议的问题。基于航空作业优先、不妨碍甲板起降作业考量，美国海军在20世纪20年代后期开始规划“突击者”号航空母舰（USS Ranger CV 4）时，曾打算采用平甲板构型，但最后还是基于操舰便利性而被否决，并于1931年在右舷增设了1座小型舰岛。在设计“约克城”号航空母舰

（USS Yorktown CV 5）时，平甲板构型又再次被提出，但再次被海军舰船局否决。

然而到二战结束时，情况已与20世纪20—30年代大不相同，海军内的航空派势力大为提高，还有数位航空出身的军官晋升到最高层，海军舰船局在CVB X航空母舰研究中所持的反对平甲板构型论点，很快便遭到飞行员们的否定。于是围绕着平甲板构型所产生的种种争议，便成了新航空母舰设计过程中最大问题所在。

机库的取舍

在CVB X研究中，海军舰船局虽曾建议在舰体内设置一个小型机库，提供搭载战斗机的能力。而后1946年4月24日提交给舰艇特性委员会的设计草案仍以只搭载轰炸机、不设置机库且全部舰载机都停放在飞行甲板上为基准。

随着ADR-42舰载轰炸机研究方案的推进，情况显示有必要重新检查CVB X航空母舰的基本设定。首先，海军航空局认识到最大航速不过500节的舰载轰炸机，若没有战斗机护航，突破现代化战斗机拦截的概率很低，因此开始研究引进远程护航战斗机。

由于ADR-42舰载轰炸机尺寸比原先设想的更大，若仍按照原先全部停放于飞行甲板的设计，则CVB X航空母舰飞行甲板长度需求将会达到惊人的1190英尺（363米），宽度达132英尺，舰体的水线达1124英尺（343米）、舰身宽130英尺（39.6米），最大舷宽则达到154英尺（46.94米），这样庞大的舰体，海军舰船局估算其排水量将达到空前的6.92万吨（标准状态）与8.2万吨（满载状态）。

然而前述航空母舰方案的舰体尺寸，已远超出当时美国既有干坞设施所能允许的上限，若要符合现有干坞的要求，则舰体允许配置的最大飞行甲板尺寸不能超过1050英尺×113英尺（320米×34.4米），但这种尺寸的飞行甲板，最多只能停放15

架新型轰炸机。换言之，若要在既有的甲板长度限制下，维持24架轰炸机的搭载量，必然得在舰体内增设机库，将部分飞机改存放到机库中，以减轻对于飞行甲板面积的需求。

于是接下来海军舰船局便打算在CVB X航空母舰平甲板构型舰体中增设1座机库。为容纳庞大的ADR-42舰载轰炸机，这座机库的高度预计将高达28英尺（8.54米）。相较下，二战时期美国航空母舰的机库高度标准为17.5英尺（5.33米），即使是日后在20世纪50年代建造的超级航空母舰，机库高度也只有25英尺（7.62米）。

新航空母舰的概念演进

在作战部副部长指示下，海军舰船局于1946年4月24日将CVB X研究方案初步结果提交给舰艇特性委员会。此时CVB X航空母舰仍是一种性质特殊的单用途航空母舰，更像是既有舰队航空母舰的补充，而非其替代者。因此在舰艇特性委员会收到的计划中，除了要求在1948财年建造用于搭载10万磅轰炸机的无机库航空母舰（即CVB X航空母舰）外，还包含了同时建造一艘舰队航空母舰的规划。

与此同时，最早推动大型平甲板航空母舰发展的原航空业务作战部副部长、此时刚调任第8舰队司令的米切尔上将，解释了为什么要专门规划平甲板航空母舰这种特殊舰型：“自改装‘兰利’号以来直至今日，航空母舰的基本设计一直不断演进，当前的CVB级航空母舰设计代表了最新的航空母舰思想。所有美国航空母舰中效能最高的或许是‘埃塞克斯’级航空母舰，它在太平洋战争中的表现是如此优异，最后成为我们海上优势的主要象征。”

“相较于‘埃塞克斯’级航空母舰，新的CVB级航空母舰有包括装甲飞行甲板在内的改进，不过扩大的尺寸无法通过巴拿马运河闸门，以致减损了（战略）机动性。”

“身为第8舰队指挥官，我认为现有航空母舰面对炸弹攻

击时都过于脆弱，瞬发引信炸弹触及装甲飞行甲板爆炸后，可能会损及安装在舰岛结构上的无线电装置与操舰设备。若以现有航空母舰为基础发展新设计，最终都会受到既有基本构型的限制，其中最大的限制便是舰岛。舰岛的设置，还会限制允许操作的飞机尺寸。在可预见的未来，或许会发现舰岛对航空母舰来说是无法接受的，这就是我们考虑设计与建造平甲板构型的理由。”

接下来米切尔提出3点建议：①立即展开平甲板型航空母舰的设计研究；②待前述研究完成后，将一艘预备役的“埃塞克斯”级航空母舰改造为平甲板构型试验舰；③针对省略舰岛后所带来的电子设备安装问题，建议发展可适应于平甲板构型航空母舰的无线电与雷达设备，包括以空中预警机来为航空母舰提供侦测辅助。

下图：1948年10月发布的唯一一张“合众国”号航空母舰官方想象图，注意该舰采用无舰岛的平甲板构型，通过舰体左右两侧的水平烟囱排烟，舰艏为开放式，并在飞行甲板船艏与舰舯两侧突出结构，一共配备了4台弹射器，沿着飞行甲板两舷与舰艉边缘共设有4部升降机，甲板外侧的突出结构上则布置了单管5英寸口径炮塔与双管3英寸口径炮塔。为解决平甲板构型操舰视野不佳问题，右舷还设有1座尺寸十分迷你的升降式瞭望舰桥。（美国海军图片）

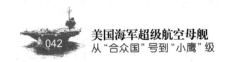

在此之前，海军航空局的舰艇设备部门曾认为，考虑到平甲板构型带来的许多问题（特别是排烟），在飞行甲板上设置一个小型舰岛应该不会有太多负面影响。

不过主管海军航空局的萨拉达与史蒂文斯（L. C. Stevens）将军等高层，却一致认为舰岛的存在是对未来舰载机设计的一个妨碍因素。

当然这些“平甲板派”将领并不是没有注意到平甲板构型的缺点，如当时任职于海军航空局、后来转任大西洋航空部队指挥官的波根（Gerald F. Bogan）中将，在其起草的海军航空局报告中，便承认删除舰岛“将会对现有的雷达与无线电设备操作带来很大的困难与妨碍，以及造成舰只操控与飞行甲板运作的问题”。因此提出与米切尔相似的建议——改造一艘“埃塞克斯”级航空母舰，将其作为一个研究平台，借此探索平甲板构型航空母舰所涉及舰只指挥、无线电与雷达作业等适应性课题。

波根另外提议，考虑到平甲板航空母舰难以配备大型天线的先天缺陷，可改为一艘专用指挥舰来统一处理所有的通信与雷达功能，然后再以低功率信号将资讯转发给舰队中的平甲板航空母舰，所有航空母舰需要的目标或其他资料，都可通过类似电视广播的方式，从同一区域的专用指挥舰或预警机取得[1]。

由平甲板构型引起的种种争议，是ADR-42舰载轰炸机对航空母舰设计所造成冲击的一个例证，这也是美国海军第一次专门为了操作一种新型飞机，而去设计一艘新航空母舰。反过来说，搭载新型核轰炸机也是这种新航空母舰的核心目的，尽管这种需求导致新航空母舰必须采用种种缺乏多样化任务适应

[1] 波根的专用指挥舰构想，后来在20世纪50年代初由第四艘“俄勒冈”级（Oregon City Class）重巡洋舰舰体改装的“北安普顿”号指挥巡洋舰（USS Northampton CLC 1）实现。“北安普顿”号的构型，强调了搭载大型雷达与通信天线的需求，这正是平甲板航空母舰无法装设的配备。

性的特别设计，但对核打击能力的渴望，让美国海军愿意付出这样的代价。

与此同时，为了让海军舰船局得以估算新航空母舰所搭载的舰载机尺寸、飞行甲板尺寸与弹射器性能等基础规格，海军航空局也继续进行ADR-42舰载轰炸机研究方案。

在海军舰船局与海军航空局两个单位间协调新航空母舰与轰炸机的发展，是个非常需要技巧的工作。1946年6月19日，海军内部召开了一场针对航空母舰设计的协调会，经讨论后，海军认为新航空母舰恐怕无法在1952年以前服役，于是决定由航空业务作战部副部长负责评估1952—1960年阶段的飞机性能特性，以便在新航空母舰的设计上做准备；同时也决定从1948财年（1947年7月1日起）开始编制新航空母舰的预算，然后于1949财年展开建造工程。

“合众国”号航空母舰登场——划时代的崭新设计

舰艇特性委员会于1947年2月13日完成了一份代称SCB 6A的新航空母舰设计方案，与早先的CVB X航空母舰设计方案相比，其最大不同在于增设了一座足以容纳最大型舰载机的机库，这也意味着美国海军已经改变了“只搭载轰炸机”的新航空母舰基本任务设定，转变为可混合搭载不同机型。

另外为解决平甲板构型的操舰视野需求问题，新方案也采用了设于右舷的小型升降式舰桥设计，可在船只众多的交通繁忙水域，或是在出入港口时升起舰桥，为船员提供较佳的瞭望视野，在飞机起降时则可让舰桥降回到飞行甲板下方，以免对飞行甲板作业造成妨碍。

除了升降式小型舰桥外，SCB 6A航空母舰设计方案还在飞行甲板前端两侧各设置1组突出于甲板外侧的舰桥，当舰桥降下时，可通过这2组射击与导航舰桥，提供基本的船只航行与射击管制瞭望功能。

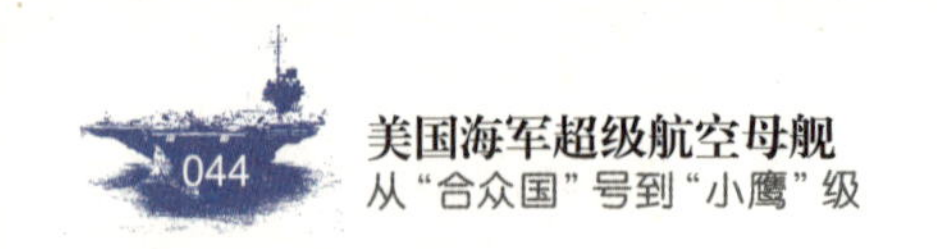

对页图："合众国"号、"中途岛"级与"埃塞克斯"级航空母舰尺寸对比。（美国海军图片）

基本性质的调整

针对原先仅以搭载轰炸机为目的的新航空母舰设计方向，另一位拥有丰富航空母舰指挥经验的二战名将、接替米切尔出任作战部副部长的谢尔曼（Forrest Sherman）中将，早在1946年夏天便对CVB X航空母舰的设计方向提出质疑："这样具有攻击性的航空母舰，如果没有重型战斗机提供支援，以及战斗空中巡逻（CAP）掩护的话是不合理的，但这种航空母舰自身的舰载机（只有24架重型轰炸机）却又无法达到这个要求。至少须搭配2艘护航航空母舰为这种新航空母舰提供护航。但另一方面，若为了让这种新航空母舰搭载战斗机，导致其失去主要特色（运用重型轰炸机），同样也是不合理的。"

谢尔曼的意思很明显——希望新航空母舰能在"运用重型轰炸机"与"自行提供一定的护航与防空掩护能力"两方面达成一定的平衡，SCB 6A航空母舰的设计便是以这个方向为目标。

SCB 6A航空母舰的舰载航空大队预定由3部分组成：①54架战斗机，采用当时刚开始试飞的XF2H战斗机；②12～18架ADR-45A攻击机（4.57万磅重、4具涡轮旋桨发动机、作战半径750英里）；③12架ADR-42舰载轰炸机（8.9万磅重、4具强化的涡轮旋桨发动机、作战半径2000英里）。

SCB 6A航空母舰在搭载的舰载机中纳入战斗机配置，主要用意是为轰炸机提供护航，而非用于航空母舰自卫，不过多达54架的战斗机搭载量，已能同时提供护航、自卫和空优需求。按照早先设定，若单纯搭载轰炸机执行核打击任务，新航空母舰只需搭载少数重型炸弹（即原子弹），就能满足让舰载轰炸机执行100次打击任务的需求（若每枚炸弹重1.2万磅，则100次任务需要的炸弹总重量大约是536吨）。不过SCB 6A航空母舰还需搭载供其他机型使用的弹药（如机炮炮弹、空射火箭弹与传统炸弹等），因此预设的航空军械搭载量达到空前的2000吨

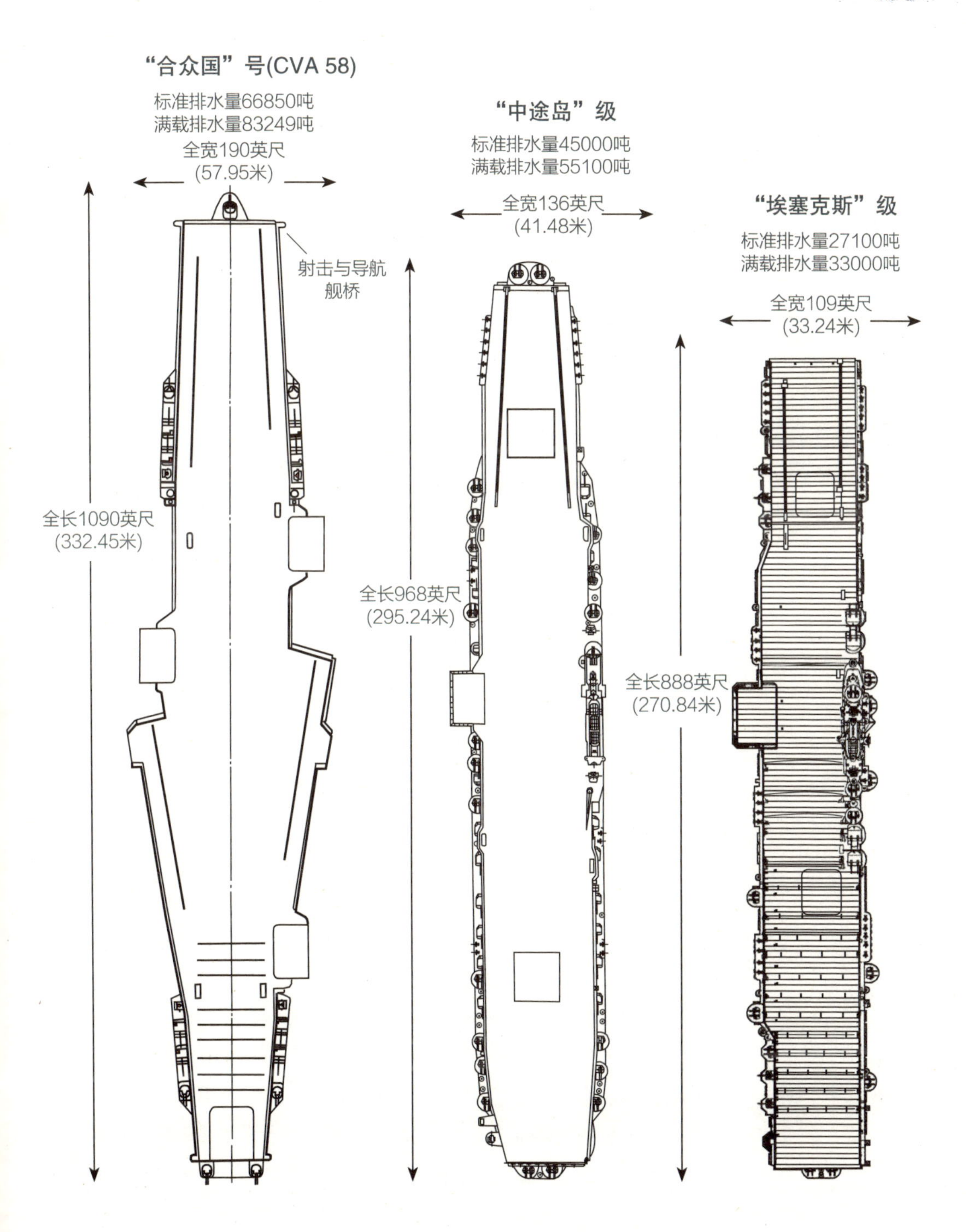
“合众国”号(CVA 58)
标准排水量66850吨
满载排水量83249吨
全宽190英尺
(57.95米)
射击与导航
舰桥
全长1090英尺
(332.45米)
“中途岛”级
标准排水量45000吨
满载排水量55100吨
全宽136英尺
(41.48米)
全长968英尺
(295.24米)
“埃塞克斯”级
标准排水量27100吨
满载排水量33000吨
全宽109英尺
(33.24米)
全长888英尺
(270.84米)

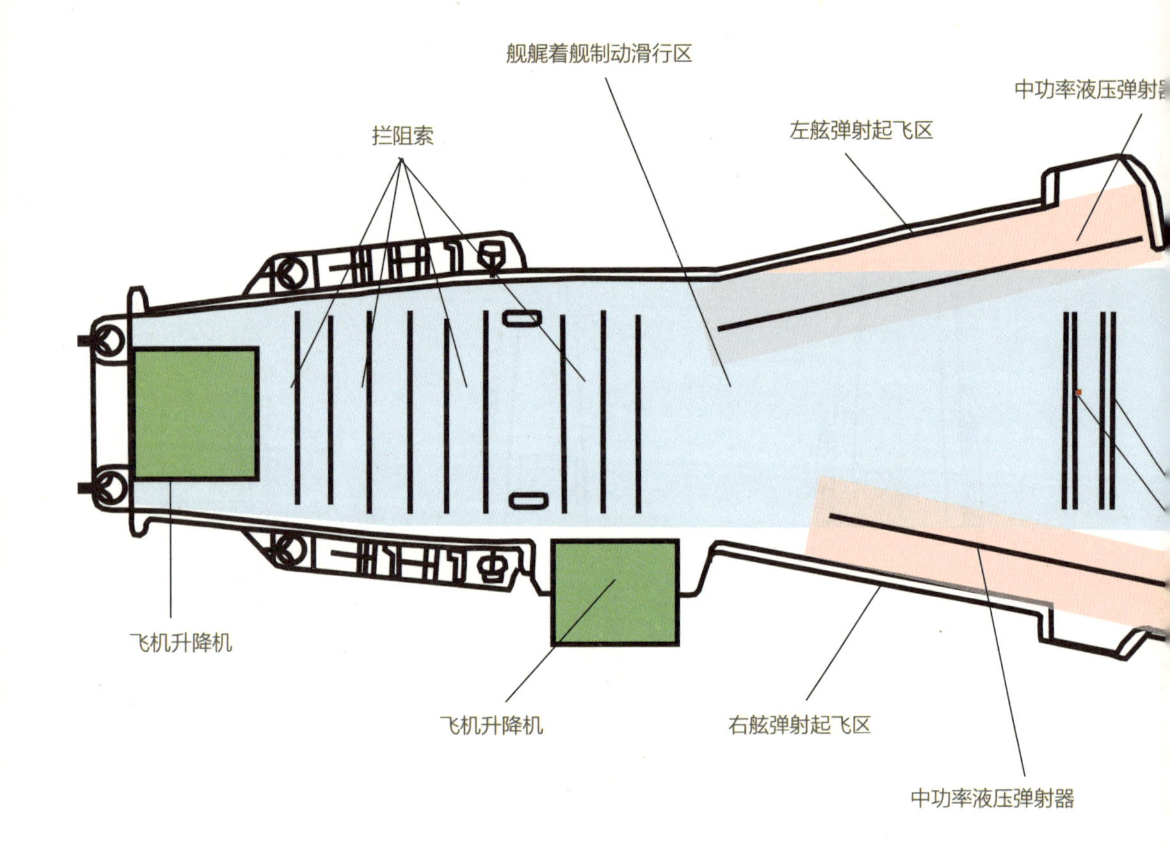

（相较之下，“埃塞克斯”级航空母舰只有600～700吨的军械搭载量）。

SCB 6A航空母舰的燃油搭载量仍维持早先的50万加仑设定，比“中途岛”级航空母舰的33.2万加仑燃油搭载量高出50%，更比“埃塞克斯”级航空母舰的25万加仑燃油搭载量高出1倍，为应对当时较耗油的早期喷气式飞机，SCB 6A航空母舰的输油管可以每分钟150加仑的速率将燃油泵送到飞行甲板，较早先的航空母舰高出3倍，飞行甲板与机库甲板拥有每分钟3000加仑的供油能力，可迅速为舰载机加油。不过由于航空燃油不具备抗爆能力，必须储藏在舰体水线下方并受装甲保护，但这又会造成航空燃油舱与舰只本身庞大的弹药舱以及主机舱

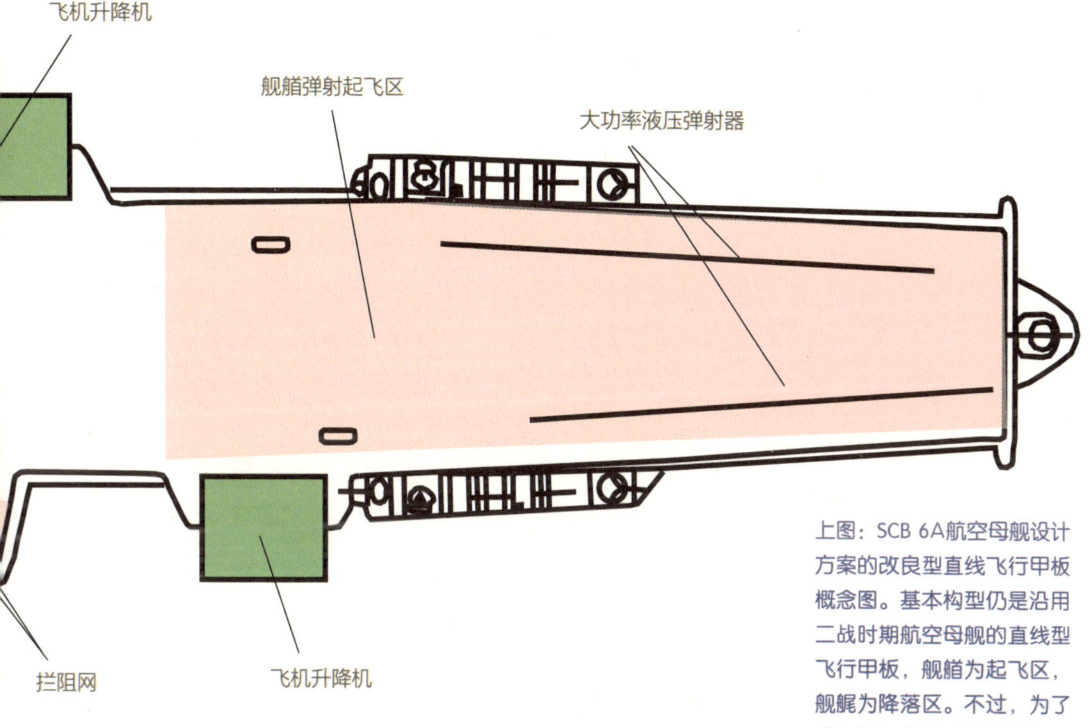

上图：SCB 6A航空母舰设计方案的改良型直线飞行甲板概念图。基本构型仍是沿用二战时期航空母舰的直线型飞行甲板，舰艏为起飞区，舰艉为降落区。不过，为了尽可能提高弹射起飞效率，一共配备了4套弹射器，其中2套设于舰艏，另2套分别设于突出于舰体左右两舷的外张甲板上，4套弹射器可同时作业而不会彼此干扰。再搭配4部设于舷侧的升降机，可迅速将机库中的飞机运送到甲板上，进一步提高弹射速率。不过，在着舰方面，仍旧采用由舰艉向舰艏方向直线滑行的方式，因此在舰艉着舰滑行区与前方的飞机停放区之间，必须设置拦阻网借以防止着舰飞机与停放飞机发生碰撞意外。（知书房档案）

彼此抢占舰体空间的问题。

飞行甲板配置

在飞行甲板配置方面，SCB 6A航空母舰设计方案的基本需求是能同时弹射4架飞机（2架轰炸机与2架战斗机）而不会互相干扰。如同之前在“1945舰队航空母舰”（1945 Fleet Carrier）研究中所得到的结论，要让多台弹射器同时进行弹射作业，采用某种形式的斜角飞行甲板是不可或缺的要求。

尝试了几种飞行甲板配置后，舰艇特性委员会最后决定采用的构型是4台弹射器——2条设于传统的舰艏位置，2条设于舰舯的两舷舷侧外张甲板上，舰艏与舰舯的弹射作业彼此互不妨碍，每台弹射器都能迅速完成喷气动力舰载机的定位与弹射作业，既不会彼此干扰，也不会妨碍着舰准备作业。其中舰艏的一对弹射器可用于弹射满载状态的轰炸机，另2条设于舰舯两舷外张甲板上的弹射器则可弹射6万磅重的机型。在之后的设计修正中，4台弹射器都被提高到10万磅等级，可将10万磅重的机型以105节的速度射出。

SCB 6A航空母舰这种斜角甲板构型概念，与日后成为主流的斜角甲板构型完全不同。在SCB 6A航空母舰上，舰载机着舰后是从舰艉向舰艏直线滑行（如同二战时期的航空母舰甲板作业一样），所以设于飞行甲板后端着舰滑行区与前端飞机停放区之间的阻栅，便是一个关键设备。

理论上，通过前述飞行甲板配置，SCB 6A航空母舰将成为美国海军第一艘可同时进行弹射与降落着舰的航空母舰。不过这种“弹射与着舰作业同时进行”的能力是有限的。当弹射与着舰作业同时进行时，一旦进场的飞机无法钩到拦阻索成功着舰，为避免着舰飞机与舰艏弹射中的飞机发生冲突，就只能依靠飞行甲板中段的两道拦阻网强制让着舰飞机停止滑行，而没有紧急拉起起飞、重新进行一次着舰的机会。

与4台弹射器搭配的是4部飞机升降机：1部设于飞行甲板正后方（这个位置可在恶劣海况时提供较佳的保护）；1部位于左舷前方；剩余2部都设于右舷。在这个配置中，2部靠前的升降机可搭配舰艏的轰炸机弹射器运作，当准备起飞的轰炸机出现状况时，也可迅速将其移出甲板送回机库，简化调度的麻烦。4部飞机升降机构成了前、中、后3段配置，与机库的3段式防火、防爆隔舱设计相互结合，属于整体防护功能的一环。

为提高甲板挂弹效率，SCB 6A航空母舰还配备了4部弹药升降机，基于运用核弹的需要，每部弹药升降机的升降能力达到1.6万磅。

SCB 6A航空母舰飞行甲板布置明显特别强调了快速弹射的需求，以最快的速度让打击机群升空。至于采用这种构型的理

由可能是考虑到当时的喷气式飞机续航能力有限（发动机相当耗油）。

为了简化操作，舰艇特性委员会于1947年12月决定SCB 6A航空母舰每次任务最多弹射整个航空大队一半的飞机。战斗机的续航时间较短，所以在作业流程中被设定为最早弹射与着舰回收。至于攻击机与轰炸机，因飞机升降机举升重量上限只有6万磅，无法举升满载的轰炸机，故这些较重的机型只能在飞行甲板上加油与挂弹，必须在弹射前以空机状态运送到飞行甲板上。

另一方面，尽管美国海军允许进一步加大SCB 6A航空母舰的尺寸（相对于CVB X航空母舰），但仍无法同时运用满编的轰炸机航空大队，如1支18架ADR-42舰载轰炸机大队中，只有12架能固定停放在飞行甲板上，其余必须收纳于机库中，类似地，由27架飞机组成的ADR-45航空大队也只有18架能停放于甲板上。

左图：“合众国”号航空母舰的4部飞机升降机中，有3部分别位于左右两舷，剩余1部则设置于飞行甲板正后方，比起位于两舷的舷侧升降机，舰艉位置的升降机不易受上浪影响，在恶劣天气下仍能进行飞机搬运，缺点是离弹射器待命位置较远，不便于弹射作业。（知书房档案）

航空母舰烟囱布置的4种基本形式

在“合众国”号航空母舰设计过程中，烟囱与排烟管道的布置，一直是困扰美国海军设计人员的问题，最后也没得到足够理想的方案。事实上，在核动力推进问世以前，烟囱布置也是困扰每个航空母舰设计人员的问题，早在20世纪20年代时，第一代航空母舰设计人员就已尝试过所有可能的烟囱布置构型，实践结果显示，并不存在十全十美的方案，只能视自身对航空母舰特性的需求，权衡对不同需求面向的优先顺序，采用相对较适合的烟囱布置方案。

经过几十年的发展后，与舰岛结构合而为一的直立式烟囱，最终成了航空母舰烟囱设计的主流，不过早期还曾出现过舰艉引导式、两舷舷侧排烟式以及升降式烟囱等不同类型。以下是航空母舰烟囱布置的4种基本形式。

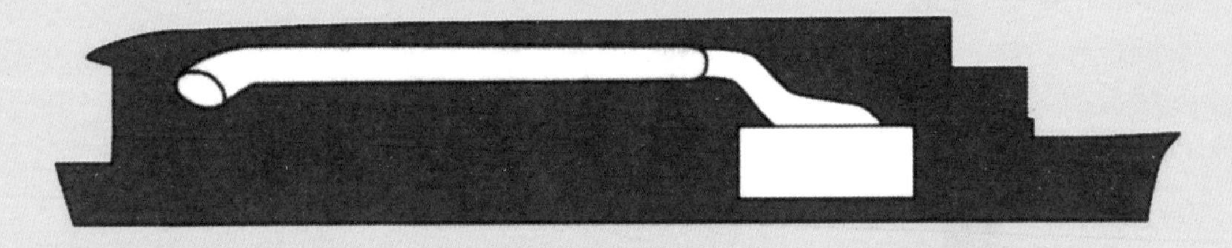

A.舰艉引导式

舰艉引导式烟囱搭配无舰岛平甲板舰型使用，相比于从舰体中段直接导向舷侧的舷侧排烟方式，将排烟废气引导到舰艉再排放，比较不会影响甲板上的气流。缺点是这种构型将导致构造较复杂，且长度非常长的排烟管道也增加了不少结构重量，更麻烦的问题是排烟管道会将排气废热传入管道经过的后部舰体，造成后部舰体舱室温度升高，大幅影响居住舒适性。另外当风向发生变化时，舰艉排出的废气也可能被吹回而影响到从舰艉进场、准备着舰的舰载机着舰作业。

舰艉引导式烟囱是最早得到应用的航空母舰烟囱，史上第一艘全通平甲板航空母舰——英国皇家海军的“百眼巨人”号航空母舰，就是采用舰艉引导式烟囱，后来日本的“加贺”号航空母舰与二战时美国部分护航航空母舰也采用这种烟囱构型。

B.升降起倒式

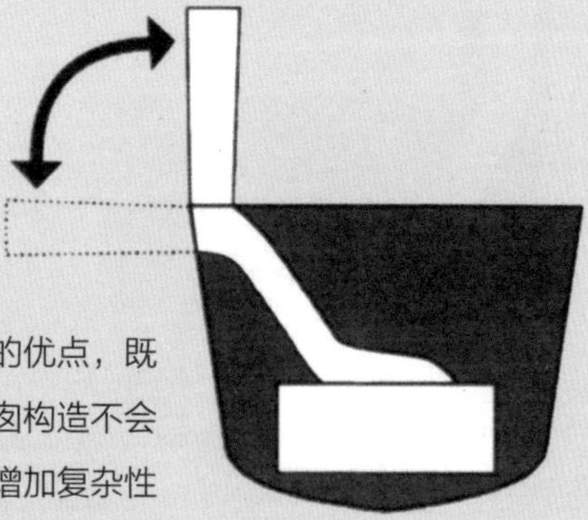

升降起倒式烟囱平时为直立式姿态，待舰载机起降作业时再向侧方倾倒。其最早见于美国海军的第一艘航空母舰——1922年服役的“兰利”号，1931年开工建造的“突击者”号航空母舰也采用了这种烟囱构型。

这种构型的优势在于兼顾了直立式与舰体两侧排放式的优点，既有前者排烟废气对飞行甲板干扰小的优点，也有后者的烟囱构造不会造成飞行甲板作业障碍的优点。缺点则是升降起倒结构会增加复杂性与重量，同时也降低了可靠性。而且当排烟量需求较大时，若采用单一的大型升降式烟囱，则需配置大功率的驱动机构，才能驱动烟囱的升降；若采用多个小型烟囱来排烟，虽可降低驱动机构的功率需求，但也进一步增加了复杂性。

C.侧面向下弯曲式

这是单纯的舰体舷侧烟囱的变形，普通的舰体两侧烟囱是直接向舷侧水平方向排放废气，或加上弯曲导管向上排气（烟囱可以只设于一舷或分别设于两舷），这种侧面向下弯曲的构型则多了向下弯曲的构造，可将排烟向下导出，减少对甲板的气流影响。缺点则是当海象恶劣，或舰体受创、朝向烟囱侧倾斜时，这种向下弯曲的烟囱开口，会有海水从此处倒灌流进舰内锅炉舱的危险。这种烟囱构型是旧日本海军独创，最早应用在“赤城”号航空母舰上，并为后来一系列日本海军航空母舰所沿用。

D.直立式

直立式烟囱就是将烟囱以直立方式固定设置在飞行甲板上，通常把烟囱构造与舰岛结合在一起。优点是可让排烟经由耸立于舰岛上的烟囱排放到上空，尽可能远离飞行甲板，对甲板气流的干扰最小（只要烟囱达到一定高度，则排放废气对甲板气流的干扰就会降低许多），结构也相对简单。缺点则是烟囱结构本身会成为飞行甲板上的

障碍物，给飞机起降作业造成妨碍，还会对飞行甲板作业允许的飞机最大翼展宽度造成较大的限制。

这种航空母舰烟囱布置方式，最早见于世界上第二艘全通平式甲板航空母舰——英国皇家海军于1918年开工改造的“老鹰”号航空母舰，稍晚开工的“竞技神”号航空母舰（HMS Hermes）也采用这种烟囱构型，后来成了最常见的航空母舰烟囱构型。

为进一步减少排烟带来的干扰，这种构型后来又出现一种变形，将耸立的烟囱略为向外侧倾斜。旧日本海军的“大凤”号航空母舰最早采用这种直立外倾式烟囱，后来“隼鹰”号、“信浓”号等航空母舰也跟进采用。

基本防护配置

在防护配置上，SCB 6A航空母舰设有3层水平防护装甲，由上到下分别为：3英寸厚的飞行甲板装甲、机库甲板的60磅特种钢装甲，以及主机舱上方的防护甲板。舰体两舷也设置了由60磅特种钢装甲构成、覆盖了整个机库长度的舷侧装甲带，覆盖的高度从水线下8英尺起，向上延伸到机库甲板高度。此外，弹药舱、航空燃油舱与操舵机构3个关键部位，还设有由3英寸厚的侧装甲与前、后隔舱装甲，搭配顶部60磅特种钢甲板构成的装甲箱（Armor Box）结构保护（操舵机构部位的侧装甲与隔舱装甲更增加到4英寸厚）。

在后续细部设计过程中，海军舰船局将原先的3英寸厚飞行甲板装甲，改为一层2英寸厚的飞行甲板装甲（80磅特种钢），另外加上一层1英寸厚的回廊式甲板装甲（40磅特种钢）。更改设计的原因在于海军舰船局认为仅仅依靠飞行甲板装甲不可能完全阻止炸弹穿透，一旦飞行甲板出现大型破裂，很可能导致舰只解体。解决之道便是利用飞行甲板下方的回廊

式甲板结构，来承担飞行甲板破损后的结构负荷，以便受创的舰艇能以低速脱离交战区域。

新的装甲配置削弱了抵抗炸弹直接攻击的水平防护能力，最顶部的飞行甲板装甲厚度从3英寸减为2英寸，虽然加上回廊式甲板的1英寸厚装甲，同样也是在机库顶部配置了总计3英寸厚的装甲，但这种一层2英寸厚装甲（飞行甲板）加上一层1英寸厚装甲（回廊式甲板）得到的直接抗炸防护效果，只相当于单层的2.5英寸厚装甲，但海军舰船局认为这种代价是可以接受的，抵抗破片侵入机库的能力也较强，不利之处是增加了舰艇重量。

飞行甲板下方的水平防护，还包括同为1.5英寸厚的机库甲板与第6甲板装甲，不过后者只覆盖了主机室上方，而没有扩及整个第6甲板。机库甲板的特定关键部位还设有特别加厚的装

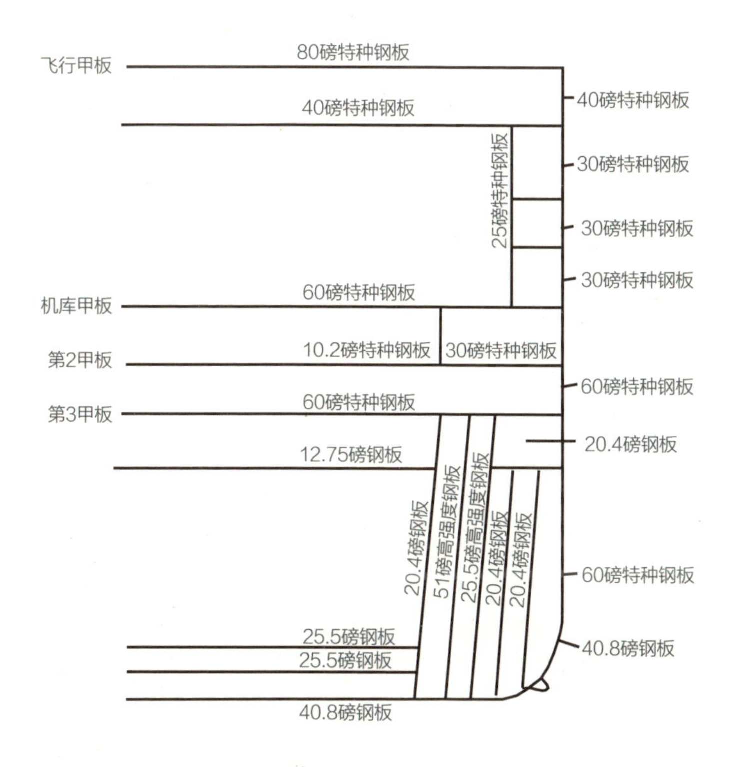

左图：“合众国”号航空母舰的舰体截面图，可看出包括飞行甲板装甲在内，一共有4层主要的水平防护装甲。水下防护则由5层隔舱构成。（知书房档案）

甲。在2个特种弹药舱的上方位置处，机库甲板装甲厚度从1.5英寸增加到4英寸。除了局部加厚的机库甲板保护外，这2个特种弹药舱还分别获得第5甲板（前）与第6甲板（后）的一层3英寸厚装甲甲板保护。各层甲板的水平防护设计，目的是让位于舰体底部的主机从来自上方航空武器攻击造成的单点损伤中生存下来。

但是，新航空母舰的防护甲板耗去太多重量，在重心与重量制约下，对抗来自空中轰炸的水平防护能力，反而不及飞行甲板与机库甲板装甲较厚实的“中途岛”级航空母舰。于是海军军械局（BuOrd）在1947年8月28日提交的一份研究报告中，提出让新航空母舰改用3英寸厚飞行甲板装甲、1.5英寸厚机库甲板装甲，搭配覆盖在航空燃油舱与弹药舱上方作为防护甲板的防护设计。3英寸厚的飞行甲板装甲，可提供接近“中途岛”级航空母舰的抗俯冲轰炸能力（“中途岛”级航空母舰的飞行甲板装甲为3.5英寸厚），能防护来自1500英尺至2000英尺高度投下的1600磅穿甲炸弹。

由于飞行甲板是强力甲板，支撑飞行甲板的机库侧壁同时必须承担结构负荷。SCB 6A航空母舰的机库采用双层侧壁，内外层分别由0.62英寸厚与0.75英寸厚的特种钢构成，不仅可提供支撑强度，并有防止破片侵入机库的保护作用。

对飞行甲板防护来说，弹药升降机、拦阻索、阻栅网与飞机停放点的开口都会造成减弱装甲强度的问题，而弹射器沟槽造成的问题尤其棘手。为抑制弹射器沟槽对飞行甲板强度的负面影响，每台弹射器都采用与舰身中线形成一定夹角的方式布置，另外还采取了防止接缝膨胀及其伴随问题的措施，通过前述处理，海军舰船局认为可在确保飞行甲板达到足够强度的要求下，节省500吨重量。

在水下防护方面，SCB 6A航空母舰舰身两舷水下部位则设有几乎沿着整个舰身长度、深度22英尺、由6层壳板组成的5层式隔舱，还采用了类似“南达科他”级（South Dakota Class）

战舰的双龙骨（Two-skeg）式水下构型，以兼顾提供足够舰体内部容积与水下防护性的要求。

海军舰船局在1949年声称，以SCB 6A航空母舰设计方案为基础设计的“合众国”号航空母舰，可抵御1200磅至1500磅炸药的水下爆炸（相较下，“中途岛”级航空母舰的水下抗爆能力只有800磅），大约是1枚二战时期鱼雷弹头的装药量。在最糟情况下可抵御5次1200磅炸药当量的水下攻击，即每侧舰体可承受六七次水下攻击。

关键部位的防护配置

在由海军舰船局负责执行的细部设计过程中，最棘手的问题还是在于基本构型，尤其是4套弹射器、4套弹药升降机、2个特种弹药舱（核弹）之间的相互关系与配置，对基本构型的影响更是牵一发而动全身。

弹射器的位置，将决定弹药升降机的位置，而弹药升降机的位置，又决定特种弹药舱在舰体内的位置。考虑到特种弹药舱是舰体的重点防护区域，因此特种弹药舱的位置，也会影响到舰体的水下防护配置。

在后来的设计中，因为特种弹药舱的位置设置在舰艉，所以必须修改水下防护设计，将防护区延伸到更后面的区域，但这个部位又过于靠后（已经是位于主机传动轴经过的区域）。为此，在保护弹药舱的水下防护隔舱中设置让传动轴穿透的通道，让传动轴从舰外穿透水下防护区，以致减损了防护力。

用来存放航空军械的主弹药舱共有2个，分别位于舰体前、后部。至于舰载3英寸口径炮与5英寸口径炮的弹药，均就近存放于未设防护的弹药舱中。由于舰载火炮的位置分别设在彼此相隔很远的舰体前、后两端，考虑到供弹作业的便利性，无论是把航空弹舱的装甲防护延伸到舰炮弹舱位置，或是扩大炸弹舱以便容纳舰炮弹药，再通过很长的输送轨道将炮弹馈送给舰炮，显然都不合乎实际。另一方面，以防空为主要任务的3

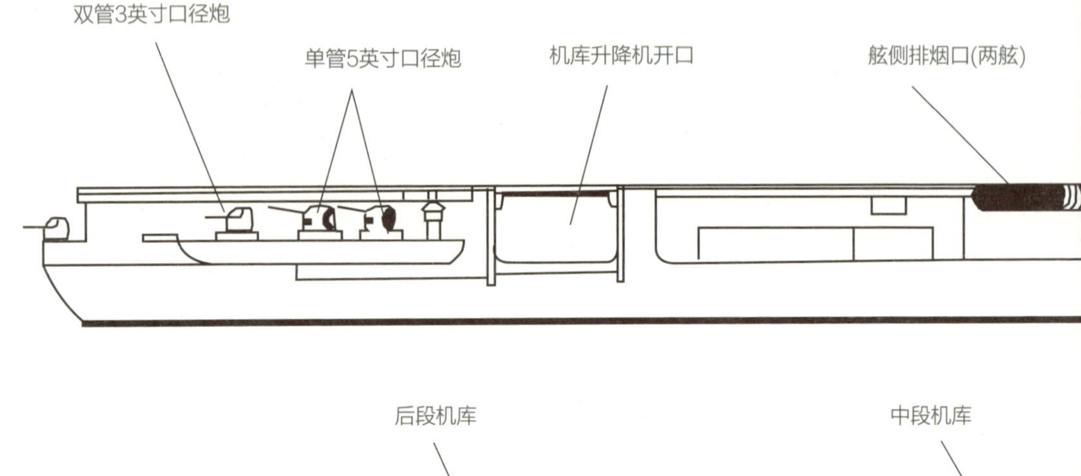

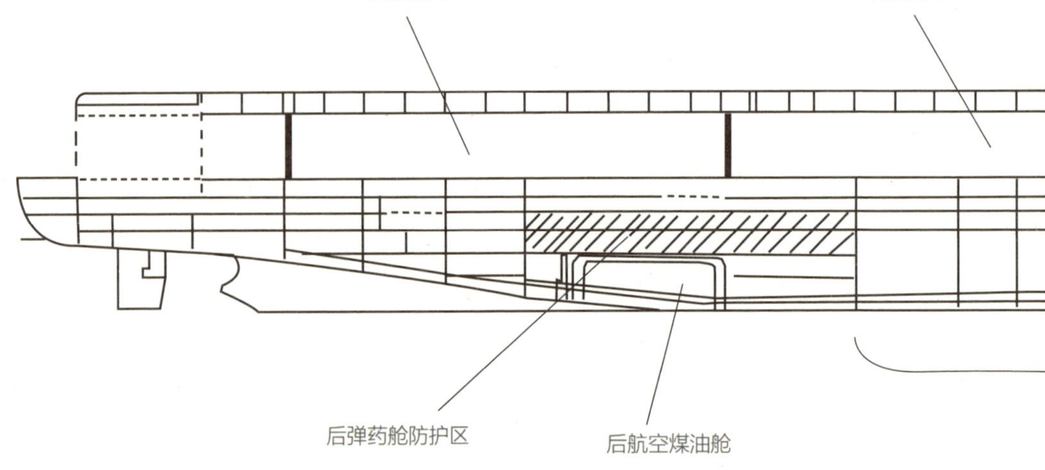

上图：“合众国”号航空母舰的侧视图与侧视剖视图。可看出3段式的机库布置，另外舰身前后的弹药舱与航空燃油舱部位都特别加强了的装甲保护。（美国海军图片）

英寸与5英寸速射炮弹药，并不是那样容易受攻击引爆，因此海军舰船局认为：将舰炮弹药设于未设防护的弹药舱的风险，还是可以承受的。

关于弹药舱配置方面的另外一个问题是，新航空母舰改用火药爆炸推进的开槽汽缸弹射器，取代原先采用的液压弹射器，因此必须另外再为这些带有一定危险性的弹射用火药，设

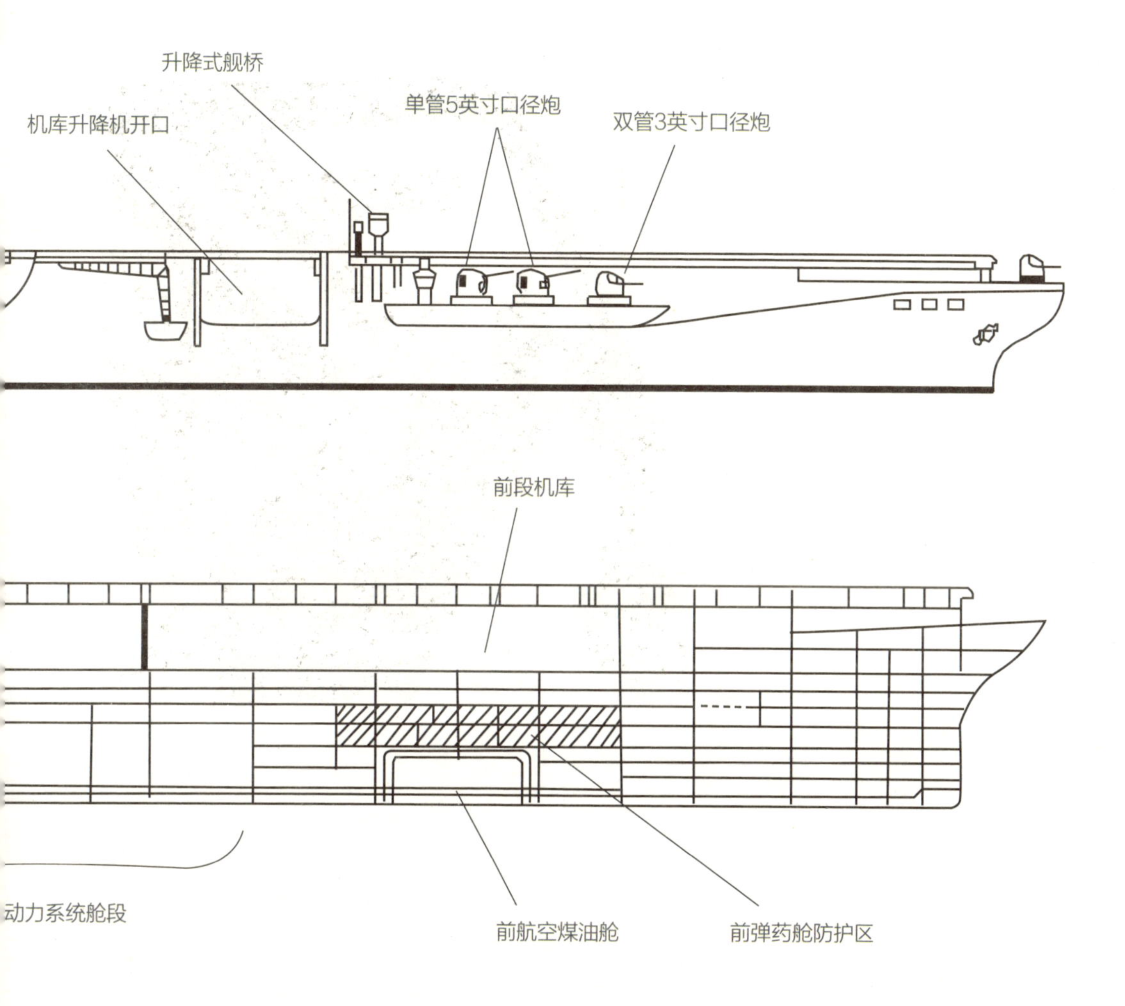

置存放用的弹舱[1]。

此外，依据二战末期美国海军航空母舰遭遇神风自杀攻击

[1] 海军舰船局原先曾认为，由蒸汽涡轮驱动的液压弹射器（而非更常见的电动马达驱动），已能满足新航空母舰的需要，不过由于牵引10万磅等级大型舰载机的需求，用在新航空母舰上的液压弹射器将包含大量的缆线、滑车轮机构，会大幅增加弹射器重量。于是美国海军从1947年开始发展由外部火药驱动的“开槽汽缸”（Slotted Cylinder）弹射器，并打算用在后续建造的新型航空母舰上。相较于液压弹射器，火药弹射器能以较轻的重量达到同等级弹射能力，但火药也带有更大的危险。之后在引进蒸汽弹射器后，美国海军便放弃火药弹射器的发展。

右图：为了提高飞行员待命室的安全性，“合众国”号航空母舰的设计中，将飞行员待命室的位置从早期航空母舰的回廊式甲板，往下挪到机库甲板下方的第4甲板上，使其得到更充分的保护。（知书房档案）

的经验，将飞行员待命室设置在回廊式甲板上的传统做法，虽然便利但不安全，容易因空中攻击而造成严重的损伤，因此改进飞行员待命室的防护性便成为新航空母舰设计的一个重点。同“埃塞克斯”级航空母舰现代化工程中的做法一样，SCB 6A航空母舰将飞行员待命室往下挪到舰体深处，从早期航空母舰的回廊式甲板往下挪到机库甲板下方的第4甲板，使其能受到机库甲板装甲保护。

将飞行员待命室挪到航空母舰舰体更下层的甲板，也产生了副作用——飞行员必须爬过更长的楼梯，才能从待命室抵达上层的飞行甲板。为减少这方面困扰，海军舰船局希望在新航空母舰的设计中，将楼梯高度从47英尺降到29英尺，减少飞行员需要攀爬的楼梯距离；并配备手扶电梯，进一步减轻飞行员的移动负担。

动力需求

为了让尺寸空前的舰体达到33节最大航速，新航空母舰对动力系统的输出功率需求初步估计是26万轴马力，最终则提高到28万轴马力。这样高的功率需求在当时是空前的，在此之前，动力系统最大功率输出纪录的是“衣阿华”级（Iowa Class）战列舰与“中途岛”级航空母舰蒸汽涡轮主机的21.2万轴马力[1]，然而新航空母舰的功率需求，相较于“衣阿华”级战列舰与“中途岛”级航空母舰还高出30%。

为满足这样大的推进功率要求，美国海军曾考虑采用较激进的方案，如5轴或6轴输出等，不过最后还是采用传统的4轴输出配置。

4轴配置的优点是可缩短占用的舰体长度，并节省些许重量，缺点则是每轴必须承担高达7万轴马力的输出，推进效率较差。基于战时的经验，新航空母舰的动力系统采用4个主机舱分散配置，每个主机舱设有2部蒸汽锅炉与1套涡轮，至于发电机则分别配置在由主机舱隔开的辅机舱中。

较大问题在于排烟处理，早期设计中曾尝试过让锅炉燃烧废气从舰体两侧的开

CVA 58“合众国”号航空母舰参数

排水量	
标准排水量	66850吨
满载排水量	83249吨
尺寸	
水线长	1030英尺(314.1米)
全长	1090英尺(332.4米)
飞行甲板长	1034英尺(315.3米)
舷宽(飞行甲板)	190英尺(57.95米)
水线宽	130英尺(39.65米)
吃水深(平均)	34.6英尺(10.5米)
动力系统	
功率	280000马力
形式	4轴推进，4个主机舱各含2部蒸汽锅炉与1部涡轮①
发电机	2000kW涡轮发电机×8 1000kW柴油发电机×4②
武装	
自卫火炮	单管5英寸/54倍径×8 双管3英寸/70倍径×6
航空军械	2000吨
其他	
最大航速	33节
续航力	20节时12000海里③
航空燃油	50万加仑
乘员数	4127员

注：① 使用每平方英寸1200磅与华氏950度的蒸汽。
② 柴油发电机为紧急备用。
③ 燃油承载量8126吨。

[1] 一般资料记载的“衣阿华”级战列舰与“中途岛”级航空母舰主机额定输出功率都是21.2万轴马力，不过各舰的实际输出能力略高于此，如“衣阿华”级的“新泽西”号战列舰（USS New Jersey BB 62）在1943年10月试航时曾达到22.0982万轴马力，而且“衣阿华”级战列舰的主机保有20%超负荷输出（即25.4万轴马力）的能力。至于“中途岛”级的“珊瑚海”号航空母舰（USS Coral Sea CVA 43），在试航中曾达到21.552万轴马力。

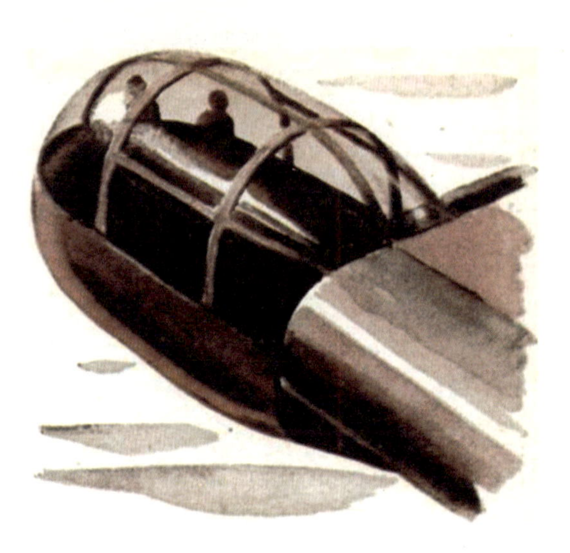

口排出，然后再依靠风力将废气吹散。风洞试验显示，将排烟管靠后设置引起的麻烦较少。不过由于锅炉位于舰体中部位置，前述两种排烟管道配置，对舰体内部布置来说依然造成许多困难，起始的上升烟道必须先穿过机库甲板与第4甲板之间，然后穿过机库侧壁，接到位于飞行甲板与回廊式甲板间的交叉烟道（Crossover Flue），再导到舰体侧面的开口。考虑到这样的烟道设计不能获得足够保护，交叉阀门被挪到机库甲板下方。

上图：“合众国”号航空母舰的射击与航海舰桥想象图。“合众国”号航空母舰在飞型甲板前端两侧各设有1组突出于甲板外侧的小型射击与航海舰桥，可在右舷的升降式舰桥降下时，提供涵盖舰艇前方与左右两侧的瞭望监视视野，以保有基本的监视能力。（知书房档案）

海军对前述烟道配置并不满意，不过这是平甲板构型航空母舰的先天缺陷，要彻底解决这个问题，只有等待不需要布置烟囱的核动力技术到来。

自卫武装

新航空母舰的自卫武装包括各自负责4个象限扇形区域的5英寸与3英寸速射炮，以及可自由回转的20毫米机炮两大类。在CVB X研究中，最初曾打算配备8座单管5英寸54倍口径炮与12座新型双管3英寸70倍口径炮，而SCB 6A航空母舰削减到8座单管5英寸口径炮与8座双管3英寸口径炮。

由于舰炮安设位置兼顾适航性与不妨碍飞行甲板作业两方面的需求，安装位置必须够高（安装舰炮的舰体突出结构下缘距水线高度至少20英尺，以免受到上浪影响），但也不能太高（炮管举起时的高度不能超出飞行甲板，特别是设于舰艏的1座炮塔）。在安装位置的限制下，3英寸口径炮的数量最后被削减到6座。

超级航空母舰“合众国”号

海军舰船局最后提出的设计，是一个全长1090英尺、舰体宽130英尺、飞行甲板宽190英尺的庞然大物[1]，飞行甲板面积超过20万平方英尺，是“中途岛”级航空母舰的2倍，而超过6.5万吨的标准排水量，以及8.3万吨的满载排水量，更是刷新了当时的纪录。这种舰型的造价也是空前的，庞大的舰体、高功率的动力系统，以及操作核武器的设施成本极高，海军估计首舰的建造费用为1.89亿美元，超过“中途岛”级航空母舰2倍。

上图：“合众国”号航空母舰的小型升降式瞭望舰桥想象图，平时航行升起舰桥，提供航行管制与飞行甲板管制功能，这套舰桥一共含有3组设备，包括位于前方的1组两层式舰桥、位于后方的1组单层舰桥与1组桅杆，可分别提供航空母舰舰长的航行管制、舰队司令的舰队管制，以及航空联队指挥官的飞行甲板管制。当飞行甲板要进行起降作业时，可将这组舰桥下降到飞行甲板下方位置，以免妨碍舰载机起降作业，此时改由飞行甲板前端两侧的射击与航海舰桥，来提供航行与射击管制监视瞭望功能。（知书房档案）

美国海军在1949财年预算中列入了建造首艘新型平甲板航空母舰的计划，并赋予CVA 58与“合众国”号（USS Unite State）的编号与命名，让美国海军正式迈入了超级航空母舰的时代。

超级航空母舰的运用构想

在美国海军构想中，打算以1艘新型平甲板超级航空母舰，搭配1艘经现代化工程的“中途岛”级航空母舰，以及2艘现代化工程后的“埃塞克斯”级航空母舰共同组成特遣舰队，必要时还可再加入1艘“埃塞克斯”级航空母舰。每支这样的特遣舰队还将包含数艘巡洋舰（含1艘指挥巡洋舰）、1艘导引（防空）导弹舰艇，以及用于反潜阻栅与雷达警戒任务的数艘驱逐舰与潜艇。

[1] 关于“合众国”号航空母舰的飞行甲板最大宽度，某些资料如古斯塔夫松（Phil Gustafson）在1949年《大众科学》（*Popular Science*）杂志上发表的“海军为什么想要超级航空母舰”一文有236英尺的记载。弗里曼《美国航空母舰》（*U.S. Aircraft Carriers-An Illustrated Design History*）书中有190英尺的记载。

“提康德罗加”号航空母舰是特遣舰队中的一员。（美国海军/国家档案与文件署，丹尼斯·R.詹金斯提供）

“合众国”号与“中途岛”级、“埃塞克斯”级航空母舰建造成本对比

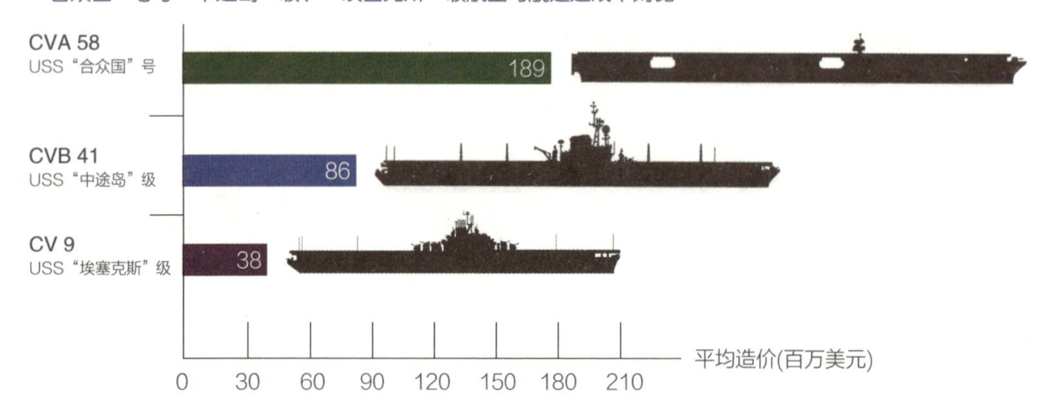

“合众国”号与“中途岛”级、“埃塞克斯”级航空母舰航空军械搭载能力对比

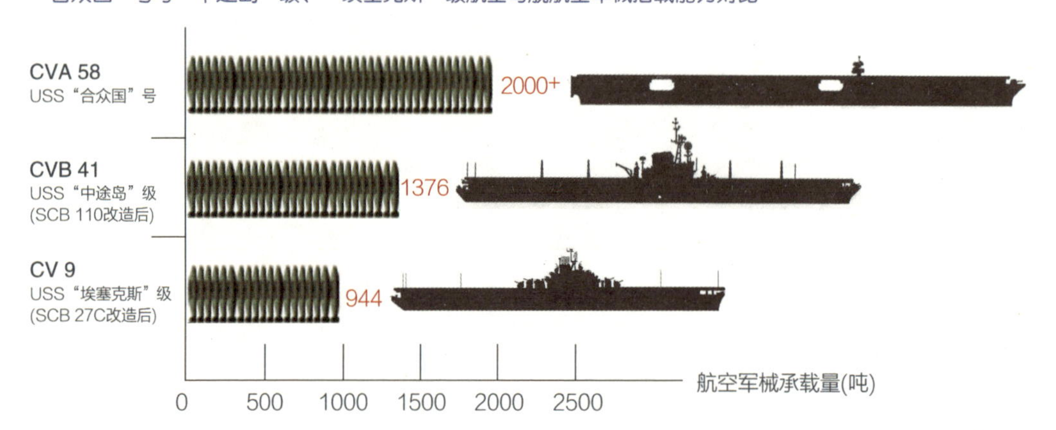

“合众国”号与“中途岛”级、“埃塞克斯”级航空母舰航空燃油搭载能力对比

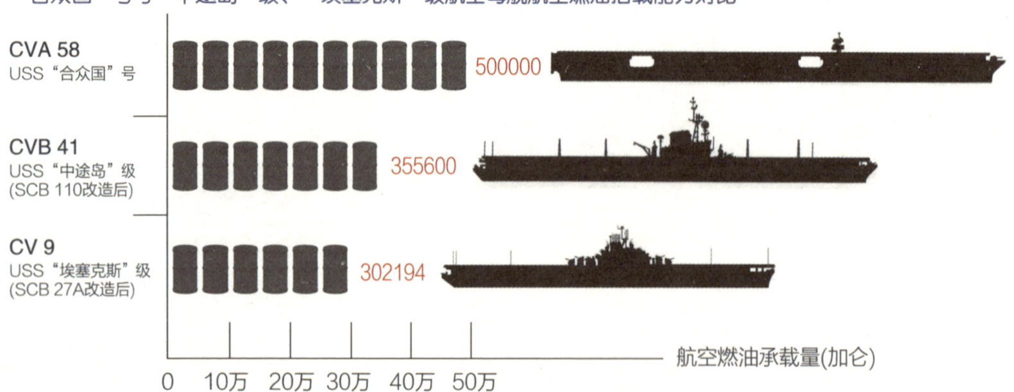

1948年1月完成的一份海军内部研究建议，前述特遣舰队的航空兵力可采取如下编组：

“合众国”号航空母舰：搭载24架ADR-42舰载轰炸机与若干F2H“女妖”（Banshee）战斗机。

“中途岛”级航空母舰：12架A2J“超级野人”涡轮旋桨动力轰炸机，43架ADR-54远程护航战斗机。

“埃塞克斯”级航空母舰：48架护航战斗机［F9F“豹”（Panther）式或F2H“女妖”］，48架负责舰队防空的拦截机［F4D“天虹”（Skyray）］，以及48架单座的涡轮旋桨动力攻击机［A2D“天鲨”（Skyshark）］。[1]

整个特遣舰队的航空兵力总共可携带45.6万磅的炸弹或其他军械，而这些并不包括可供小型攻击机携带的轻型原子弹在内。

这份研究还评估了特遣舰队在虚拟1955年作战场景中对抗苏联的效能。研究中假定美国海军一共拥有4支这样的特遣舰队，其中1支特遣舰队被部署在东地中海，1支部署在西太平洋，另2支位于美国东岸，典型的作战区域包括挪威海（Norwegian Sea）、巴伦支海（Barents Sea）与太平洋等。

研究结果显示：“只要采取适当的部署，这样的4支航空母舰特遣舰队没有抵达不了的苏联目标……若1955年的目标与1947年相同，则这样的4支特遣舰队对我们来说将是适合的，就先制突击的目的而言，最有效率的运用方式，是将其中2支特遣舰队部署在巴伦支海，1支部署在挪威海，1支部署在地中海……在攻击发起日时，可让特遣舰队采取稍稍不同的部署，如1支位于巴伦支海，1支位于北海，1支位于地中海，1支位于阿拉伯海，这种部署方式虽然无法涵盖西伯利亚东部目标，不过对当前的苏联来说，这并不是值得施以打击的区域，这个区域只有5个已知的次要目标……”不过这样的运用构想，却有危及美国空军战

[1] A2D“天鲨”是当时发展中的一种新型舰载攻击机，采用同轴反转涡轮旋桨发动机，预定用于替代AD“天袭者”。

右图：美国海军建造“合众国”号航空母舰的主要目的，就是携带具备核打击能力的新型舰载轰炸机，依据ADR-42舰载轰炸机研究方案的结果，海军于1948年8月向航天界发出10万磅级新型轰炸机的邀标书，上为道格拉斯（Douglas）公司设计的提案，下为寇蒂斯（Curtiss）公司的提案。（美国海军图片）

略核打击任务垄断权的疑虑，就空军看来，通过新航空母舰与ADR-42舰载轰炸机的组合，海军也将具备承担主要战略打击任务的能力，这显然有违反《西礁协定》之虞。

至于新航空母舰因其空前庞大的尺寸所带来的港湾设施运用疑虑，海军舰船局在1949年4月的简报指出，可进入既有的干坞与最大型的浮动干坞（Auxiliary Floating Dry Dock, AFDB），是新航空母舰舰体的基本设计需求，海军舰船局希望将新航空母舰的水线宽度抑制在125英尺（38.12米），但最后还是增加到130英尺（39.65米），为此必须重新审视既有干坞设施的实际限制。经调查后，海军舰船局认为“合众国”号航空母舰应可停放进既有的10座最大型干坞与13座浮动干坞中。

授权建造

杜鲁门于1948年7月29日批准海军的超级航空母舰计划，首舰CVA 58建造工程是由当时全美最大的纽波特纽斯（Newport News）船厂负责，于1949年4月18日安放龙骨正式开工。

从开始规划“合众国”号航空母舰以来，美国海军便一直将该舰定义为“核弹航空母舰”，对公众与国会都是如此宣传。这一方面反映了自比基尼环礁试爆以来，美国海军对核打击能力的渴望。另一方面，新航空母舰拥有当时最受重视的核武器运用能力，有利于获得政府支持。不过这却也招来了美国空军的强烈反对。

空军质疑海军为新航空母舰设定的任务，与理应由空军负责的战略轰炸任务相互重叠，而且耗资高昂，海军的“合众国”号航空母舰是不可接受的。

下图：除了新型的10万磅级轰炸机外，“合众国”号航空母舰也会搭载F2H“女妖”战斗机，以便为轰炸机护航，或执行防空自卫等任务。（美国海军图片）

SPECIA

1946年4月，英国首相温斯顿·丘吉尔（图左）抵达美国，会见了哈里·S. 杜鲁门总统（图右）。（知书房档案）

海军上将的反叛

“海军与陆战队没有继续存在的理由，布莱德利（Omar Bradley）将军告诉我，两栖作战已成过去，我们不会再进行任何两栖作战，所以不需要陆战队。现在的空军可以办到任何海军可以办到的事，所以也不再需要海军。”

——美国国防部部长路易斯·约翰逊（Louis Johnson），1949年12月

流传后世的名言通常有两种：一种因其正确、深刻地反映或预见了现实事物的发展而闻名；另一种则因其错误而闻名，前面引用前美国国防部部长约翰逊所说的这段话，正是后面一种类型——迄今60多年来的历史发展，已经证明约翰逊部长这种观点是错误的。

但从另一方面来看，约翰逊部长这番言论也代表了当时流行的一种观点，反映了随着历史进入核武器时代后，各界对于海军存在价值的质疑，同时也反映出美国海军当时遭遇的困难有多么巨大，这样的时代背景，也深深地影响了新一代航空母舰的发展进程。

美国海军在1947年秋季将建造首艘“超级航空母舰”的计划列入1949财年预算中，赋予了“CVA 58”的舷号与“合众国”号的命名。在此之前，美国海军舰队航空母舰都是采用CV舷号代码，这艘新型航空母舰在舷号代码中加缀了“A”字母，用以代表“攻击”（Attack）之意，不过更恰当的解释是“原子”（Atomic），显示新航空母舰是以核打击为核心任务的。

为操作尺寸庞大的新型舰载核轰炸机，“合众国”号航空母舰采用无舰岛平甲板构型，配有4套弹射器，并拥有空前的尺寸与吨位，全长达1090英尺（332米），标准与满载排水量分别达到空前的6.685万吨与8.32万吨，航空军械与燃油承载量也远超过之前的航空母舰。然而新航空母舰设计在许多方面仍存在不足，如装甲配置不如吨位较小的“中途岛”级航空母舰，一部分弹药舱没有装甲保护，自卫火炮数量也少于最初规划，飞机升降机数量也不足，以致无法让4套弹射器持续维持高起飞速率。

海军和空军战略角色之争——超级航空母舰与超级轰炸机

1949年初，美国空军对外正忙着与英国皇家空军一同执行柏林空运任务，对被苏联封锁的西柏林进行空运补给，对内则向美国海军的超级航空母舰计划发起挑战。

表面上看起来，这场争论是美国海军、空军围绕着“合众国”号航空母舰与B-36“和平缔造者”轰炸机两大计划产生的冲突，实质上则是关乎海军、空军在未来美国战略中任务定位与预算分配优先权的一大辩论——空军意图维持原有核打击任务的垄断地位，而“合众国”号航空母舰象征着海军对空军核投射能力垄断权的挑战，故必去之而后快；海军则希望通过超级航空母舰与新型舰载轰炸机的组合，形成自身的核打击能力，从而确保海军航空力量的存在价值，同时在预算上取得与空军平等的地位。

对海军十分不利的是，曾任海军部部长、一向支持海军的国防部部长福莱斯特，由于反对杜鲁门总统大幅削减国防经费的政策，加上个人健康原因，于“合众国”号航空母舰开工前夕的1949年3月28日离职，改由杜鲁门的主要财务幕僚路易斯·约翰逊接任国防部部长一职。

上图：在弗吉尼亚州纽波特纽斯船厂安放龙骨的CVA 58“合众国”号航空母舰，在大幅削减国防预算的压力下，加上美国空军的阻挠，该舰的建造工程在安放龙骨后5天便遭到取消。（美国海军图片）

“合众国”号航空母舰的结局

约翰逊上任后的首要任务，便是贯彻杜鲁门的大幅削减国防经费政策。考虑到1950财年国防预算被杜鲁门严格限制在144亿美元，远低于各军种提出的初始需求，国防部势必得牺牲一部分既定的军备采购计划。自视为战略空中力量专家的约翰逊，决定优先支持空军的B-36轰炸机计划，尽管B-36“和平缔造者”轰炸机是当时美国购买过的最昂贵飞机，但相比于“合众国”号航空母舰的预算1.89亿美元仍是便宜得多，于是杜鲁门于1949年4月8日宣布，同意空军另外再购买39架[1]。

[1] 美国的第一种核轰炸机B-29“超级空中堡垒”由于产量大，平均单价可以压低到63.9188万美元，之后美国海军发展的AJ-1“野人”轰炸机单价就攀升到110.5599万美元，B-36“和平缔造者”轰炸机单价更达到空前的575.7584万美元，超过B-29“超级空中堡垒”轰炸机将近9倍。

上图：某种程度来说，“合众国”号航空母舰所遭遇的最大敌人并非苏联，而是美国空军。空军认为“合众国”号航空母舰的任务与空军的战略轰炸机重叠，出于避免影响到当时空军最优先的B-36“和平缔造者”轰炸机计划的考量，空军极力反对海军的新型超级航空母舰计划。图片为1947年8月28日首飞的B-36A1号量产机。（美国空军图片）

于是，海军新航空母舰计划便成了杜鲁门政府牺牲的对象。上任2周后，国防部部长约翰逊于1949年4月15日召见了艾森豪威尔（Dwight D. Eisenhower）与其他3名参谋长联席会议（JCS）成员，咨询他们对海军新航空母舰计划的看法。由于“合众国”号航空母舰建造工程紧接着在3天后的4月18日展开，急欲终止这项计划的约翰逊随即分别约见了三军的3位参谋长，并依据3位参谋长对海军新航空母舰的意见拟成提案，于4月22日呈递给杜鲁门。

海军作战部部长登菲尔德强烈建议继续建造“合众国”号航空母舰，他强调了新航空母舰对于日后海军航空发展与海上作战的重要性。为了回避与B-36“和平缔造者”轰炸机任务重叠的批评，作为海军代表的登菲尔德特别指出，建造这种新型航空母舰是日后海军航空发展不可或缺的一环，并非仅止于对苏联境内目标发动核攻击这种简单的目的。

另一方面，二战经验显示，潜艇将严重威胁从美国通往英

左图：针对美国空军与“合众国”号航空母舰针锋相对的B-36“和平缔造者”轰炸机计划，美国海军指出，面对新一代高速喷气拦截机时，活塞动力的B-36“和平缔造者”轰炸机无论速度或升限都不足以保证生存，为证明此点，美国海军曾要求让B-36“和平缔造者”与海军的F4U海盗、F2H“女妖”等战斗机进行拦截测试，但被空军与国防部拒绝。（美国空军图片）

国与欧洲的生命线。相较于被动的反潜护航，美国海军声称更有效的反潜手段，是直接对敌方潜艇基地发动轰炸与布雷，新航空母舰将为执行这类任务提供必不可少的打击服务，而这种针对敌方潜艇基地、港湾设施与海军机场等“海军类型目标”的打击行动，是《西礁协议》给予海军的合法职权。

然而空军参谋长范登堡（Hoyt Vandenberg）则坚持，“合众国”号航空母舰的任务与空军的战略轰炸机相互重叠，而且他认为这艘航空母舰的成本将会接近5亿美元，而非海军声称的1.89亿美元，无论在职权的合法性还是在执行任务的成本效益上，都是不可接受的。

发挥关键作用的是陆军参谋长布莱德利的意见，布莱德利支持空军的立场，并提出6点反对新航空母舰的理由。

◆ 海军新航空母舰的主要用途，其实是应由空军承担的职责（战略轰炸）。

◆ 苏联并非海上强国，也不依赖从海路输入原料。

詹姆斯·福莱斯特从1940年8月起担任了4年的海军部部长助理，在战时工业生产管理方面作出了许多贡献，后来当原海军部部长诺克斯（Frank Knox）于1944年5月因心脏病去世，便由福莱斯特接任海军部部长一职。杜鲁门政府依据1947年国防安全法案于1947年9月成立国家军政部〔National Military Establishment, NME，1949年8月后改组为国防部（Department of Defense, DOD）〕，由于杜鲁门最初属意的部长人选帕特森（Robert Patterson，原战争部部长）决定退休，便由福莱斯特出任首任部长。

但福莱斯特因其自身反对军种统合的立场，自我限制了他的部长权限，而难以有效管理各军种，最后又因反对杜鲁门大幅削减军费政策，以及与杜鲁门1948年大选对手杜威（Thomas Dewey）的私下接触，导致与杜鲁门间发生许多摩擦，最后以个人身体健康问题为由于1949年3月28日离职，仅担任18个月国防部部长职务。更不幸的是，福莱斯特离职还不满2个月，便于1949年5月22日于入住的海军医院跳楼身亡，他的离职与死亡是战后美国海军的一大损失。不过福莱斯特离任前所提交的国防组织改组建议——扩大部长权限、降低三军军种部的位阶、改组参谋长联席会议等，均成为1949年国防部改组法案的基础，进而奠定今日美国国防组织的基本形态。

◆ 美国与英国已经拥有绝对的海上优势。

◆ 应将海军舰载机打击陆地目标的作战半径，限制在当前的700海里以内。

◆ 在战争初期运用海军航空力量并以此作为空军的暂时性替代是合理的，但不应由海军航空兵对敌人领土进行持续的作战行动，因为这是空军的任务。

◆ 新航空母舰的建造与维护成本非常昂贵，连带还需要搭配价格同样十分昂贵的新型护卫舰。

在此之前，海军部部长苏利文一直回避与空军发生直接

路易斯·约翰逊在二战前曾长期担任战争部部长助理（1937年至1940年），当原任战争部部长伍德林（Harry Hines Woodring）辞职后，罗斯福（Franklin Delano Roosevelt）总统却跳过约翰逊而选择史汀生（Henry Stimson）接任部长，让约翰逊深感不满。约翰逊在二战时未能出任任何要职，战后投入杜鲁门阵营，于1948年大选中担任募款负责人，并于1949年3月获杜鲁门提名接任福莱斯特的部长一职。约翰逊是军政事务部改组为国防部后的首任部长，拥有远大于其前任的权限，凭借着扩大后的权力，约翰逊在部长任期内的最大功绩，是成功执行了杜鲁门的大幅削减军费政策，不过也导致美军难以应对1950年6月远东的战事。之后，约翰逊虽然将1951财年预算追加了79%的额度以应对危机，但美军在战事初期失利所导致的公关危机，也让他被迫于1950年9月辞职，改由马歇尔（George Marshall）将军接任。

冲突，还曾训斥公开发表“海军执行核轰炸任务较空军更具效率”言论的海军助理作战部部长加雷利少将。但他此时感到情势不对，开始在各种场合不断强调新航空母舰对海军的重要性，以及总统已经批准建造“合众国”号航空母舰的事实，试图扭转不利的政策方向。

然而取得陆、空两军种支持，并经杜鲁门批准后，约翰逊部长仍在1949年4月23日下令中止“合众国”号航空母舰建造工程，此时距该舰安放龙骨仅仅才过5天。

军种冲突

约翰逊部长虽然成功达到取消“合众国”号航空母舰建造计划的目的，但做法却略嫌粗糙。他在宣布决定前并未与海军作战部部长登菲尔德协商，也未知会海军部部长苏利文，这

B

也破坏了前任部长福莱斯特在《西礁协定》中苦心建立的军种平衡，于是苏利文在约翰逊宣布决策的次日立即辞职，以表抗议。

约翰逊对海军的不友善动作还不止于此。在取消“合众国”号航空母舰建造计划之后几天，又公开宣称打算把海军陆战队的航空装备转移给空军，取消海军陆战队的独立航空力量。虽然这个计划并未付诸实行，但已充分显示出新任国防部部长对海军的态度。

约翰逊的种种举动引起海军强烈反弹，作为失去新航空母舰的报复，美国海军方面以伯克（Arleigh Burke）上校的海军参谋部政策研究部（OP-23）为首，对空军B-36“和平缔造者”轰炸机的性能与实用性提出了一连串质疑，进而质疑当时依靠空军执行的大规模报复战略政策可行性。

海军指出，情报显示苏联正在发展一种时速超过500英里（926千米/小时）、最高升限达5万英尺（15240米）的涡轮喷气拦截机，也就是后来的米格-15“柴捆”（Fagot）战斗机。这种新型战斗机的出现，将使得在苏联上空执行日间高空轰炸任务成为代价高昂的行动。

为证实B-36“和平缔造者”轰炸机的脆弱性，一些海军军官要求以一架B-36“和平缔造者”轰炸机与海军的F4U-5“海盗”及F2H-1“女妖”喷气战斗机进行拦截试验。F4U-5“海盗”与F2H-1“女妖”喷气战斗机的航速及作战升限都超出B-36“和平缔造者”轰炸机许多。海军这项带有浓厚挑战意味的要求，毫不意外地遭到空军与国防部拒绝。海军希望借此激起公众的反应，把空军的B-36“和平缔造者”轰炸机一起拖下水，迫使国防部重新审视决策。

接下来海军与约翰逊部长之间的冲突，又因海军作战部部长助理加雷利少将在《星期六晚邮报》（*The Saturday Evening Post*）发表的一系列文章更加激烈。加雷利在文章中直率地批评国防部决策，其中最后一篇文章“别让他们毁了海军！”

对页图：B-36“和平缔造者”轰炸机是起源于二战初期欧洲盟国败北，担忧失去欧洲基地而于1941年初启动的洲际航程轰炸机计划，基本需求是携带1万磅炸弹飞行1万英里距离。由于技术上的诸多困难，XB-36原型机直到1946年8月才进行首飞（上图），量产机更拖到1948年6月才开始交付部队，然而此时航空技术已经开始进入喷气时代，可说是一出生便宣告落伍。尽管许多空军官员都希望停产B-36“和平缔造者”，直接发展新一代喷气轰炸机，不过由于B-36“和平缔造者”轰炸机是当时唯一无须改装便能携带美国所有类型核弹、执行洲际轰炸任务的飞机，空军高层依旧努力保护这个计划，并让其投入量产。图为并排停放的B-36“和平缔造者”与B-29，可看出B-36“和平缔造者”轰炸机为求获得洲际航程所带来的巨大机体。（美国空军图片）

（Don’t Let Them Scuttle the Navy！），更让约翰逊忍无可忍，一度要求将加雷利交付军事法庭审判。

事实上，美国空军内部也存在着怀疑B-36“和平缔造者”轰炸机价值的声音。B-36原型机于1946年8月首飞后，当时战略空军司令部（SAC）司令肯尼（George Kenney）中将建议停产，将已订购的B-36轰炸机机体改装为空中加油机或反潜机使用，而不用作战略轰炸机。肯尼认为B-36轰炸机航速过慢（最大航速仅346英里/小时），航程也达不到最初设定的1万英里要求，只有6500英里（10459千米），而且还没有自封油箱，以致遭到攻击时非常脆弱。整体而言，肯尼认为相对于稍后出现的B-50“超级空中堡垒”轰炸机（B-29改良型），B-36轰炸机只在承载—航程上拥有少许优势，成本却高得多，效益极不理想。

空军内有不少人与肯尼持相同观点，希望跳过B-36轰炸机这种活塞动力的过渡机型，直接发展喷气动力的新一代战略轰炸机，但考虑到B-36轰炸机是美国当时唯一具备洲际核武投射能力的载具，肯尼的建议遭到当时的空军参谋长斯帕兹（Carl Spaatz）驳回。

B-36轰炸机航程性能并不像肯尼等人说的那样差。编号RM-004的首架B-36A量产机，在1948年5月的一次试验中，便展现了充分的承载—航程性能，先飞了4000英里在目标区投下1万磅模拟核弹，回程又飞了4000英里。但B-36“和平缔造者”轰炸机最大的问题并不在于承载—航程性能，而在于航速、升限不足所导致的突防性能低落。在这次试验的同一个月，国防部埃伯史塔特（Ferdinand Ebersadt）负责的调查委员会便批评B-36轰炸机不具备突防苏联防御的能力。

1949年4月18日开工的“合众国”号航空母舰，被美国海军视为建立独立海基核打击能力的关键，然而出于预算竞争，以及维持战略打击任务垄断权的考量，这项计划遭到美国空军全力阻挠。国防部高层支持空军，优先将经费拨给空军的

本页图：在美国海军邀请下，牵涉到1949年下半年国防政策大辩论的所有关键人物，于1949年9月26日齐聚在“富兰克林·罗斯福”号航空母舰（USS Franklin D. Roosevelt CVB 42）甲板上，观看海军以P2V-3C舰载核轰炸机从航空母舰上起飞的展示。上图中左起第二人是参谋长联席会议主席布莱德利，往右依次是海军部部长马修斯、空军参谋长范登堡、国防部部长约翰逊、陆军部部长葛雷（Gordon Gray）、空军部部长赛明顿、海军作战部部长登菲尔德。在这场展示的高潮，包括约翰逊部长在内的关键人物登上一架P2V-3C。这架飞机由曾参与曼哈顿计划的哈沃德上校亲自驾驶，当时约翰逊才刚刚取消“合众国”号航空母舰不久，于是哈沃德在起飞前，转头向坐在副驾驶座位上的约翰逊部长说：“如果这次起飞出了任何问题，不管你批不批准，我们都将拥有1艘新的平甲板航空母舰！”然后驾机起飞，这架海王式飞机在飞行甲板上开始滑行，翼尖以仅仅几英尺的间距掠过舰岛侧缘，顺利从“富兰克林·罗斯福”号航空母舰升空，将参会人员载返华盛顿。下图为P2V-3C舰载轰炸机在与“富兰克林·罗斯福”号同级的“珊瑚海”号航空母舰上升空的情形。（美国海军图片）

B-36“和平缔造者”轰炸机，以致“合众国”号航空母舰的建造工程在开工过后仅仅5天便遭到取消。

“合众国”号航空母舰的取消，引爆了美国海军、国防部及空军间的全面冲突，不仅海军部部长苏利文立即辞职表示抗议，作为反击，海军也在各种场合抨击空军B-36“和平缔造者”轰炸机的实用性。海军、空军这场围绕着新型超级航空母舰与战略轰炸机间的争执，也引起国会的注意与介入。

福莱斯特与美国国防组织改革

福莱斯特从1944年5月开始担任海军部部长，带领美国海军结束二战并度过了艰困的战后头两年。虽然他个人希望海军能维持原有的独立性，并不十分支持杜鲁门的统合国防管理组织政策，但福莱斯特仍在1947年《国家安全法》（*National Security Act*）的制订中扮演了重要角色。

后来杜鲁门依据1947年《国家安全法》，成立统合了战争部（相当于陆军部）、海军部与新设空军部等军种部门的“国家军政部”，原本属意的部长人选是原任战争部部长帕特森，不过由于帕特森决定退休，于是便改由海军部部长福莱斯特出任首任国家军政部部长。

福莱斯特的国家军政部部长任务可说十分艰难，部长空有“总揽军政事务”职权之名，各军种部实际上仍是处于各自为政的状态，国

下图：福莱斯特（右）是杜鲁门（左）所选定的首任美国国防部部长，不过由于预算与政策方面的分歧，福莱斯特只担任18个月的部长便被迫离职。下图为1949年3月28日福莱斯特部长任期内最后一天，杜鲁门为其授勋所拍摄的纪念照片。（知书房档案）

家军政部只有协调、而没有具体指导与管理各军种政策的实权。更大的困难来自预算方面，受到二战后要求限制国防开支的民意压力，以及自身对于财政平衡、避免赤字的偏好，杜鲁门将削减军费作为他任内的施政重点，以致预算问题成了福莱斯特与杜鲁门之间诸多摩擦的根源。

雪上加霜的是，在杜鲁门的预算削减政策下，海军、空军为了争夺有限的预算而展开了激烈斗争，并各自争取政治支持。空军大力提倡将空军规模扩大到70个大队，并坚持独占核武器使用权，海军则要求建造大型平甲板航空母舰，进而由舰载轰炸机执行的核打击任务，两军种互不相让，给福莱斯特的部长任务增加了许多麻烦。

当福莱斯特1947年9月17日正式上任时，各军种的1949财年预算编列工作已大致完成，杜鲁门于1948年1月将总额约100亿美元的国防预算案提交国会审议（外加通用训练与装备储备预算）。但考虑到稍后在捷克斯洛伐克、德国等地爆发的一连串事件（该年3月捷克斯洛伐克政变、6月柏林封锁开始），导致杜鲁门打算追加1949财年预算，以应对这些临时性的危机。杜鲁门考虑的追加额度是30亿美元，但军方希望的额度却高达90亿美元。这笔追加的预算大部分都将拨给空军，以应对空军政策委员会提出需要70个空军大队才能有效执行任务的需求。

为解决各军种在任务与预算分配方面的分歧，福莱斯特在1948年3月11日至14日于佛罗里达的西礁会见参谋长联席会议成员，经讨论后形成了《武装部队与参谋长联席会议的功能》文件，对三军的职责，以及飞行器、导弹等新型装备的发展管辖权做了厘清。

与此同时，参谋长联席会议也同意将1949财年的追加预算定为35亿美元，这将足以应对66个空军大队所需。不过杜鲁门将金额削减为31亿美元，最后国会通过的1949财年国防预算为132亿美元，其中国会特别拨给空军42亿美元，比总统提案还多出8.2亿美元，以支持空军的70个大队计划。海军与陆军则分别获得47亿与40.3亿美元，另有2.7亿美元作为其他用途预算。但杜鲁门却禁止空军动用超过他原先提案额度的经费，将空军规模限制在59个大队。

1949财年的国防预算虽然终于过关，不过由于杜鲁门坚持持续削减军费，加上海军、空军之间在运用核武器权限上的激烈争论，让福莱斯特的1950财年预算编制工作格外艰巨。杜鲁门将1950财年的预算上限定为144亿美元，但各军种最初提交的预算总额却高达290亿美元，后来虽降到236亿美元，但仍远远超出杜鲁门预定的上限。

福莱斯特要求参谋长联席会议分别拟定额度分别为144亿美元与175亿至180亿美元额度的两份预算案，并希望杜鲁门能选择后者，最后向总统提出一份142亿美元与一份169亿美元的提案，不过杜鲁门选择了额度较低的前者，于1949年1月向国会提出142亿美元的1950财年国防预算案。国会则批准了143亿美元，还额外拨给7.37亿美元以支持58个大队的空军规模所需，而非杜鲁门提案的48个空军大队。但杜鲁门又再次禁止空军支用国会拨给的额外预算。

鉴于1949财年与1950财年预算编列时出现的军种间恶性竞争与协调不畅等问题，福莱斯特认为1947年《国家安全法》并不完备，于是在1948年12月提出一份国防组织改革报告，提出以下几点重要建议。

★ 厘清并扩大国家军政部部长权限，给予其“具体（specific）指导、授权与控制”国家军政部事务的职责，而非原先法案中使用的“一般（general）指导、授权与控制”这种较含糊的语词。

★ 增设副部长（under secretary）职务。

★ 将负责主持参谋长联席会议的“总司令参谋长”（Chief of Staff to the Commander in Chief）一职〔当时是由海军上将莱希（William Leahy）担任〕，改为较符合实际情况的参谋长联席会议主席，并扩大参谋长联席会议规模。〔原来的“总司令参谋长”名义上是协助陆海军最高总司令（即总统）的“跨军种参谋长”，但实际上担任此职务的莱希海军上将，只具有在参谋长联席会议成员集会时主持会议的职权，而没有具体执行跨军种参谋指导的权力，与其他国家的“总参谋长”职权大不相同〕。

★ 取消各军种部长列席国家安全会议（National Security

Council, NSC）的权限，只允许国家军政部部长与参谋长联席会议主席，2位分别位居军政与军令体系的最高层人员列席国家安全会议，借以强化国家军政部部长一职在国防政策指导、授权与控制上的职权。（福莱斯特十分重视国家安全会议的作用，认为应该利用这个平台加强美国军事与外交政策间的协调，让政府高层可据此形成更加协调统一的战略政策，不过直到远东战事爆发前，杜鲁门并不太重视国家安全会议的角色，很少召开国家安全会议。）

杜鲁门几乎完全同意福莱斯特的意见，以他的建议为基础，于1949年3月5日向国会提出修订《国家安全法案》的要求，修正案于1949年8月19日正式获得通过。按照1949年修订的《国防安全法案》，国家军政部改组为国防部，大幅强化了国防部部长权限，陆军部、海军部与空军部从内阁部会降级为国防部下辖的军种部，并在国防部部长下增设1名副部长与3名部长助理（取代1947年法案的3名特别助理职务），总司令参谋长也由参谋长联席会议主席取代，整个参谋长联席会议的规模则扩大到210人。

福莱斯特的构想成为美国今日国防组织的基石，不过当1949年国防部再编法案通过时，他已不在任。由于他与杜鲁门之间在国防预算削减政策方面一直存在歧见，加上他又与杜鲁门1948年大选的对手——共和党的总统候选人杜威有过私下接触，导致与杜鲁门的关系进一步恶化，最后于1949年3月28日以个人健康因素的名义离职，2个月后便在贝塞斯达（Bethesda）海军医院自杀身亡。

尽管只担任了18个月的部长，但福莱斯特仍是历来对美国国防组织影响最大的国防部部长之一，他不仅是第一位，而且也是最知名的一位国防部部长，他对国防部组织的构想，也成了日后美国国防部组织的基础，而他任内所完成的《西礁协议》，也成为美国战后初期军种职权划分的基本依据，直到后来艾森豪威尔政府时期，才于1954年再次做出修订。

过渡性舰载核轰炸机

为求能独力运用核武器，美国海军在二战刚结束的1945年9月，提出要发展一种采用喷气或涡轮旋桨动力、起飞总重达10万磅、拥有1.2万磅承载与2000海里任务半径性能的新型舰载轰炸机。依据前述需求，海军航空局启动了ADR-42重型舰载轰炸机研究方案，并于1945年12月提出三阶段发展计划，意图先从发展技术相对成熟的较小机型开始，逐步过渡到性能可达ADR-42标准的理想机型。

海军航空局在1946年1月发出针对阶段一需求的提案征求书，最后北美公司的设计方案从3家厂商中脱颖而出赢得竞标，负责研制第一种以携带核弹为目的的舰载轰炸机，也就是后来的AJ“野人”轰炸机。

海军航空局于1946年6月订购头3架XAJ原型机，为搭载这款新型轰炸机，当时的海军作战部部长尼米兹，于1946年11月指示着手规划3艘“中途岛”级航空母舰的改进工程。这项“CVB第一号改进计划”主要内容包括强化飞行甲板、扩大弹药升降机、扩充弹药储存

右图：由于P2V-3C舰载轰炸机不具备航空母舰着舰能力（理论上可以，但实际上不被允许），部署时须以起重机吊放到航空母舰甲板上。但由于机体过大，又不具备折叠机翼，只能停放在飞行甲板上，考虑到其他舰载机的作业空间需求，即使是当时最大型的“中途岛”级航空母舰，顶多也只能搭载三四架P2V-3C舰载轰炸机。（美国海军图片）

左图：在20世纪40年代中期，P2V“海王星”巡逻轰炸机是唯一大到能携带原子弹、又小到能在航空母舰上作业的机型。一架修改的P2V“海王星”曾于1946年9月创下1.1235万英里不加油续航距离的世界纪录，故被美国海军选为过渡型舰载核轰炸机的改装基准，衍生出P2V-3C舰载轰炸机。图片为首架P2V-3C舰载轰炸机，由生产序号1080的P2V-2巡逻轰炸机改造而来。（美国海军图片）

与处理设施等。3艘“中途岛”级航空母舰于1947年底到1948年11月间陆续完成。

考虑到AJ“野人”轰炸机最快也要1949年下半年才能服役，但美国海军不愿继续坐失时机，试图先行获得一种可立即投入使用的过渡机型。当时负责航空业务的作战部副部长拉德福德（Arthur Radford），征询曾参与过“曼哈顿计划”、当时正在桑迪亚（Sandia）核实验室任职的哈沃德中校意见时，后者建议采用P2V“海王星”修改型，充当临时性的舰载核轰炸机。

P2V“海王星”是当时刚服役的新型陆基海上巡逻轰炸机，也是海军唯一一种既可携带1万磅承载、又具备航空母舰起飞潜力的飞机。尽管外形尺寸勉强在当时最大型航空母舰（“中途岛”级航空母舰）的飞行甲板允许操作临界范围内，但超过6万磅的最大起飞重量，超出当时航空母舰的液压弹射器操作上限，于是哈沃德建议可让P2V“海王星”巡逻轰炸机采用助推火箭起飞。

这种由P2V-2“海王星”巡逻机轰炸机修改而来的被称为P2V-3C，为了延伸航程，机身前、中段与机翼内都设有额外油箱，燃油承载量增加了75%，导航员座位下方也增设1组38加仑容量的补充用发动机润滑油箱。但同时也移除了机背自卫炮塔、火箭挂架、尾橇与机首透明观测窗，大部分天线也被拆下，借以减少阻力。为减轻重量，4部驱动发电机被移除1部，紧急液压系统也被拆除。机鼻机炮被换成1套APS-31搜索/导航雷达，搭配APA-5雷达轰炸瞄准器，炸弹舱经修改增设1套用于飞行中武器备便的钩环与平台机构。

考虑到P2V-3C舰载轰炸机将在无护航下执勤，故机尾的20毫米机炮被保留下来，作为基本的自卫武装，另增设雷达反制设备，但这套系统只能侦测威胁信号，而无干扰能力。乘员则从海上巡逻型的9～11名减少为4名，只保留正驾驶、副驾驶兼武器官、轰炸/导航员，以及无线电员兼尾炮射手。

虽然经过了特别改装，但P2V-3C舰载轰炸机的核弹运用能力存在缺陷，尽管该机的载重能力足够携带1万磅级的炸弹，但由于机腹炸弹舱的直径与容积不足，无法携带当时美国标准的MK 4原子弹。当时唯一适用于P2V-3C狭窄炸弹舱的原子弹，是直径仅及MK 4的一半、重量也较轻的MK 1原子弹〔广岛“小男孩”（Little Boy）原子弹衍生型，弹径28英寸〕，该机理

本页图：1949年4月2日一架P2V-3C舰载轰炸机从“富兰克林·罗斯福”号航空母舰上起飞的连续镜头（上三图），可见到助推火箭燃烧产生的白烟笼罩了整个甲板。依靠8具1000磅推力的助推火箭，P2V-3C舰载轰炸机只需400多英尺的滑行距离即可起飞，但为避免碰撞到舰岛，必须沿着甲板左舷滑行。（美国海军图片）

论上可携带1枚MK 1原子弹。

通过8具1000磅推力的助推火箭，P2V-3C舰载轰炸机只需400~500英尺的滑行距离，便可从航空母舰甲板上升空。但考虑到该机宽达100英尺的翼展所带来的甲板作业空间需求，当时只有3艘最大型的“中途岛”级航空母舰能操作这种机型。

在最初构想中，美国海军曾打算让P2V-3C舰载轰炸机拥有降落航空母舰能力，故在机尾增设了尾钩，不过最后采用的是从航空母舰起飞、友军陆基基地着陆的单程任务模式（类似杜立特轰炸东京行动）。

在P2V-3C舰载轰炸机交付前，初期的舰载适应性测试是以P2V-2巡逻轰炸机暂代，并由曾在1946年9月驾着XP2V-1缔造不加油续航距离世界纪录的戴维斯（Thomas Davies）中校负责统筹执行。在马里兰帕图森河海军航空站（Naval Air Station Patuxent River）进行了大量模拟起飞训练后，戴维斯小组于1948年4月28日，以2架P2V-2巡逻轰炸机在“珊瑚海”号航空母舰上成功完成首次航空母舰起飞试验。

戴维斯小组成功证实了P2V“海王星”的航空母舰起飞能力后，海军紧接在1948年9月9日组建了VC-5中队，负责评估与发展舰载核轰炸机的运用与战术准则，由升任上校的哈沃德出任指挥官，副手则为曾在轰炸长崎的“博克斯卡”号B-29“超级空中堡垒”轰炸机上担任武器官的阿什沃斯中校。

VC-5中队于1949年1月接收了全部12架P2V-3C舰载轰炸机，并于同年3月4日于弗吉尼亚外海的“珊瑚海”号航空母舰上完成首次航空母舰起飞试验。当天共有3架航空母舰起飞，第二、第三架起飞后便降落于附近的机场，哈沃德亲自驾驶的第一架P2V-3C舰载轰炸机则横跨了整个美国大陆，于西岸目标区投下1万磅重的模拟原子弹后，再次横跨美国大陆折返美国东岸的帕图森河海军航空站降落，一共飞了23小时，航程长达4500英里。这次试验证实P2V-3C舰载轰炸机可以7.4万磅的重量从航空母舰起飞，向2200英里外目标投弹并返航的能力。

接下来VC-5中队又于1949年3月至6月间进行了20次航空母舰

起飞试验，然后在该年9月26日于“富兰克林·罗斯福”号航空母舰上，向包括国防部部长在内的高层人士进行了展示起飞，不过更重要的是后来10月5日与隔年2月7日进行的2次试验，分别达到4880英里与5060英里航程，刷新了航空母舰模拟攻击的航程纪录。配合1950年3月完成搭载核弹改装工程的“珊瑚海”号航空母舰，一架P2V-3C舰载轰炸机于同年4月21日进行了首次从航空母舰上携带核弹实弹起飞的试验。

以哈沃德为首的几位VC-5中队飞行员，曾在帕图森河海军航空站完成了182次模拟着舰演练，哈沃德向上级建议进行P2V“海王星”巡逻轰炸机的实际着舰测试，不过海军高层基于安全理由而未核准，后来随着拥有完整航空母舰作业能力的AJ“野人”轰炸机交付部队，很快这个问题也不再重要。

在这个时候，期待已久的AJ“野人”轰炸机终于开始交机，VC-5从1949年9月陆续接收了量产型AJ-1“野人”轰炸机，到该年底，该中队除了原来的P2V-3C舰载轰炸机外，还拥有6架AJ-1“野人”轰炸机，尽管要到1950年4月才完成首次航空母舰起飞试验，海军仍于1950年1月宣布VC-5中队具备搭配“中途岛”级航空母舰的核打击能力。杜鲁门总统于同年6月14日指示原子能委员会将90套核弹组件移交给军方。原则上，空军虽然在当时独占了战略核攻击任务，但按照各军种在《西礁协定》中的约定，海军有权针对敌方港口、海军基地或潜艇等“海军类目标”进行核攻击，因此海军也获得了数套核弹组件。

不过在1953年以前，美国海军在航空母舰上的核弹部署，都采取核弹头与非核部件分离的方式，“珊瑚海”号航空母舰于1950年9月搭载了核弹的非核部件展开地中海巡航，必要时才会以R5D运输机（DC-6/C-54的海军型）将核弹头从本土空运到摩洛哥利奥泰港（Lyautey）〔后来改用B-47“同温层喷气”（Stratojet）轰炸机空运送〕，再由改装的TBM-3R运输机转运到“珊瑚海”号航空母舰上，组装成完整核弹。接下来“富兰克林·罗斯福”号与“中途岛”号航空母舰以相同模式陆续展开地中海部署。

由于P2V-3C舰载轰炸机不具航空母舰降落能力（实际上是不被允许而非不能），故须先将机队部署到盟国港口，再从港口以起重机转载到航空母舰甲板上。VC-5中队的6架AJ-1“野人”与3架P2V-3C“海王星”舰载轰炸机于1951年2月飞抵摩洛哥利奥泰港，于此展开了首次海外部署任务。以此为基地，VC-5中队所属的AJ-1“野人”轰炸机将定期飞往于地中海巡航的“中途岛”级航空母舰上进行为期一两天的部署，P2V-3C舰载轰炸机则需待航空母舰返港后再利用起重机吊放到航空母舰甲板上。

不过VC-5中队的核轰炸机并不受航空母舰官兵们欢迎——为了搭载4架AJ-1“野人”轰炸机，必须先行撤走30架舰载机，以清出足够的甲板与机库作业空间；若要部署体型更大、必须返港才能装载、又无法进入机库停放的P2V-3C舰载轰炸机，还会给航空母舰带来更多作业上的麻烦，也会严重扰乱航空母舰甲板作业。但无论如何，经过5年的努力后，美国海军终于拥有虽然微小又不成熟、但可独立运作的海上核打击力量。

美中不足的是，由于P2V-3C舰载轰炸机唯一可以运用的原子弹——MK 1，在VC-5中队展开首次实战部署之前的1950年11月便已全部退役（实际上MK 1原子弹的总产量也只有5枚），因此在VC-5中队开始部署之初，实际上只有AJ-1“野人”轰炸机真正拥有核打击能力，至于P2V-3C舰载轰炸机则暂时没有合适的原子弹可用，一直要等到小型化的MK 8核弹于1952年1月服役后，才又有适合的核弹可用，不过此时P2V-3C舰载轰炸机的阶段性任务已经结束，转为训练使用而不再执行战备。因此十分讽刺的是，尽管P2V-3C最初是为了尽快获得舰载核轰炸能力而开发的过渡性机型，但在整个役期内，却自始至终没有真正具备核战备能力。

下图：随着AJ“野人”轰炸机的服役，美国海军获得了更实用的核打击能力，P2V-3C这种临时性的舰载核轰炸机很快便退出第一线。图片为1951年5月于美国东岸，VC-6中队所属4架AJ-1“野人”轰炸机在“中途岛”号航空母舰上进行航空母舰作业认证训练的情形，从这张照片便可理解，为何搭载AJ“野人”轰炸机是一项不受航空母舰官兵欢迎的苦差事——尽管“中途岛”号是当时最大型的航空母舰，但在该舰的飞行甲板操作上来说仍嫌局促。为了搭载4架AJ-1“野人”轰炸机，必须先行撤走30架舰载机，才能清出足够的甲板与机库作业空间。（美国海军图片）

第一轮听证会

接下来事态又有爆炸性发展，任职海军部副部长办公室的文职雇员沃斯（Cedric Worth），于1949年5月向2位众议院武装部队委员会议员泄漏一份匿名的内部文件，其中批评采购B-36“和平缔造者”轰炸机是个“10亿美元的错误”，并攻击曾任职康维尔（Convair）公司董事会的约翰逊，是基于个人利益才支持该计划（康维尔公司正是B-36“和平缔造者”轰炸机的承包商）。

这份外泄文件立即引起国会注意，众议院武装部队委员会在1949年8月两次召开听证会，调查国防部部长约翰逊与空军部部长赛明顿（William Symington）在B-36“和平缔造者”轰炸机采购决策中是否有非法之处，同时也涉及性能是否满足需求的议题。

刚从战略空军司令卸任、转任空军大学校长的肯尼中将，在听证会发言时维持了反对B-36“和平缔造者”轰炸机的立场，声称：“B-36是夜间轰炸机，我不会在白天使用它！”接替肯尼出任战略空军司令部的李梅（Curtis LeMay）反驳：“B-36既能在白天，也能在夜间执行轰炸任务。我们能驾着B-36飞抵目标上空，敌人直到炸弹爆炸时才会发现我们的存在。”

虽然两位空军将领对B-36“和平缔造者”轰炸机性能的看法不一致，但他们均一致同意国防部取消海军超级航空母舰的决策，其余空军主要高层则支持B-36“和平缔造者”轰炸机——即使这会牺牲海军航空母舰，从而引起海军强烈反弹也在所不惜。

空军部部长赛明顿在作证时，便声称B-36“和平缔造者”轰炸机这种无须空中加油便可执行洲际远程轰炸的轰炸机，以及规划中的其他洲际航程飞机，是“美国最大的财富”。

接下来作证的空军参谋长范登堡，他阐述了对海军在未

来战争中作用的看法，范登堡认为只有在“共同针对假想敌（苏联）执行战略计划”这种作战需求层级，才需要海军的航空母舰与舰载机，若低于前述需求层级，则发展航空母舰与舰载机对纳税人来说都是不应承受的负担。

上图：因“合众国”号航空母舰取消而于1949年底爆发的国防政策大争论，突显了美国三军各自的本位主义与缺乏协调精神的问题。照片为当时美国三军参谋长于1948年的合影，左起为空军参谋长范登堡、海军作战部部长登菲尔德、陆军参谋长布莱德利。（美国国防部图片）

范登堡声称：他完全同意海上航线必须保持畅通，他也坚持航空母舰应充分发展，并维持在可迅速投入战备的状态。然而他指出，在和平时期没有维持大型航空母舰特遣舰队的必要，并且反对建造“合众国”号航空母舰，认为在对假想敌的任何战略计划中，都不需要“合众国”号航空母舰这类具有这样多能力的航空母舰。换言之，对范登堡而言，海军的定位应在于维持航线以及由此而来的反潜护航任务，至于战略打击任务则应完全交由空军执行。

这轮听证会最后随着外流文件的始作俑者沃斯本人于1949年8月24日出席作证而告一段落，沃斯承认那份匿名文件是他个人编撰，内容不真实，从而证明了约翰逊与赛明顿清白（事后沃斯立即遭到开除）。

尽管约翰逊成功从这轮听证会中脱身，但这只是1949年这场国防政策争论的开始……

冲突升级

约翰逊与B-36“和平缔造者”轰炸机计划成功从第一轮听证会中脱身，众议院武装部队委员会没有发现约翰逊的不法之处，不过关于B-36“和平缔造者”轰炸机实际性能与海军新航空母舰价值方面的争议，仍未完全解决，委员会决定留待1949年10月份的新一轮听证会中再行讨论。

上图：在1949年10月的众议院听证会中，美国海军请出了尼米兹（左）、金（中）与哈尔西（右）3位海军五星上将出席，3位海军元老虽然全力支持海军的航空力量发展，但仍未能动摇杜鲁门政府战略轰炸机优先的国防政策基调。（美国海军图片）

面对海军反弹，约翰逊也做了些安抚动作，如取消了把海军陆战队航空单位裁减一半（从23个中队减为12个中队），以及将现役“埃塞克斯”级航空母舰从8艘降为4艘、舰载航空联队从14个减为6个等激进的海军航空力量裁减规划。

接下来又发生一连串意外事件，先是任职于参谋长联席会议的著名航空母舰指挥官克罗马林（John Crommelin）上校，在未事先获准的情形下，于1949年9月10日对媒体公开发言，克罗马林除了公然反对国防部削减海军航空兵力的政策外，甚至说出拒绝接受国防部统一领导的话：“海军无法支持这样一个违反海军基本概念与海军军人誓词的组织。”克罗马林的言论虽然遭到地中海战区海军司令谢尔曼公开谴责，但也得到哈尔西（William Halsey）等海军重量级人士声援。

针对克罗马林的举动，新任海军部部长弗朗西斯·马修斯（Francis P. Matthews）于9月14日下达指示，如果有任何海军官员想阐述个人观点，应通过经许可的通道进行。于是当时担任大西洋航空部队指挥官的波根中将，便起草了一份经过太平洋舰队司令拉德福德与海军作战部部长登菲尔德审阅与署名的机密备忘录，阐述了他对政策的看法。波根在备忘录中赞同克罗马林批判国防部政策的论点，还声称由于国防部高层种种不利于海军的决策，使得当时（1949年）成为他1916年进入海军以来海军士气最为低迷的一刻。

然而克罗马林弄到了波根备忘录的副本，并通过媒体公之于众，波根备忘录中许多直率的批评语句，引起海军部部长与国防部部长不快。登菲尔德立即让克罗马林停职，试图控制因

此引起的政治风暴，但海军部部长马修斯此时已有撤换登菲尔德、改换一位配合国防部部长政策的新海军作战部部长想法。

为缓和情势，登菲尔德一方面通过克拉克（J. Clark）上将要求克罗马林另外发表一份公开声明，修正他早先的发言，另一方面则邀请海军部部长马修斯协同国防部部长约翰逊、空军部部长赛明顿、空军参谋长范登堡与刚升任参谋长联席会议主席的布莱德利等人，一同出席1949年9月26日于“富兰克林·罗斯福”号航空母舰上举行的P2V“海王星”模拟重型轰炸机起飞展示，希望借此缓和关系，同时展示海军建立独立核打击力量的能力与决心。

海军上将们的反叛

约翰逊虽然通过众议院第一轮听证会的考验，不过真正重要的是涉及海军、空军战略角色与任务分配等实质议题的第二轮听证会。随着听证会时间逐渐逼近，约翰逊与马修斯希望能在听证会开始前，消除海军内的反对意见。不幸的是，以海军作战部部长登菲尔德为首的海军将领，并不信任与海军素无渊源、临时被杜鲁门派任海军部部长的马修斯，甚至拒绝在出席听证会之前，让马修斯先行看过他们预备发表的证词。

马修斯原只打算让少数高阶将官出席听证会，一方面这些高阶将领对国会与公众的影响力更大，另一方面也较容易统一海军内部的意见。登菲尔德却希望让多达35名证人出席作证，以便充分展现海军立场（最后实际出席的海军证人有26位）。

海军将领们不信任马修斯的态度十分明显，他们认为马修斯是杜鲁门找来强迫让海军接受“牺牲海军航空母舰、成全空军B-36战略轰炸机”政策的代言人（尽管贯彻总统政策原本就是马修斯部长的任务）。据说马修斯还曾以接任海军作战部部长一职为交换条件，要求大西洋与地中海战区海军司令克诺利（Robert Conolly）上将在听证会中发表较温和、配合国防部政策的证词，但却被克诺利拒绝。最后海军便以这种高层互相猜

上图：伯克是"海军上将反叛"抗争事件中的另一位幸存者，当时以上校官阶任职于海军参谋部的伯克，曾积极参与支持海军超级航空母舰，反对空军战略轰炸机计划的行动，事后国防部部长约翰逊与海军部部长马修斯曾试图报复，企图阻止将伯克列入1949年晋升少将名单，不过杜鲁门总统得知后，在杜鲁门直接干涉下，仍将伯克列入将官晋升名单，让伯克得以继续为海军效力，并在1955年出任海军作战部部长，迎来美国海军超级航空母舰的黄金时代。（知书房档案）

忌的情况，进入关键的第二轮听证会。

1949年10月6日开始的这轮听证会，一共有70多名陆军、海军、空军与陆战队将领出席并提出证词，其中包括了当时大多数海军上将，如金凯德（Thomas Kinkiad）、拉德福德、斯普鲁恩斯（Raymond Spruance）、卡尼（Robert Carney）与海军作战部部长登菲尔德，还有哈尔西、尼米兹与金等海军重量级元老人物，两位二战中著名的第一线战斗单位指挥官——当时仍为上校官阶的伯克与萨奇（John Thach）也被传唤作证。

在听证会首日，海军部部长马修斯在最初的发言中试图淡化与空军间的争论，意图让外界认为海军与空军的分歧并不那么大，不过他在接下来的证词中，却直接指出波根中将与克罗马林上校2人"不忠"且反对国防部统一领导，这让旁听的新闻界注意到，海军内部的军职、文职高层间已陷入深度的分裂中。

听证会接下来几天的主角是太平洋舰队司令拉德福德，拉德福德首先承认空军承担了主要的战略空权职责，但他担忧空军用于执行这项重任的装备——B-36战略轰炸机——性能并不能满足要求，故海军的"合众国"号航空母舰对美国防卫政策来说将是一个更平衡的发展路线。拉德福德还依据海军参谋部航空作战部（OP-55）研究成果，提及将核武器用于海上战术任务的构想。

接下来拉德福德话锋一转，指出空军应把消耗在B-36战略轰炸机上的资源改用到发展性能更好的战术飞机上。不过这段发言，也让这场听证会形成各军种彼此互相指责的诡异状况：空军证人大谈他们对于海军应有任务范围的看法；海军证人却去担忧空军的装备无法满足其任务要求；陆军证人则擅自推断海军陆战队未来的角色定位。

最后，拉德福德以缓慢语调做出整场听证会最重要的发言，清楚阐述了航空母舰无可取代的特性。他指出，当前争论并非只是B-36战略轰炸机与海军新航空母舰两者间何者为优的问题："攻击者有选择发起攻击时间与地点的自由"，而且"美国海军的机动空中武力（即航空母舰特遣舰队），已发展到足以投射到世界上任何海洋可达之处的程度——这涵盖了世界上很大一部分——而且没有任何其他国家能做到这一点"。他强调："包括各种形式在内的空中武力，是所有军事行动取胜的关键……当前海军的发展目标，绝非仅止于对抗敌人海军，还包括在世界上那些无法得到（陆基）空中武力支援的区域，满足我们对于空中武力的需要。"

换言之，航空母舰的价值在提供灵活且机动的打击能力，可在空军陆基飞机能力范围之外，提供关键的空中武力支援。

当听证会主席卡尔·文森（Carl Vinson）提出询问时，拉德福德强调他的观点与绝大多数海军将领一致，这与前一天海军部部长马修斯试图淡化海军内部对空军的反弹、并对部分海军军官有所批评的发言形成强烈反差。后续发言的海军军官纷纷呼应拉德福德，这也使得外界形成"海军高阶军官们正联合起来反对文职部长"的印象，于是当时的媒体便把这场海军高层针对国防部决策的公然反抗行动，形容为"海军上将们的反叛"（Revolt of the Admirals）。

上图：在1949年下半年这场"海军上将反叛"抗争中，时任太平洋舰队司令的拉德福德上将，是少数事后未遭受处分的反抗派领袖，继任太平洋舰队司令直到1953年，然后于1953—1957年间出任参谋长联席会议主席。（知书房档案）

上图：在苏利文辞职后接任海军部部长的弗朗西斯·马修斯，在1949年底的"海军上将反叛"事件中，未能取得以海军作战部部长登菲尔德为首的海军将领的信任，导致军、文职关系与文人领导体制出现危机。（知书房档案）

听证会的结果

接下来海军最具分量的3位证人——金、尼米兹与哈尔西上将，于1949年10月12日至10月13日陆续出席听证会作证，他们的发言呼应并补充了拉德福德的论点。不过比起3位海军五星上将的发言，整场听证会最

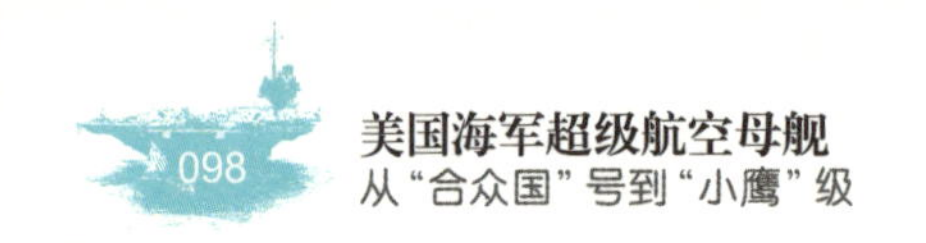

右图：二战后美国海军建造超级航空母舰的首次尝试，受阻于白宫与战略空军组成的政治联盟而失败。图片为1949年1月20日杜鲁门第二任总统任期的就职典礼上，由3架B-36A/B“和平缔造者”轰炸机组成的祝贺编队飞越国会大厦。（知书房档案）

具震撼力的是海军作战部部长登菲尔德所作的证词。

登菲尔德此前一直保持沉默，其他海军将领一直以为他是立场倾向国防部的“妥协派”，以为他不仅支持国防部取消“合众国”号航空母舰的政策，还否决了可能会让空军难堪的F2H“女妖”战斗机拦截B-36“和平缔造者”轰炸机试验。此外，登菲尔德身为参谋长联席会议成员，理应也会采取与参谋长联席会议其他成员相同的立场。但登菲尔德却决定与海军将领站在同一战线，在1949年10月17日出席听证会时声称，他完全支持在他之前发言的几位海军将领所作证词[1]。

登菲尔德的证词赢得旁听的海军军官们热烈喝采，接下来发言的陆战队司令盖茨（Clifton Gates）中将也回应了登菲尔德的意见。面对登菲尔德意料之外的“叛变”举措，马修斯一言不发地步出会场，参谋长联席会议主席布莱德利则愤怒地将他原先拟好的声明当场撕毁。

对于海军将领们的态度，布莱德利在轮到他作证时批评这

[1] 在登菲尔德在听证会中正式表态之前，“海军上将的反叛”实际上是由太平洋舰队司令拉德福德所领导。

些海军将领们是群“爱卖弄的人”（Fancy Dans），认为他们几近触及“反对文人领军”的红线。接下来布莱德利又声称，在核武器时代，大规模两栖作战已不再可能进行，这也意味着海军航空武力价值的降低。

在此种不利的情况下，登菲尔德为新航空母舰计划辩护的努力，最后还是遭到失败，这轮听证会以支持空军的结论于1949年10月21日结束，听证会报告以此做出结论：“委员会认为，对于专业战略问题，应以各自领域的专业领导者判断为准，美国空军武力的领导者就是美国空军领导者，海军武力的领导者是美国海军领导者。战略轰炸任务是空军承担的主要职责，空军认为B-36轰炸机是他们执行这项使命的首要武器，而且也足以胜任这项任务，委员会接受空军做出的专业判断。”

对于“合众国”号航空母舰的取消，委员会表示“惋惜”，但考量到当前其他造舰计划的压力以及海军预算的限制，海军应暂时停止进一步行动。

就连一向支持海军、负责主持听证会的资深众议员卡尔·文森也表示：“我们无法如此奢侈地负担2支战略空中武力，我们无法负担1艘即使不包含飞机、成本就已相当于60架B-36的实验性军舰。”不过，委员会对国防部部长约翰逊处理“合众国”号航空母舰事件的粗糙手法也表示不满，认为这将造成公众的质疑。

空军的B-36“和平缔造者”轰炸机计划最终通过了国会听证会考验，采购规模还得到扩大（最后一共购买了385架）。事实上空军获得较多民意支持。1949年10月15日的盖洛普（Gallup）民意调查显示，74%的受访者支持空军在未来战争中的角色，陆军与海军则分别只有6%与4%的受访者支持。

海军方面很快就尝到因“反叛”所带来的苦果，由于与文人部长间的冲突，让原本希望继任海军作战部部长职务的登菲尔德成了牺牲品，海军部部长马修斯以登菲尔德无法同意国防部既行战略政策和统一内部管理为由，1949年10月27日宣布将任期还剩1个月的登菲尔德解职。

不过以卡尔·文森为首的众议院武装部队委员会与当时舆论都认为，登菲尔德是因其在听证会中诚实的发言而解职，这不啻是一种报复行动，也是对议会的挑战。尽管如此，登菲尔德仍于1949年11月1日离职，马修斯选择了政治敏感度较高的谢尔曼接任海军作战部部长。

转机

“合众国”号航空母舰的取消，是美国海军在和平时期所遭遇的重大挫败，专门与其配套的ADR-42重型舰载轰炸机计划也跟着终止，转为发展能在“埃塞克斯”级与“中途岛”级航空母舰上操作的较小型机型，原拨给“合众国”号航空母舰建造工程的款项转给现役航空母舰的现代化改装使用。

接下来杜鲁门总统与约翰逊部长持续对海军航空母舰规模保持严格控制。二战结束时，美国海军共保有105艘航空母舰，含20艘大型舰队航空母舰、9艘轻型舰队航空母舰，以及76艘护航航空母舰。到了1947年年底，就只剩20艘航空母舰，包括11艘大型舰队航空母舰、2艘轻型舰队航空母舰与7艘护航航空母舰。

1949年初，又有3艘大型舰队航空母舰转入预备役，稍后约翰逊在1949年7月5日拟定的1951财年计划中，还打算把现役的大型舰队航空母舰进一步削减到4艘，这个数目甚至比同时期英国皇家海军保有的航空母舰还要少。虽然约翰逊在1949年9月把规划中的现役舰队航空母舰数量上调到6艘，但美国海军航空力量规模的持续削减，似乎已是不可避免的事实。

1949年底，约翰逊部长与卡尼上将在一次会谈中的说辞，充分代表了当时美国政府对核武器时代下海军航空武力发展的看法：“上将，海军正在被淘汰，海军与陆战队没有继续存在的理由，布莱德利将军告诉我，两栖作战已成过去，我们不会再进行任何两栖作战，所以不需要陆战队。现在的空军可以办到任何海军可以办到的事，所以也不再需要海军。”

不过从1949年下半年起，随着国际情势急转直下，彻底扭转了美国海军航空母舰力量持续下降的趋势。在欧洲，苏联强化了对东欧国家的控制，法国与意大利执政当局也面临国内的挑战。

显然，以空军战略轰炸机为基础的核威慑并不能阻止对手的行动，反倒是海军航空母舰的“武力展示”收到了更好的效果。美国海军航空母舰特遣舰队1946年至1948年于东地中海的一连串活动便是良好的例证，特别是在稳定希腊与土耳其局势上发挥了重要作用。

美国海军的航空母舰又成为战争初期盟国唯一可以依赖的空中武力。一连串事件重新肯定了航空母舰在战后国际环境中的价值，也为美国海军的超级航空母舰发展带来了新契机。

下图：在1949年的美国国防政策大争论中，美国空军大获全胜，不仅阻止了海军与其他各界对B-36“和平缔造者”轰炸机性能与实用性的质疑，采购量还得到进一步扩大，最后一共建造了385架。图片为康维尔公司位于沃斯堡（Fort Worth）的B-36“和平缔造者”轰炸机生产线。（美国空军图片）

“反叛”的代价

在美国民主政治下，军方将领固然可因其专业判断与理念，公开反对文人政府决策，但也必须付出相应的代价。因取消建造“合众国”号航空母舰而于1949年下半年引爆的“海军上将反叛”事件，美国海军便有多位高阶将领因公开反对国防部的决策而遭到解职、调职或提前退伍的处分。

上图：路易斯·登菲尔德是“反叛”事件爆发时的海军作战部部长，由于他最初对“合众国”号航空母舰遭取消一事保持沉默，也未与海军部部长苏利文一同辞职以示抗议，其他海军将领一度误以为他为了续任作战部部长职位，而与国防部部长约翰逊及新任海军部部长马修斯妥协。不过登菲尔德最后还是在国会听证会中采取与其他海军将领一致的态度，事后遭到提前解职，随即于1950年退伍。（知书房档案）

上图：原任海军部部长约翰·苏利文，严格来说苏利文不能列入“海军上将反叛”事件中，一来他并非军职，二来他在事件前便已辞职。不过他是第一个以行动表示反对国防部政策的高阶海军官员，在国防部部长约翰逊宣布取消“合众国”号航空母舰的次日便立即辞职。（知书房档案）

上图：丹尼尔·加雷利少将是二战期间的战斗英雄，拥有俘获德军U-505号潜艇的著名功绩，“反叛”事件爆发时任职海军助理作战部部长。由于他在大众报纸上发表对国防部政策的一系列公开批评文章，国防部部长约翰逊一度要求将他交付军法审判，虽然海军拒绝了这个要求，不过这也断送了加雷利日后的晋升机会，到1960年退伍时，他足足当了12年少将却得不到晋升。（知书房档案）

上图：吉拉德·波根中将在“反叛”事件爆发时担任大西洋航空部队指挥官，由于他在克罗马林泄漏的备忘录中直率批评国防部政策，导致直接承受了国防部部长与海军部部长压力，后来因为不愿担任被降调为少将阶的太平洋舰队第1特遣舰队司令，于1950年1月自行申请退伍。（知书房档案）

左图：约翰·克罗马林上校是二战时期著名的海军航空指挥官，以一线指挥官身份参与了多场太平洋战役。“海军上将反叛”事件中，他以上校官阶任职于海军总部，是海军将领中态度最激进的一位，由于一再公开抨击国防部政策，加上故意泄漏波根备忘录，遭到停职的处分，被调往旧金山任闲职。但调职后他仍然公开批评高层决策，新任海军作战部部长谢尔曼从1950年初起对他施以半薪停职处分，为了彻底摆脱这个麻烦人物，随后谢尔曼又在1950年5月以“强迫晋升并立即退伍”的方式，让克罗马林晋升少将官阶后随即退役。（知书房档案）

超级航空母舰的新生——“福莱斯特”级航空母舰的发展

“合众国”号航空母舰建造工程在1949年4月23日遭到撤销，是战后美国海军舰载航空力量发展遭遇的一大挫折，但美国海军并未就此放弃获得新型超级航空母舰的希望。

重新出发——“合众国”号航空母舰后的新航空母舰发展

尽管“合众国”号航空母舰已遭取消，但美国海军内飞行员出身的将领们，仍没有放弃发展新型远程舰载核轰炸机的想法，并坚持认为，考虑到这种新型轰炸机为确保性能规格所需的庞大机翼翼展，任何设有固定舰岛结构的航空母舰，对操作这种飞机来说都会造成危险，仍旧要求发展一种无舰岛的平甲板航空母舰，来搭配新型轰炸机。

右图：美国海军于1949年3月选择道格拉斯A3D“空中战士”为其舰载远程核轰炸机计划的获胜者，不过A3D轰炸机为7万磅级，较海军原先在ADR-42研究中设定的10万磅级小了一号，连带也降低了对航空母舰操作条件的要求，可使用较小的航空母舰来操作这种机型。图片为1952年10月试飞中的XAD3-1原型机。（美国海军图片）

不过在另一方面，在ADR-42重型舰载轰炸机计划还未跟着“合众国”号航空母舰一起取消之前，海军航空局便调整了新型舰载轰炸机的需求规格，修改了原先对于新轰炸机的10万磅级最大起飞重量设定，于1949年3月选择了道格拉斯公司7万磅级的A3D方案，来满足海军的第3阶段重型舰载轰炸机需求[1]。这项决策也将新型远程舰载轰炸机的起飞重量规格，正式从10万磅级降为7万磅级。机体规模缩小，连带也降低了对航空母舰起降条件的要求，在较小型的航空母舰也能运用。

理论上，既有的“中途岛”级航空母舰也能操作新型远程轰炸机，但这是一种没有效率的作业方式，还是需要一种专为操作新轰炸机设计的新型大型航空母舰。于是负责海军航空业务的作战部副部长辖下海军参谋部航空作战部（OP-55），便于1949年8月提议新造1艘吨位相当于“中途岛”级的平甲板型航空母舰，作为“合众国”号航空母舰的替代品。在这个提案

[1] 针对远程核轰炸机需求，海军航空局于1945年12月提出3阶段发展计划，先发展技术成熟的较小机型作为过渡，逐步获得性能可达理想标准的机型。阶段1机型选中的是采用2具R2800活塞发动机与1具J33涡轮喷气发动机的北美AJ“野人”轰炸机；阶段2机型为以北美AJ“野人”为基础放大的A2J“超级野人”轰炸机，改为以2具T40涡轮旋桨发动机搭配双重反转螺旋桨推进；阶段3机型为前面提到的道格拉斯A3D“空中战士”，采用2具J57涡轮喷气发动机。不过最终只有AJ“野人”与A3D“空中战士”轰炸机进入服役，A2J“超级野人”轰炸机则受进度不断延迟、性能又不可靠的艾利森（Allison）T40发动机所累，最后被放弃。

争取失败后，又转而提议将1艘“埃塞克斯”级航空母舰改造为平甲板构型，但还是没有获得高层批准。

虽然连遭挫折，但美国海军仍相信新航空母舰计划最终还是会获得通过。事实上，即使在国防部部长约翰逊宣布取消“合众国”号航空母舰建造工程后，仍然有不少国会议员愿意从十分紧张的预算中，挪出款项给“合众国”号航空母舰工程，这显示海军仍能获得相当可靠的政治支持。

海军在国会中最有力的支持者——资深众议员卡尔·文森向海军提示，若改为建造一种较“合众国”号航空母舰明显更小，造价也不那么昂贵的新航空母舰，应能获得国会支持，因此卡尔·文森建议将新航空母舰的吨位限制在6万吨（标准排水量），于是这项提议便成了海军接下来的新航空母舰设计基准。

本页图：美国在20世纪50年代初期成功实现了核弹小型化技术，此后中、小型攻击机也能拥有投掷核弹能力，不再非得依靠大型轰炸机不可，于是美国海军随即开始发展能投掷核弹的轻型战术飞机，最终成果便是著名的道格拉斯A4D“天鹰”攻击机。而核攻击机小型化的趋势，连带也影响了航空母舰设计，无须再像过去那样为了能在舰上操作大型轰炸机而作多方迁就。上图为1954年6月试飞中的XAD4原型机，下图为第一种可由轻型战术飞机挂载的战术用核弹MK 7，重量比早先的标准型原子弹MK 3/MK 4减轻85%，弹径也缩小一半，可赋予轻型战术飞机核攻击能力，A4D“天鹰”攻击机可在机腹中线挂载1枚MK 7核弹。（美国海军图片）

美国海军早期的原子弹运用

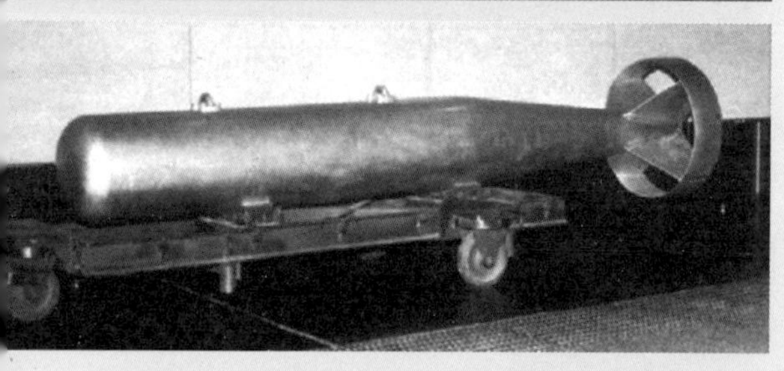

本页图：美国的核弹小型化技术在20世纪50年代初期有了飞跃性进展，1951年以前还只有弹径60英寸、重达1万磅的MK 3与MK 4可用，从1951年底就先后发展出弹径较前两者缩小50%、重量减轻85%的MK 7，以及弹径缩小76%、重量减轻70%的MK 8。照片由上而下分别为MK 4、MK 7与MK 8核弹。（知书房档案）

美国海军在规划第一代舰载核攻击机北美AJ“野人”轰炸机时，以搭载最早的标准型原子弹MK 3——即轰炸长崎的“胖子”原子弹量产型为基准。不过MK 3原子弹以搭配B-29“超级空中堡垒”轰炸机运用为基准设计，加上内爆式钸弹构造所带来的球形结构，让这种炸弹成为一种直径60英寸、重达1.03万磅的庞然大物。要在必须受舰载作业条件所限制的舰载轰炸机机体内，配置一个足以容纳MK 3原子弹的弹舱，将给设计者带来很大挑战。北美AJ“野人”的机体设计，便是围绕着这个庞大的弹舱容积需求而展开。

不过当AJ-1“野人”轰炸机于1951年展开首次部署时，MK 3原子弹已在1950年退役了，实际搭配的是外形尺寸与MK 3原子弹相同，重1.08万磅、最大威力为31万吨TNT当量的MK 4原子弹，MK 4原子弹也是第一种以组装线规模化量产的原子弹。

至于美国海军另一种早期型舰载核轰炸机——原先打算作为北美AJ“野人”轰炸机服役前过渡使用的P2V-3C舰载轰炸机，虽然它也拥有1万磅级的炸弹承载能力，航程性能还超过北美AJ“野人”，然而P2V“海王星”巡逻轰炸机这种机型最初发展时并没有搭载MK 3原子弹这种大尺寸承载物的需求，也不可能通过修改弹舱来满足这样的需求。该机弹舱唯一可能携带的原子弹，是轰炸广岛用的MK 1“小男孩”。

然而MK 1原子弹的产量只有5枚，并很快就在1950年11月全部退役，因此当P2V-3C

舰载轰炸机于1951年2月跟着AJ-1“野人”轰炸机展开战时部署时，该机实际上并没有原子弹可用。直到小型化的MK 8核弹于1952年1月服役后，才有适合的核弹可用，不过此时P2V-3C舰载轰炸机的阶段性任务已经结束，转为训练使用，不再执行战备。

所以在沃特公司的“狮子座Ⅰ型”（Regulus Ⅰ）巡航导弹与道格拉斯A3D“空中战士”轰炸机分别于1953年与1956年投入部署前，由“中途岛”级航空母舰搭载的AJ-1“野人”轰炸机，曾是美国海军唯一实用化的核攻击力量。稍后经过现代化工程的“埃塞克斯”级航空母舰也具备操作AJ“野人”轰炸机的能力。

当AJ-1“野人”轰炸机开始执勤后不久，与MK 4同等尺寸、但重量减轻22%～30%的MK 6核弹，从1951年7月开始量产。MK 6是MK 4的高威力轻量化改良型，重量减轻到7600～8500磅，但最大威力提高到160万吨TNT当量，超过MK 4达5倍以上。1952年5月，重量更轻（3025～3175磅）、最大威力120万吨TNT当量的MK 5核弹也投入使用，MK 5是美国核弹发展史上的一项突破，弹体重量不到MK 4的三分之一，弹径也缩小了17%，威力却提高了3倍。

但更重要的技术突破是比MK 5稍晚服役（1952年8月）的MK 7。MK 7是第一种可由单发动机轻战机以外部挂载的战术用核弹，重量只有1650～1700磅，弹径仅30英寸，但最大威力仍达61万吨TNT当量。不仅AJ-1“野人”轰炸机这类总重5万磅级的中型机可携带MK 7，就连AD“天袭者”、A4D“天鹰”这些2.5万磅级的轻型机也能挂载这款核弹。

MK 6、MK 5与MK 7核弹的服役，大大提高了美国海军的核武运用能力。相比于最初的MK 4原子弹，MK 6、MK 5与MK 7重量分别只有前者的70%、28%与15.3%，显示出美国的核弹小型化技术在短短两年间有了飞跃性进展，可在相同尺寸弹体内获得数倍当量的威力，或在维持威力的情况下大幅缩小弹体。

核弹的小型化连带也有效改善了AJ-1“野人”轰炸机的离舰、爬升、升限、提速与续航性能。当AJ-1与其改良型AJ-2“野人”轰炸机携带MK 5或MK 7核弹飞行时，扣除燃料消耗后，返舰时仍可维持在最大着舰重量限制内，这也简化在陆地基地与航空母舰，以及航空母舰与航空母舰间搬运核弹的问题。

除前述通用型核弹外，AJ-1、AJ-2也能使用专为攻击加固目标设计的MK 8穿甲核弹，MK 8是继轰炸广岛的MK 1“小男孩”后，第一种采用枪炮式起爆的核弹，重量稍大于MK 6（3230～3280磅），威力则为30万吨TNT当量，最大特点是弹径只有14.5英寸，还不到MK 6的四分之一，也比特别讲求轻量的MK 7缩小一半，通过缩小弹体截面来提高穿透能力。不过MK 8的役期很短，1957年就退役由MK 11取代。1953年7月开始量产的MK 11是MK 8改良型，重量下图：北美AJ“野人”轰炸机是美国海军20世纪50年代初期唯一实用化的核打击载具，先后装备了7支重型舰载攻击混合中队（VAH），经过修改的“中途岛”级航空母舰，或经现代化工程后的“埃塞克斯”级航空母舰都能操作AJ“野人”轰炸机，当新的A3D“空中战士”轰炸机服役后，AJ“野人”系列便于1956年退出第一线。图片为“列克星顿”号航空母舰（USS Lexington CV 16）上的AJ-2“野人”轰炸机。（美国海军图片）

相近（3210~3500磅），威力同为30万吨TNT当量。考虑到需要用到MK 8和MK 11这种穿透核弹轰炸的目标很少，这2款核弹产量都很少（均仅生产40枚）。

继原子弹后，氢弹很快也进入美国海军舰载航空单位武器清单中。最初从1954年开始服役的氢弹极为庞大，如威力700万吨TNT当量的EC-14氢弹便重达3.1万磅、威力1100万吨TNT当量的EC-17氢弹更达到3.96万磅，只有B-36“和平缔造者”轰炸机能携带这些氢弹，这也让美国空军独占了一段时间的氢弹运用能力。

不过，氢弹小型化技术在一年后便有了具体成果。1955年4月，威力380万吨TNT当量、重7600磅的MK 15开始量产，重量只有EC-17的19%，弹径也只有34.4英寸，AJ-1、AJ-2也具备运用MK 15氢弹的能力，这也让美国海军仅仅落后空军1年，便也拥有了氢弹运用能力。

航空母舰运用概念的转变

“合众国”号航空母舰取消后，美国海军并未因这次挫败而重新拟定或调整后续新航空母舰的设计需求特性与规格。海军舰船局深信：新航空母舰最终会得到授权，因此在不调整基本特性的情况下，继续以“合众国”号航空母舰的设计为基准，推进新航空母舰设计研究工作，只是试着寻找可接受的规格牺牲，来尽可能削减新航空母舰整体尺寸。如此一来，待新航空母舰计划获准时，海军舰船局便能以这些研究作为基础，及时展开新航空母舰的具体设计作业。

因此海军舰船局接下来的新航空母舰设计，便继承了许多来自“合众国”号航空母舰以及更早的“1945舰队航空母舰”研究的特征，基本上可视为是缩小版“合众国”号航空母舰。

不过在1946年到1950年之间，美国海军对未来航空母舰作战的概念却发生了根本性的变化，一连串国际冲突事件都表明，像“合众国”号航空母舰这样一种单纯以执行核打击任务为优先目的建造的航空母舰，在与空军竞争政治与预算支持方面，理由都是不够充分的。

因此美国海军对于新航空母舰的任务重心设定，从早先的战略打击逐渐转移为兼顾战略与战术打击。因此新航空母舰需要组成舰载机联队，也从“合众国”号航空母舰所设定的以少量大型舰载轰炸机为核心，改为由多种舰载机组成的大规模混合联队，也就是从“合众国”号航空母舰的“战略打击优先”向传统航空母舰的“多用途化”的回归。

此外，美国的核弹小型化技术也在当时有了飞跃性进展，到了1950年时，轻型原子弹很快便会实用化。于是海军航空局便在这一年稍晚发出一份需求书，要求发展一种能携带1枚轻型原子弹、航速500节、任务半径大于400海里、总重3万磅以下的喷气动力轻型舰载攻击机，这项计划的最终成果，便是著名的道格拉斯A4D“天鹰”（Skyhawk）攻击机。

上图：1950年远东战事的爆发，给予了航空母舰水面力量证明自身在核时代中价值的机会。图片为1950年或1951年初云集于日本佐世保港的联合舰队，由前而后依序为英国皇家海军的“独角兽”号（HMS Unicorn）航空母舰、美国海军“朱诺”号轻巡洋舰（USS Juneau CL 119）、“福吉谷”号航空母舰、“莱特”号航空母舰（USS Leyte CV 32）、“赫克托尔”号修护舰（USS Hector AR 7）与“杰森”号修护舰（USS Jason AR 8）。（美国海军图片）

核武器的发展以及航空母舰运用概念的变化，显示新航空母舰将会拥有与“合众国”号航空母舰大不相同的舰载机联队组成与任务形态，这些变化也很快反映到海军舰船局的新航空母舰设计中，如扩大了航空燃油与弹药舱容量。在弹药舱部分，又从原先直接沿用“合众国”号航空母舰的弹舱设计，演变为“中途岛”级航空母舰的设计。

“合众国”号航空母舰设定的核心任务，是搭载少量的轰炸机执行核打击任务，故弹药舱与燃油舱设计以满足让24架轰炸机执行100次核打击任务为目的，需要的核弹搭载量有限，只占2000吨航空军械总搭载量的一小部分；而对新航空母舰来说，需要搭载近百架由多种不同机型组成的舰载机联队，并执行持续性的非核打击任务，借以支援地面部队，故需要携载更多的航空燃油，并采用不同的弹舱设计。

超级航空母舰的再生——远东战事带来的新契机

美国海军再次获得建造超级航空母舰的机会，可说是远东战事爆发带来的直接结果。

1950年7月3日，来自美国海军“福吉谷”号（USS Valley Forge CV 45）与英国皇家海军“凯旋”号（HMS Triumph）2艘

航空母舰的57架舰载机，攻击了位于平壤与海州的目标。在持续2天的任务中，2艘航空母舰上的飞行员们再次证明了航空母舰在“原子时代”的价值。

北方的闪电攻势席卷了南方的机场，迫使美国空军撤至日本，当时美国空军在日本驻扎有F-82“双野马”（Twin Mustang）与F-80“流星”（Shooting Star）战机，但F-80“流星”的航程不足，螺旋桨活塞动力的F-82“双野马”［还有稍后参战的F-51“野马”（Mustang）］虽然航程足够，但是当苏制喷气战斗机于1950年10月出现在战场上后，便显得性能落伍了。类似地，战争爆发后紧急调驻冲绳的B-29“超级空中堡垒”轰炸机，尽管凭借着强大的承载—航程性能在打击地面目标上发挥了巨大作用，但在遭遇苏制喷气战斗机时，也暴露了生存性不足的问题。

相较下，航空母舰可视需要转移部署位置，灵活选择攻击点，并从距海岸线50～100英里的外海让舰载机起飞，受飞机本身航程的限制较小，迅速接替了半岛的空中支援任务。此外，舰载攻击机的弹药投掷量虽然远小于B-29“超级空中堡垒”轰炸机，但攻击精确度远高于后者。

除了利用舰载攻击机直接攻击地面目标外，随着美国海军航空母舰而来的F9F“豹”式舰载喷气战机（“福吉谷”号载有2支F9F中队），也让苏联放弃原定向战场供应大量螺旋桨战斗机的计划，被迫改为提供最新式的喷气战斗机，以便对抗美国海军喷气战斗机。

亡羊补牢——造舰计划的调整

航空母舰在1950年7月的战斗中发挥了重要作用，充分展现了航空母舰特有的机动部署优势，以及可同时胜任战略、战术任务的多用途性能。但在国防部部长约翰逊的预算削减政策下，此时美国海军的航空母舰力量正处于二战结束以来的最

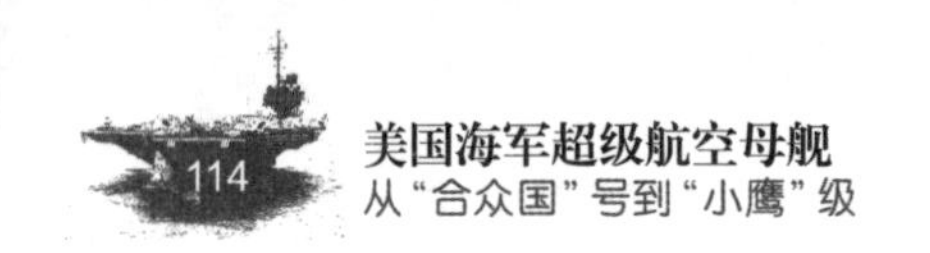

低点。

1950年6月，美国海军只剩15艘航空母舰在役（另有4艘“埃塞克斯”级航空母舰正入坞接受现代化工程中），包括7艘大型舰队航空母舰（含3艘“中途岛”级航空母舰）、4艘轻型航空母舰，以及4艘护航航空母舰，而且其中只有5艘部署于太平洋（3艘舰队航空母舰与2艘护航航空母舰），难以胜任杜鲁门要求的支援半岛与巡弋海峡两项任务。

考虑到其他区域的防务需求，能从大西洋或其他海域抽调的航空母舰也有限，种种窘境无不反映了连年裁减航空母舰兵力所带来的苦果。

美国海军只能多管齐下，一方面停止对海军航空力量的削减、并从预备役舰队中抽调航空母舰恢复现役[1]，另一方面则开始规划建造新型航空母舰。

在海军航空队投入半岛战事过后1周，参谋长联席会议便于1950年7月11日同意延缓对进一步削减航空母舰力量的评估。隔天（1950年7月12日），取消“合众国”号航空母舰的元凶——国防部部长约翰逊，又同意让海军建造1艘新型大型航空母舰。海军虽然获得了争取许久的新造航空母舰批准，不过这艘新航空母舰并未被立即纳入紧接而来的1952财年造舰计划中。

在1950年8月31日拟定的新年度预算草案中，只包含了2艘“埃塞克斯”级航空母舰的SCB 27现代化工程、2艘火炮巡洋舰改装为导弹巡洋舰的工程，以及1艘核动力潜艇建造工程［即日后的“鹦鹉螺”号核潜艇（USS Nautilus SSN-571）］，在新造航空母舰方面，只有1艘代号SCB 43的新型反潜护航航空母舰[2]。在整个年度造舰计划中，新型大型航空母舰的优先顺序

[1] 到半岛战事结束前夕的1953年6月为止，美国海军先后让12艘“埃塞克斯”级航空母舰、1艘轻航空母舰与13艘护航航空母舰恢复现役。

[2] SCB 43航空母舰是一种全长196米、满载排水量2.58万吨、主机输出7万轴马力、最大航速达26.5节的大型反潜护航航空母舰，可搭载30架新型的S2F“追踪者”（Tracker）反潜机，就是后来的S-2。

左图：半岛战事突显了对海军舰载航空兵力的迫切需求，为解决西太平洋区域航空母舰不足问题，美国海军一方面从其他海域抽调航空母舰，另一方面则让预备役舰队中的航空母舰恢复现役。图片中为1950年10月或11月停泊于佐世保的2艘美国航空母舰，左为原属太平洋舰队、率先于该年7月投入半岛作战的“福吉谷”号，右为该年10月从本土诺福克赶抵远东支援的“莱特”号航空母舰。（美国海军图片）

被排在第23位，最高优先的是新型反潜驱逐舰，航空母舰类中最高顺位的是列为第4位的“埃塞克斯”级航空母舰现代化工程，位于导弹巡洋舰改装与猎雷舰改装计划之后。

稍后在1950年10月28日提出的修订版1952财年计划中，代号SCB 80的新型大型航空母舰计划被提高到第8顺位，“埃塞克斯”级航空母舰现代化工程计划则挪后到第6顺位。优先顺序排在SCB 80航空母舰之前的计划还包括：新型护航驱逐舰，导弹巡洋舰改装、新型扫雷舰（Minesweeper），猎雷舰（Mine Hunter），“鹦鹉螺”号核潜艇，以及新型坦克登陆舰。

前述造舰规划，一部分反映了刚从半岛战场获得的实战经验，如仁川与元山登陆战所显示的两栖突击作战仍具实用性，以及元山扫雷行动所突显的对抗水雷威胁需求等，至于SCB 43新型反潜护航航空母舰则基本上遭到放弃，优先顺序被调整到第30位。

海军部部长马修斯于1950年10月30日批准了前述计划，新型航空母舰的设计作业随即展开。

“福莱斯特”级航空母舰登场

美国海军规划从1952财年开始建造新型航空母舰，并把接下来于每个财年内编列建造1艘新型航空母舰列为海军主要目标。

至于在新航空母舰命名方面，则以前任国防部部长福莱斯特之名作为首舰的命名，所以新型航空母舰便被称为“福莱斯特”级（Forrestal Class）航空母舰。

本页图：半岛战事充分显示出海军航空力量的机动性与多用途优势，由“福吉谷”号与英国“凯旋”号组成的战斗群，在杜鲁门授权介入战争后的第6天便进入战区，随即于1950年7月3日对北方的机场与铁路目标发动攻击，2周后的7月18日至19日，又绕到半岛东岸支援浦项登陆，同时深入内陆攻击了元山油库等目标，随即又在7月22日返回西海岸。在短短3周时间内，该战斗群便于战区内移动了2000多千米的航程，并执行了战略攻击、两栖支援与密接空中支援等不同类型的任务。上图为1950年7月18日“福吉谷”号航空母舰舰载机攻击过后的元山油库，下图为“福吉谷”号上准备出击的VF-24中队所属F4U-4海盗战机。（美国海军图片）

海军通过这样的命名，一方面为了纪念福莱斯特对海军的贡献，另一方面也隐含了回击国防部与空军的意味。福莱斯特担任海军部部长时对“1945舰队航空母舰”研究，“中途岛”级航空母舰的“CVB第1号改进计划”，“合众国”号航空母舰在内的一系列航空母舰计划都不遗余力地提供了支持。当福莱斯特转任国防部部长后，依旧顶着庞大压力继续支持海军超级航空母舰计划，直到与杜鲁门意见不合被约翰逊取代为止。

上图：“福莱斯特”级航空母舰的命名，主要用意在于纪念在海军部部长与国防部部长任期内不遗余力地支持海军航空母舰发展、但不幸在1949年5月自杀身亡的詹姆斯·福莱斯特。（美国海军图片）

海军尚未认真考虑过替换所有战时现役航空母舰的需求，因此一开始未能确认最终要建造的“福莱斯特”级航空母舰数量。参谋长联席会议先于1950年初步同意了列在第68号国家安全会议报告（NSC-68）中的12艘航空母舰目标（指大型攻击航空母舰的数量）。

1951年12月，为了替战场上再次展开的停战谈判提供必要的武力基础，远东联军司令李奇微（Matthew Ridgway）要求增强战区内的空中力量，于是参谋长联席会议于1952年2月批准在西太平洋部署第4支航空母舰特遣舰队作为临时性措施。刚上任不久的海军作战部部长费克特勒（William Fechteler）建议，将攻击航空母舰数量从12艘扩大到24艘，尽管空军极力反对这项提案，但此方案仍于1952年2月28日为杜鲁门核准。

当半岛战事于1953年7月告一段落后，美国海军仍在1950年8月后继续维持12个月的战时兵力规模，然后逐步降到和平时期的15艘航空母舰兵力规模，并继续推动在20世纪60年代完成3艘“中途岛”级航空母舰的现代化，以及新建12艘重型航空母舰的目标。

“福莱斯特”级航空母舰的初期规划

虽然有“合众国”号航空母舰方案作为设计蓝本，但“福莱斯特”级航空母舰的发展并没有预想中顺利。从“合众国”号航空母舰取消的1949年4月到1950年之间，海军舰船局的设计人员仍迟迟未能确认新型航空母舰的基本特性。该局在1950年年底指出：“海军作战部部长办公室所拟定的（新航空母舰）基本特性是不可行的……在总委员会（General Board）针对这项计划的审查会议中，本局呈递了基于推测所作的初步研究……考虑了不同需求特性造成的影响后，这些研究显示，若要让这种舰艇达到海军作战部部长办公室设定的特性要求，则舰体尺寸将会比‘合众国’号航空母舰还要大。在1950年11月与海军作战部部长的会议中，本局提出了将舰体规模抑制在标准排水量限制下的几种构想……基于这些资讯，本局已展开列为第4优先顺位，基于每周6天时间进行的设计研究方案。”

按海军舰船局规划，首先应在1951年2月15日前完成3项基本研究，然后以这些研究为基础，于同年3月1日完成具体设计特性的拟定，并于9月1日完成预备设计。接下来便可从1951年12月展开与承包商的建造合约谈判，并于1952年1月发出第一份合约，最后在1952年7月1日以前，完成首舰建造合约的签订。

右图：美国海军在半岛战事爆发不久后的1950年7月，获得期待已久的新造大型航空母舰授权，不过当时最受重视、优先顺序最高的航空母舰计划，是既有“埃塞克斯”级航空母舰的现代化工程，无论在1950年8月拟定的1952财年造舰计划草案，还是当年10月修订后的计划中，既有“埃塞克斯”级航空母舰的现代化都排在新造“福莱斯特”级航空母舰之前，最后22艘恢复服役的“埃塞克斯”级航空母舰中有16艘先后接受了不同程度的现代化工程。照片为1966年停泊于加州长滩海军船厂（Long Beach Naval Shipyard）码头的5艘“埃塞克斯”级航空母舰，由左而右依序为“班宁顿”号（USS Bennington CV 20）、“好人理查德”号（USS Bon Homme Richard CV 31）、“约克城”号（USS Yorktown CV10）、“福吉谷”号、“大黄蜂”号（USS Hornet CV 12），可见到除当时已被转为直升机突击舰的“福吉谷”号（编号改为LPH-8）外，其余4艘都接受了加装10度斜角飞行甲板的SCB 125现代化工程。（美国海军图片）

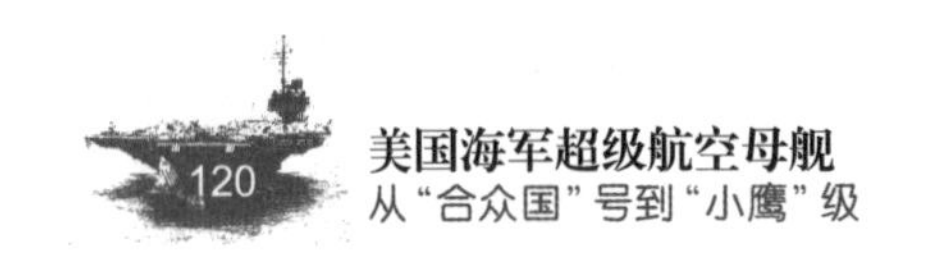

至于建造时程则以每周工作40小时为基准，首舰完工日期定于1956年1月1日，在全速赶工下，有望将完工日期提前到1955年7月1日。

换言之，美国海军打算以9个月时间完成“福莱斯特”级航空母舰的预备设计，接下来花8个月时间完成建造合约的谈判与签订，然后在签订建造合约过后42～48个月完成首舰的建造。无论从哪个标准来看，这都是非常紧凑的时程规划。但海军舰船局还希望进一步加快脚步，1951年7月12日，海军舰船局与纽波特纽斯船厂签定新航空母舰建造合约。

作为对照，“中途岛”级航空母舰的预备设计研究就花了13个月时间，接下来的预备设计作业花了9个月，然后合约计划与规格书的制定又耗去10个月时间，也就是说，总共耗费32个月时间，才完成“中途岛”级航空母舰从最初的研究规划到建造合约制定的全部程序。而“中途岛”号从签约订购到完工服役则花了38个月时间，2号舰“富兰克林·罗斯福”号的建造速度也差不多，3号舰“珊瑚海”号的工程则足足花了52个月才完工。

虽然“福莱斯特”级航空母舰远比“中途岛”级航空母舰更大、更复杂，但海军舰船局却打算让“福莱斯特”级只花大约1年时间就走完从可行性研究到预备设计的全部规划程序，而且还要以直追战时建造“中途岛”级航空母舰的速度，在和平时期完成新航空母舰的建造。

显然，要实现这样紧凑的时程规划，前提是海军高层必须及早确定需求规格，在设计建造过程中尽可能避免修改基本需求与规格设定，以免重新设计造成时程耽误。

在1950年12月22日一份呈递给海军作战部部长费克特勒的备忘录中，海军舰船局表示对他们提出的时程安排十分乐观，但也提醒海军作战部，由于美国未曾建造过这样大型的军舰，必须及早解决各项基本需求之间的冲突问题，避免在接下来的设计阶段中更改基本特性设计。

本页图：左为1953年4月在纽波特纽斯船厂干坞建造中的“福莱斯特”号航空母舰，右为1944年7月在纽波特纽斯船厂干坞建造中的“中途岛”号航空母舰。（美国海军图片）

但后来的发展却事与愿违，由于数项航空母舰应用新技术的出现，为了导入这些极为重要的技术，最后还是导致“福莱斯特”级航空母舰的设计出现大幅度变动。

“福莱斯特”级航空母舰的初期设计——“合众国”号航空母舰的继承与发展

新航空母舰最初以被取消的“合众国”号航空母舰为蓝本发展，不过由于任务形态与舰载机组成设定的不同，导致细节方面存在许多差异。

“合众国”号航空母舰以搭载重型舰载轰炸机执行核打击为主要任务，舰载机联队是以16～24架重型轰炸机为核心，搭配若干用于自卫的战斗机，其弹药舱与燃油舱设计也有利于舰载轰炸机执行核打击任务；新的“福莱斯特”级航空母舰则更强调传统打击任务，将搭载由多种不同机型组成的舰载机联队，并执行持续性的传统轰炸，故需更大的弹药与航空燃油承载量。

此外，随着海军舰载机进入喷气时代，加上海军内部对新航空母舰在航空作业能力、适航性、防护能力等方面的需求也有新的想法，因此“福莱斯特”级航空母舰的设计出现许多有别于“合众国”号航空母舰的特色。

更重要的一点在于控制排水量与建造成本，海军在国会中最有力的支持者卡尔·文森众议员建议，新航空母舰应以6万吨（标准排水量）为限，以便争取政治支持。于是这个吨位限制成为“福莱斯特”级航空母舰设计上的最大制约因素。

“福莱斯特”级航空母舰的设计，最初是以“降级版”的“合众国”号航空母舰为基础出发。早在1949年4月25日——也就是“合众国”号航空母舰遭取消过后2天，美国海军便展开了针对日后航空母舰需求的预备设计，探讨可对“合众国”号航空母舰做哪些缩减，并评估缩减规格后的性能。

初步做出的调整包括：删除1座舷侧飞机升降机，将弹射器与拦阻索数量减半，机库高度降低4英尺，省略所有5英寸口径炮，将飞行甲板与机库甲板装甲每平方寸重量各自削减20磅与10磅（相当于厚度减少0.49英寸与0.25英寸，变成1.5英寸厚），采用承载力降到8万磅的升降机。

在航速与续航性能方面，新航空母舰制定的要求是20节航速1.2万海里，维持了自“1945舰队航空母舰”研究以来的设定。最高持续航速要求降低，原先“1945舰队航空母舰”研究与“合众国”号航空母舰都以33节为目标，而对于“福莱斯特”级航空母舰，海军认为30节也是可接受的，并打算只需在试航时达到32节即可。

标准排水量从“合众国”号航空母舰的6.685万吨降到6.2675万吨，减少不到7%。

于是海军在另一项预备设计中，舍弃以“合众国”号航空母舰为基础缩减的做法，改为以“中途岛”级航空母舰为蓝本放大。在这个放大型“中途岛”级航空母舰方案中，仍以机库甲板为强力甲板。初步估计若将舰体长度定为960英尺或970英尺（292米或296米），便能将排水量控制在5.2万吨，可满足卡尔·文森众议员提出的6万吨上限。

不过，放大型“中途岛”级航空母舰的设计，作战能力又无法达到海军要求，最后新航空母舰的设计还是回到以“合众国”号航空母舰为基础发展。

以“新舰队航空母舰”（CV junior）或“全天候航空母舰”（AW carrier）的名义，美国海军在1950年2月重新展开新航空母舰的预备设计研究。

改善适航性的暴风艏

全天候作业能力，是海军在“福莱斯特”级航空母舰设计上特别强调的一项需求。负责航空业务的作战部副部长卡萨迪（John Cassady）中将在1950年9月指出：“就任何替换（现役航空母舰）的新航空母舰而言，都必须能在所有可见度与温度条件下进行飞机操作。为此必须特别增强我们航空母舰飞机的全天候性能。对航空母舰来说，全天候飞机操作最大的一个危险，便是上层结构的存在。这意味着新航空母舰必须是平甲板，以便在回收飞机时能在飞行甲板毫无阻碍的情况下作业。”

除采用对于飞行操作较安全的平甲板构型外，基于1944年底到1945年间美军多艘航空母舰于太平洋执勤时遭遇风暴导致飞行甲板受损的经验，全天候作业也要求航空母舰采用封闭式舰艏，也就是所谓的“暴风艏”（Strom bow）设计，以免恶劣天气妨碍机库与飞行甲板的运作。

“合众国”号航空母舰仍采用美国海军惯用的开放式舰艏设计，飞行甲板是利用支架搭建在舰艏甲板上。而到了“福莱斯特”级航空母舰，海军希望改用将飞行甲板与舰艏合为一体的封闭式舰艏。由于封闭式舰艏将带来明显较大的结构重量，

本页图：1944年至1945年间，美国海军航空母舰特遣舰队在西太平洋遭遇了3次重大台风灾害，多艘航空母舰因此受损，由此凸显出美国海军航空母舰惯用的开放式舰艏设计对抗恶劣天气能力不足的缺陷。上图与下图分别为1945年6月5日于西太平洋遭遇康妮台风（Typhoon Connie）而受损的“大黄蜂”号与“班宁顿”号航空母舰舰艏照片，可见到2艘航空母舰舰艏的飞行甲板都已严重扭曲崩塌。（美国海军图片）

左图：早在20世纪20年代建造的“列克星顿”号与“萨拉托加”号航空母舰上，美国海军便采用过封闭式舰艏，不过后来在二战前后新造的航空母舰，都改用构造较简单、重量也较轻的开放式舰艏。照片为1936年拍摄的“列克星顿”号舰艏特写，可见到该舰飞行甲板前端与舰艏船体结构合为一体，形成封闭式舰艏。（美国海军图片）

如何在卡尔·文森众议员提出的排水量上限下，既确保必要的飞行甲板长度、又同时采用封闭式舰艏，对设计是个不小的挑战。

航空燃油新配置

基于战时经验，主导“福莱斯特”级航空母舰设计的海军航空派人士，要求将新航空母舰的航空燃油承载量提高到75万加仑，海军参谋部空中作战部（Op-05）的库尼汉（Counihan）

JP-5航空燃油与航空汽油基本性质对比

名称	JP-5	航空汽油
类型	煤油	汽油
用途	喷射发动机燃料	活塞发动机燃料
密度*	0.810(g/mL)	0.715(g/mL)
闪点*	60° C	-40° C
单位能量*	42.6(MJ/kg) 34.5(MJ/L)	43.71(MJ/kg) 31.00(MJ/L)

注：*典型数值。

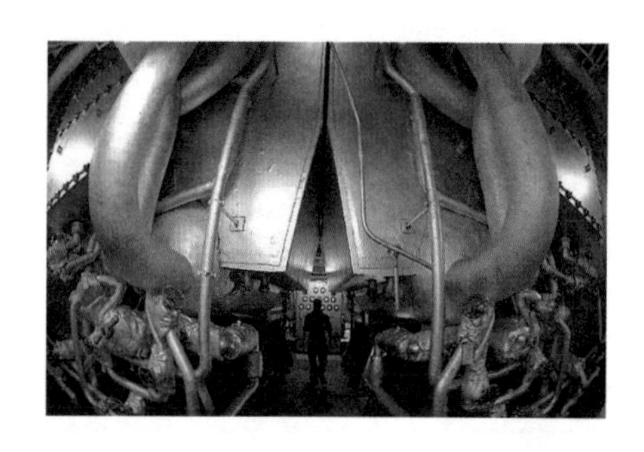

上图：从20世纪50年代初期起，美国海军陆续修改了现役航空母舰的锅炉，以在必要时使用JP-5航空燃油为代用燃料。这也能让舰上燃料的调度运用更灵活，必要时可将喷气式飞机的JP-5航空燃油挪给舰只锅炉使用。（知书房档案）

中校在总委员会审查时表示：“我们舰上的航空燃油总是不够……上次战争中，在一天的反复打击作战中烧掉4万加仑燃油并不罕见，而现在的喷气式飞机有时需要比这还多出5倍的燃油，所以我们计算出的燃油需求量是75万加仑——扣除必要储备后，这将能满足我们3天作战的需求……我们预计使用JP-3煤油（而非汽油），并将以此为基准进行设计。海军舰船局说他们不认为必须为此更改燃油储存设计。”

75万加仑的燃油承载量比“合众国”号航空母舰（50万加仑）多了50%，更远远高出二战时期的“埃塞克斯”级航空母舰（23万加仑）。携带这么多的航空燃油也带来了副作用。就大型航空母舰的安全性考量，传统活塞动力飞机使用的高挥发性航空汽油（Aviation Gasoline, Avgas）是一个潜在危险因子，它必须存放于设有装甲保护的储存槽中。随着航空汽油承载量大幅增加，装甲防护油箱的容量也相应增大，给舰体内部配置与排水量控制造成许多难题。幸运的是，喷气时代的来临与炼油技术的新发展解决了这些难题。

在1950年秋季时，美国海军开始打算以新近发展的航空重油（Heavy-End Aircraft Fuel, HEAF）取代必须存放于装甲防护区内的航空汽油。航空重油可像舰用锅炉油（Bunker Oil）一样，存放于舰体侧隔舱（即鱼雷防护隔舱）内的传统油舱中，无须置于舰体的装甲箱防护区内，从而能给舰体内部配置带来更大余裕。

美国海军认为，可将较重的燃油与轻质汽油混合存放，从而让航空母舰携带比其装甲防护油箱容量多出2倍的航空燃油（如“福莱斯特”级航空母舰便能借此存放150万加仑航空燃油）；稍后海军又决定让所有海军喷气式飞机改用新开发的JP-5航空燃油。相较于使用航空汽油的活塞发动机，喷气发动机可使用煤油作为燃料，而相较于航空汽油，较“重”的JP-5

航空燃油闪点较高（较不易挥发），能安全地直接存放在舰体侧隔舱油箱中，且无须加入任何轻质添加物。

上图：1952年引进的JP-5航空燃油，是美国海军舰载航空力量发展上的一项关键变革。JP-5航空燃油要比传统航空汽油安全许多，可像舰用重油一样存放于舰体侧隔舱中，反观航空汽油则须存放于舰体内部的装甲防护油箱中确保安全，因此JP-5航空燃油的引进也让航空母舰内部配置设计得以大幅放宽，可借此缩减装甲油箱的占用空间。图片中这位“企业”号航空母舰（USS Enterprise CVN 65）航空士官长手上那瓶液体就是JP-5航空燃油。（美国海军图片）

随着舰载机的喷气动力化，喷气式飞机逐渐成为舰载机主力，JP-5航空燃油也成为航空母舰的主要航空燃料。航空母舰内部的装甲防护油箱大幅缩小，成为补充性角色，专用于存放活塞动力舰载机〔如AD“天袭者”（Skyraider）攻击机或直升机〕使用的高挥发性航空汽油[1]。

更进一步，由于当时美国海军航空母舰的蒸汽锅炉也陆续接受了修改，可在必要时使用JP-5航空燃油。这也让舰只用油与舰载喷气式飞机用油的调配更灵活，在紧急时可将JP-5航空燃油挪给舰只使用，借以延长航空母舰的航程。

喷气时代的燃油消耗问题

喷气式飞机虽可改用存放在普通油舱内的JP-5航空燃油，不过早期的喷气发动机也存在极为耗油的问题，一定程度抵消了前述优点。举例来说，美国海军最早的舰载喷气战机——麦克唐纳的FH“鬼怪”（Phantom），内载燃油容量几乎是舰载螺旋桨战机F8F“熊猫”（Bearcat）的2倍（375加仑对185加仑），但最大滞空时间却只有后者的70%。

这对航空母舰舰载运用来说将造成两个后果：一方面，喷气式飞机必须具备较大的体型，才能携带足够油料，以提供接近螺旋桨飞机的航程与滞空时间，但更大的体型对甲板运作来说也更为不便；另一方面，搭载喷气式飞机的航空母舰，也必须携带比以往更多的燃油，才能满足喷气式飞机的需要。

大西洋航空部队司令斯潘格勒（S.B.Spangler）少将在1950

[1] 半岛战事结束后，美国海军航空母舰陆续安装了燃料混合装置，可允许舰载喷气式飞机使用航空汽油与JP-5航空燃油的混合燃油。

本页图：美国海军的舰载战机从20世纪40年代末期到50年代初期开始进入喷气时代，不过相对于上一代的活塞动力机型，早期喷气式飞机有耗油率明显偏高的问题。因此如何确保足够的航空燃油供应，便成了新航空母舰设计的重要问题之一。图为两种美国海军第一代喷气战机，上为F9F“豹”式战机，下为F2H“女妖”战机。（美国海军图片）

年10月写给海军航空局康波斯（T. S. Combs）少将的信中，对以喷气战机为核心的新一代舰载机耗油情况，作了以下估算：

“到1953年3月，第7舰载机大队预计将会拥有3支F9F-6中队、1支F9F-5中队，以及1支A2D中队。估计1艘CVB将会搭载80架战斗机与27架攻击机，这样规模的航空团运作时，每小时需要消耗6.5万加仑燃料。

这样的消耗速率，是以航空母舰能获得后续航空燃油补给时为基准，1艘CVB的航空燃油搭载量应可满足整个航空团运作6小时所需。假设我们把航空母舰本身使用的燃料转给航空团的飞机使用，并且把航行时间缩短为9.5天（指航空母舰再次补给燃料前的持续航行时间），我们将能让舰载机大队持续力提高到23小时——这并不是一个不可接受的假设。我们计算使用的基准是实际打击作战的燃油消耗率。

以类似的方式计算，‘珊瑚海’号航空母舰可以搭载持续执行2天任务的燃料，然后便需要再次补给燃料。在每次补给中，第7舰载机大队将得到足以执行0.7天至1天打击任务的燃料……我们把一次作战行动……设定为由2支喷气战机中队执行340架次任务为基准；当航空母舰携带35.5万加仑燃料时，在执行187架次任务后，便只会剩下4.8万加仑燃料（其中仅4.1万加仑可用）。前述作战行动是以36架喷气战机每天执行4.6小时任务（每架次任务2.3小时）、4天内一共执行340架次任务计算——相较下，二战时期我们每架飞机在每个攻击日，平均可飞行9小时。”

斯潘格勒的前述估算，描述了当时喷气式飞机过于耗油的情况。喷气式飞机的耗油量远高于螺旋桨飞机，因此每个攻击日允许的平均飞行时数只有螺旋桨飞机的一半。

著名海军专家弗里德曼给了另一个更具体的例子，若以“珊瑚海”号航空母舰的35.5万加仑航空燃料承载量为基准，而F2H-2“女妖”战机每次飞行任务平均需要消耗6000磅燃油（1000加仑），则340架次任务共消耗34万加仑燃油，此时航空

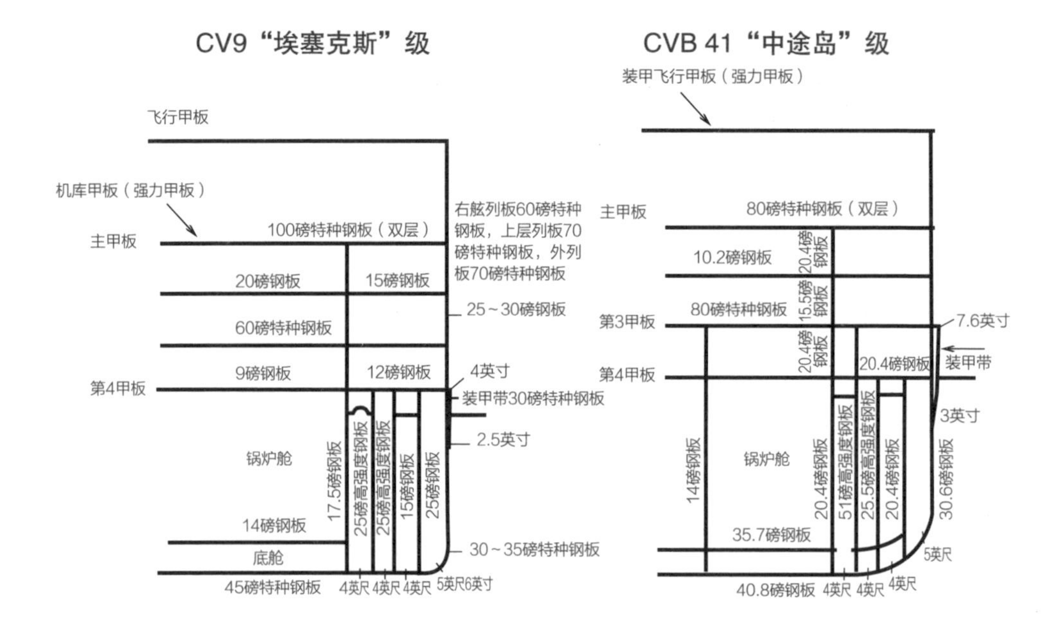

上图：“埃塞克斯”级与“中途岛”级航空母舰舰体截面对比。“埃塞克斯”级以前的美国海军航空母舰，都是以机库甲板为强力甲板，飞行甲板只是不承担结构应力的上层建筑，“中途岛”级航空母舰则以设有装甲的飞行甲板为强力甲板，“合众国”号航空母舰也以飞行甲板为强力甲板，不过在“合众国”号航空母舰取消后的新航空母舰设计中，美国海军又再度考虑以机库甲板为强力甲板。（知书房档案）

母舰将剩下的1.5万加仑燃油留给螺旋桨飞机使用（其中实际可用仅7000加仑）。换言之，在这样的一次打击作战中，喷气式飞机机队将会耗去航空母舰上95%以上航空燃油存量。

航空设施配置调整

美国海军当初在设计“合众国”号航空母舰时，曾预定配备2条弹射能力10万磅的轰炸机用弹射器（满足ADR–42轰炸机），搭配2条弹射能力6万磅级的战斗机用弹射器（后来4台弹射器都提高到10万磅等级）。

规划“福莱斯特”级航空母舰时，航空单位建议可将弹射能力降为7万磅，以适应A3D“空中战士”轰炸机，并至少配备2条这样的弹射器。另外还希望配备可弹射4万磅级战斗机的弹射器。

海军打算必要时可减少1条或2条战斗机用弹射器的配置，且弹射器弹射能力也调低30%以上。其中的微妙变化，在于更改动力弹射器的形式。

原先“合众国”号航空母舰预定配备的是4条新开发的H-9型液压弹射器，但为了达到10万磅级弹射功率需求，H-9型液压弹射器的发展遭遇许多问题。种种技术困难显示，自20世纪30年代开始使用的液压弹射器已经遭遇技术瓶颈。于是火药驱动式开槽汽缸弹射器便成为“福莱斯特”级航空母舰的弹射器备选方案。

海军航空局从1945年起便开始发展利用外部火药驱动、重量较轻、又能提供高功率的开槽汽缸弹射器。开槽汽缸弹射器可直接通过汽缸活塞上的弹射滑车（Shuttle）连接舰载机，利用火药爆炸产生的弹射力量驱动活塞，然后活塞直接通过弹射滑车带动舰载机弹射，不仅较节省重量，也回避了液压弹射器采用缆线、滑车轮强度不足所带来的问题。

按海军航空局构想，开槽汽缸弹射器的弹射滑车直接利用火药来驱动发射，从而带动舰载机起飞。在“福莱斯特”级航空母舰上，可在特别设计的弹舱中携带多达400吨重的弹射用火药。

然而，这种火药驱动式开槽汽缸弹射器，最终还是没有成功，海军航空局的工程师始终无法解决保持活塞汽缸密封以免气体外泄和火药驱动的安全性问题。而就航空母舰设计来说，要在航空母舰上存放数百吨的弹射用火药，也增加了危险性与舰体内部配置复杂性。

幸运的是，另一种替代方案——英国发展的蒸汽弹射器此时已经实用化，适时解决了“福莱斯特”级航空母舰的弹射器配备问题。

蒸汽弹射器也采用了开槽汽缸机构设计，但弹射动力来自蒸汽锅炉，不仅与火药驱动式开槽汽缸弹射器同样有较节省重量、且无须使用缆线、滑车轮机构的优点，又比后者安全，弹射功率也能满足需求，很快就被美国海军接受。

海军还打算牺牲新航空母舰的升降机与机库的规格。“合众国”号航空母舰原配有4部舷侧飞机升降机，并拥有28英尺对页图：要提供弹射大型舰载机所需的高功率，传统的液压弹射器会有体积、重量过大的问题，相关缆线、滑车轮等机构的强度也存在疑虑，因此美国海军决定在“福莱斯特”级航空母舰上引进英国新发展的蒸汽弹射器。上图为“埃塞克斯”级航空母舰“大黄蜂”号在SCB-27A现代化工程中安装的H-8液压弹射器图解，下图为甲板下方的滑轮驱动机构。（美国海军图片）

（8.54米）高的机库，而在“福莱斯特”级航空母舰上，海军则打算必要时可减少1座升降机，并且把机库高度降到19英尺（5.74米）；对照二战时期美国航空母舰的机库高度标准是17.5英尺（5.33米）。

与前述规格缩减相反的是，海军打算在飞行员待命室与飞行甲板间配备手扶电梯，以解决将待命室设于下层甲板带来的副作用——自二战末期遭遇神风自杀攻击后，航空母舰飞行员待命室也成为防护重点。而电梯的增设将有利于飞行员们往返两处。

在新航空母舰的航空军械承载能力方面，海军最初并没有特别的要求，主管航空业务的作战部副部长建议以1200吨为目标。

强化水平防护能力

“福莱斯特”级航空母舰的设计是由海军中的航空派掌控，以航空作业需求为主。海军军械局还修正了“合众国”号航空母舰上的飞行甲板装甲设计。

相较于早先的“中途岛”级航空母舰，“合众国”号航空母舰的飞行甲板防护反而略有退步，被分拆为一层2英寸厚飞行甲板装甲，与一层1英寸厚回廊式甲板装甲，但2层加起来的防护效果，仅相当于2.5英寸厚的单层装甲。

海军军械局认为，“中途岛”级航空母舰的3.5英寸厚飞行甲板装甲是可接受的最低标准，然而若要把新航空母舰的飞行甲板装甲提高到这个水平，会给整艘舰增加5000吨重量。不过海军军械局声称，这样的装甲可达到防护2000磅级通用炸弹与1000磅级半穿甲炸弹的效果。

海军军械局承认，装甲能提供的防护效果有其限度：“配备足够装甲，使飞行甲板达到不被穿甲弹穿透的程度，是不切实际的，它们（穿甲弹）是从适当的高度投下以获得需要的速度”，也认识到新武器的发展导致有些人怀疑船舰配备装

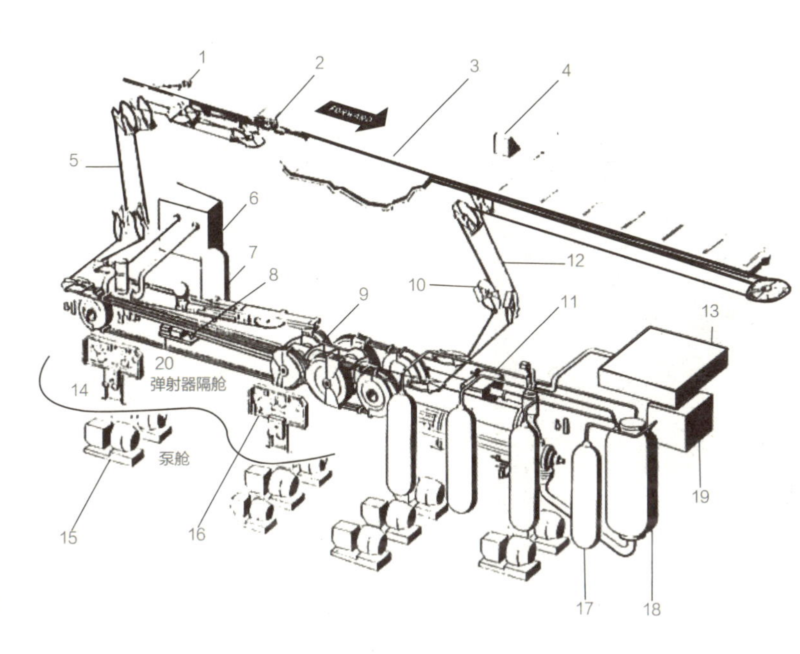

1. 阻拦释放装置
2. 弹射滑车
3. 滑轨
4. 甲板侧方弹射控制装置
5. 驱动系统，回收端
6. 钢绳回收端重力润滑油箱
7. 钢绳回收端计量仪
8. 紧急切断装置
9. 发动机
10. 滑轮组
11. 滑车限位装置
12. 驱动系统，拖带端
13. 驱动端重力润滑油箱
14. 回收端控制面板
15. 泵组
16. 灭火装置控制面板
17. 储气瓶
18. 钢绳弹射端计量仪
19. 集液槽
20. 阀门和开关

本页图：美国海军航空母舰的飞行员待命室，传统上是设于飞行甲板与机库甲板之间的回廊式甲板这层，这个位置虽便于飞行员往返于飞行甲板，但也存在缺乏保护的问题，二战末期曾发生多次日军神风自杀攻击造成待命室中飞行员伤亡的事件。因此美国海军二战后在新造航空母舰与航空母舰现代化工程中，便将待命室往下挪到机库甲板下方，使其能受机库甲板装甲的保护。上为二战时期“埃塞克斯”号航空母舰（USS Essex CV 9）的待命室，下为“埃塞克斯”级“富兰克林”号航空母舰（USS Franklin CV 13）在1944年10月莱特湾战役中，于10月30日遭一架神风自杀飞机撞击而受损的飞行员待命室，这次攻击造成“富兰克林”号航空母舰逾百人伤亡（56死60伤）。（知书房档案）

甲的必要性：“成形装药（Shaped Charge）与导引导弹的发展，也让人对装甲的价值感到怀疑，以致有人认为或许可以干脆不要配备装甲。我们并没有低估这些新武器的能力，但我们不能同意（不需要装甲）这种观点。”

海军军械局强调装甲仍然具备存在价值，为了穿透装甲，将迫使敌人在弹头设计上付出更多代价，以致减弱了破坏力：“对导弹来说，配备不同形式的弹头必须付出相对应的空间与重量代价。如果我们的（航空母舰）装甲迫使敌人必须为导弹采用穿甲弹头，以对抗我们的装甲，相对地也会导致导弹弹头破坏力急遽降低[1]。”

而对成形装药弹头来说，大部分的炸药爆炸能量都消耗在装药前方的金属衬板上，金属衬板形成的喷流确实能穿透舰只（装甲），并有引发火灾的危险。不过这和陆地坦克战的情况不同，无论坦克配备了多厚的装甲，由于坦克的关键元

[1] 穿甲弹为了提供足够穿透效果，须配备一个更厚、强度更高、重量也更大的弹壳，在总重量限制下，炸药装填量明显较低。举例来说，穿甲弹的装药比例通常小于20%，而半穿甲弹与通用炸弹的装药比例则可达40%以上。所以穿甲弹依靠爆炸破坏目标的能力不如半穿甲弹与通用炸弹。

件是以高密度配置在车体内，因此一枚成形装药弹头的命中，便几乎确定可让一辆坦克失去能力。

但体积远大于坦克的舰只则是另一回事，成形装药弹头即使穿透舰壳，也未必能伤害到舰只内部的关键设备。

加厚飞行甲板装甲的副作用

即使海军军械局认为新航空母舰配备装甲的理由是合理的，但飞行甲板装甲厚度加大会增加舰体顶部结构重量，放大了减损稳定性效应。因此随着飞行甲板装甲的增厚，需要扩大舰体舷宽，这也增加了舰体重量。

如在1950年2月的预备设计研究中，新航空母舰增厚飞行甲板装甲的需求，将会给飞行甲板增加1000吨重量。为维持稳定性，须同时让舷宽增加2英尺（每增加1英尺舷宽将增重300吨），但在舷宽增大后，舰体长度也须跟着延长10英尺（每增加1英尺舰体长度将增重50吨），借以维持舰体长宽比，以便在不增加主机功率的情况下保有原来的航速性能，所以整艘舰的排水量将增加2100吨。

换算下来，飞行甲板装甲厚度每增加0.25英寸，装甲本身的总重量虽然只增加400吨，但随之而来的舰体加宽、加长需求，将会使整艘舰增加840吨。再考虑到“福莱斯特”级航空母舰舰体长度略短于“合众国”号航空母舰，为应对

上图：自20世纪50年代的“埃塞克斯”级航空母舰现代化工程起，以及后来的新航空母舰设计，都将飞行员待命室从回廊式甲板往下挪到机库甲板下方，使其受到机库甲板装甲的保护。但这样一来，飞行员也须走更长的楼梯，才能从待命室抵达上层的飞行甲板，因此通过增设手扶电梯方便飞行员们往返两处。图片为“埃塞克斯”级“大黄蜂”号航空母舰在SCB 27现代化工程中增设的待命室电梯。（知书房档案）

右图：英国“光辉”级（Illustrious Class）航空母舰装甲飞行甲板的防护效用给美军留下深刻印象，成为美军航空母舰设计仿效的目标。图片为“光辉”级“可畏”号（HMS Formidable）遭神风自杀机撞击后的照片，该舰于1945年5月在冲绳南方海域连续两次遭到日军神风特攻队攻击。1945年5月4日一架日军自杀机直接撞上舰桥附近的飞行甲板，但只造成飞行甲板上一个2平方英尺弹孔与24英尺×20英尺的凹陷面积。5月9日另一架自杀飞机撞击，造成“可畏”号一处支撑飞行甲板的钢梁变形，以致甲板凹陷4.5英寸，撞击引起的大火摧毁了部分飞机，但在撞击过后仅25分钟，“可畏”号就重新投入了作战。（知书房档案）

飞行甲板装甲增厚带来的排水量与舷宽增加，若要维持相同的航速设定，便只能提高主机输出功率。

基本设计的演变

美国海军一开始曾尝试在“福莱斯特”级航空母舰上满足封闭式舰艏、增厚飞行甲板装甲、扩大航空燃油承载量等需求，并维持与“合众国”号航空母舰相同的机库高度与全套自卫火炮配置（8座5英寸54倍口径炮与8座双管3英寸70倍口径炮），结果发现：即使改用较轻的弹射器，仍会给舰体增加7000吨重量，这显然是无法接受的。

于是美国海军在1951年初又拟定了2个备选方案。控制排水量是这两个方案的重点，装甲配置作了一些调整，主机舱上方的水平防护设有合计5英寸厚的甲板装甲，由于这层装甲位置够低，能避免稳定性问题，舷侧装甲从原先的60磅特种钢减为45磅特种钢（约1.125英寸厚）。

飞行甲板与机库分别采用2种构型。

（1）25英尺高的机库高度搭配70磅飞行甲板装甲（1.75英寸厚）；

（2）19英尺高的机库高度与80磅飞行甲板装甲（2英寸厚）。

两种构型都附加了用以辅助飞行甲板装甲的回廊式甲板装甲。火炮配置有2种，配合70磅飞行甲板装甲方案的是8座5英寸口径炮，搭配80磅飞行甲板装甲的则是10座双管3英寸70倍口径炮。无论哪一个方案，自卫火炮配置都比原先的设定缩减许多，不过主要的航空设施获得保留，弹射器与飞机升降机都维持在4座。

通过前述配置，2种方案的舰体水线长度为980英尺（298.9米），吨位为5.99万吨，正好在卡尔·文森众议员的6万吨限制内。最后其中的25英尺机库高度搭配70磅飞行甲板装甲，以及8座5英寸口径炮的方案，被选为“福莱斯特”级航空母舰的设计基准。

为了将排水量压缩到更容易被接受的范围内，海军舰船局稍后又在1950年11月提出一个排水量压低到5.75万吨的新设计，舰壳尺寸为980英尺×125英尺×34英尺（长×宽×吃水深）。这样的排水量，只能配备3台弹射器与3座升降机，航空军械承载量也只有1000吨。

3座舷侧升降机是在损管考量下

本页图：装甲飞行甲板虽能在一定程度上提高生存性，但防护效果无法承受高空投下的重磅炸弹或穿甲弹攻击，因此有些人便主张不如取消装甲节省重量。如英国“光辉”号的3英寸厚飞行甲板装甲以防御从7000英尺投下的500磅半穿甲炸弹为基准，但该舰于1941年1月在地中海遭到德军Ju-87“斯图卡”（Stuka）俯冲轰炸机攻击，遭6枚使用延迟引信的500千克（1100磅）炸弹直接命中，结果飞行甲板被炸穿。照片中可看到“光辉”号装甲飞行甲板遭炸弹穿透的弹孔。（美国海军图片）

上图：“中途岛”级航空母舰是美国海军第一种采用装甲飞行甲板的航空母舰，其3.5英寸厚飞行甲板装甲的配置，也被视为后来规划“福莱斯特”级航空母舰的一项基本要求。图片为“中途岛”级的2号舰“富兰克林·罗斯福”号。（知书房档案）

所应配备的最低数量，对应于被划分为3个防爆/防火隔舱区间的机库甲板，3个机区各自对应1座飞机升降机（稍后“埃塞克斯”级航空母舰的现代化工程中，出于同样的考量增配了第3座升降机）。

在防护方面，这个新方案维持了“合众国”号航空母舰的2英寸厚飞行甲板装甲，但回廊式甲板装甲减为0.75英寸厚，60磅的机库甲板装甲与舷侧防护装甲获得沿用。飞行甲板尺寸定为1020英尺×125英尺（311米×38.1米），机库高度则为19英尺，并拥有8座5英寸口径炮的配备。

新的5.75万吨方案虽有排水量控制较佳的优点，不过其19英尺机库高度设计，却造成新的问题。由于发展中的A3D“空中战士”轰炸机折叠后至少需要22英尺高的停放空间，因此海

本页图：美国海军于1951年公布的“福莱斯特”号航空母舰概念想象图（上），可见到这时候的“福莱斯特”级航空母舰设计带有许多“合众国”号航空母舰（下）的特征，除了飞行甲板配置上的些许不同外，外观上最大差别在于“福莱斯特”号航空母舰采用封闭式舰艏，而“合众国”号航空母舰则为开放式舰艏。（美国海军图片）

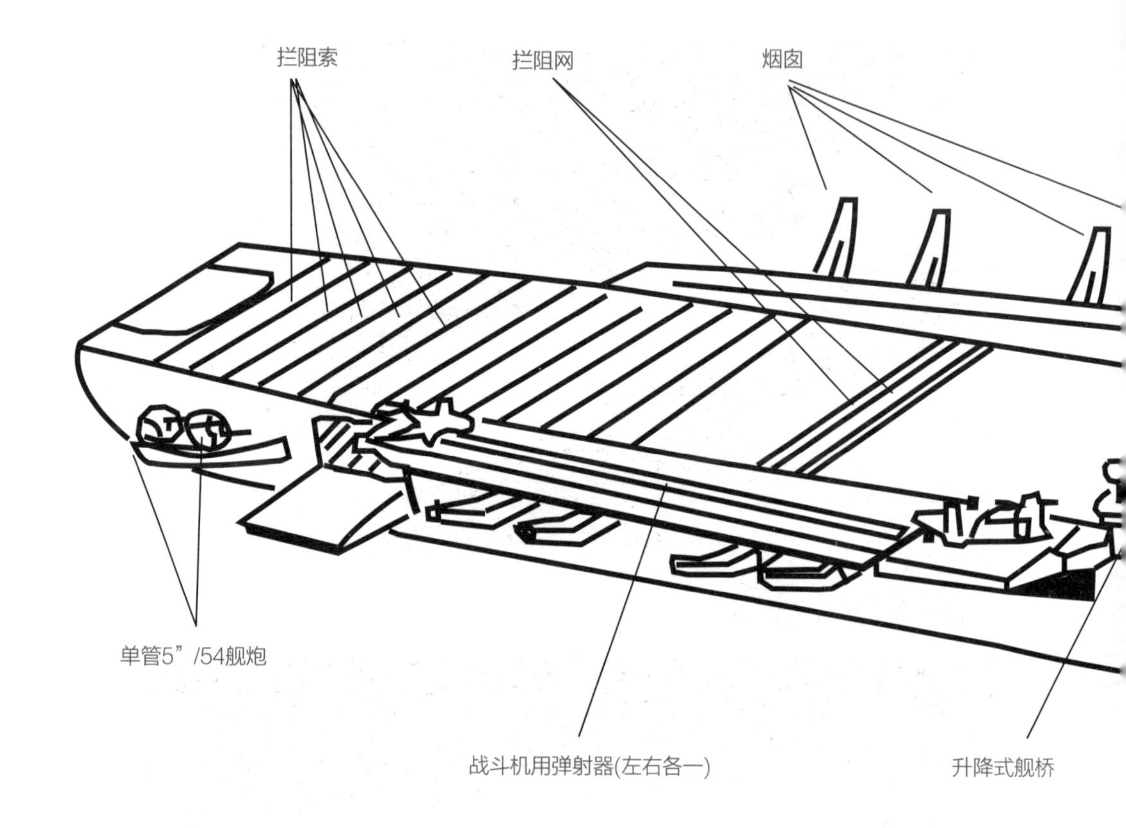

军很快就将“福莱斯特”级航空母舰的最小机库高度需求设定为25英尺。

随着机库高度增加，也让任何进一步增厚飞行甲板装甲的尝试宣告终止。在6万吨限制下，已经没有强化飞行甲板防护的可能了，于是“福莱斯特”级航空母舰的飞行甲板装甲厚度规格就被固定在2英寸。

以前述规格为基础，海军舰船局在1951年2月提出一个以25英尺机库高度为基准的新预备设计方案，为了在这样的机库高度规格下保持舰体稳定性，舰体水线部位舷宽扩大到127.5英尺（38.88米），标准排水量因而回升到5.99万吨。弹射器与飞机升降机均为4座，基于节省重量的考量，海军舰船局为这个设

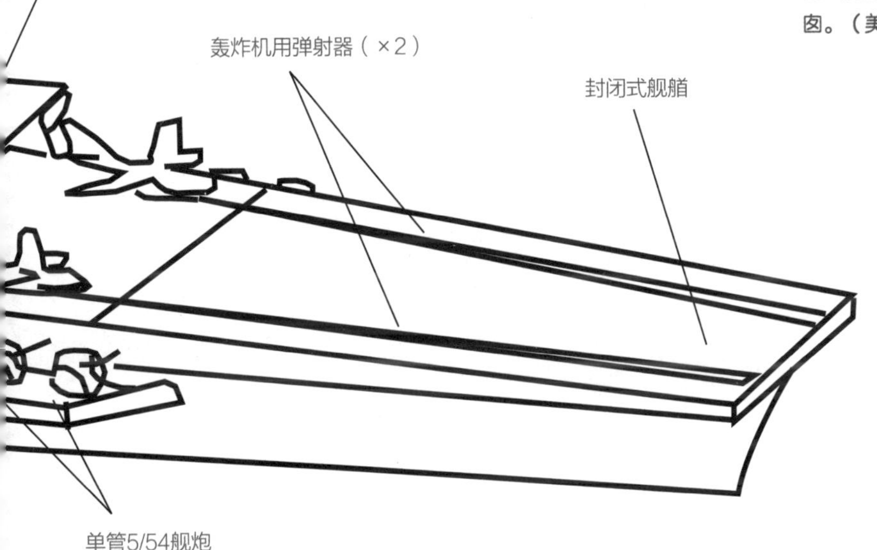

左图：早期的“福莱斯特”级航空母舰设计。沿用了“合众国”号航空母舰的基本构型，右舷前方设有1座可升降的小型舰岛，两舷各4根凸出柱状结构物是烟囱。（美国海军图片）

计方案选择采用8座5英寸自动舰炮（而非较重的双管3英寸口径炮），航空军械承载量则扩大到1800～2000吨，后来这个设计方案便成为“福莱斯特”级航空母舰的设计基准。

现代超级航空母舰的奠基者——“福莱斯特”级航空母舰

半岛战事的爆发，让美国海军的超级航空母舰计划获得复活的机会。继1949年中展开，以被取消的“合众国”号航空母舰为蓝本的先期研究后，美国海军从1950年中开始着手“福莱斯特”级航空母舰的预备设计研究。为便于争取政治支持，新航空母舰的设计必须遵守卡尔·文森众议员提出的标准排水量6万吨以下的限制。依据前述条件，美国海军舰船局在1951年2月形成了排水量5.99万吨的基准设计。

为搭配新开发的A3D“空中战士”轰炸机，新航空母舰的机库高度从早期拟议的19英尺提高到25英尺，舰壳水线（长和宽）为980英尺×127.5英尺（298.9米×38.88米），配有4套弹射器与4部飞机升降机，自卫武装为8门5英寸54倍径自动舰炮。不过由于机库高度增加，为维持舰体稳定性而连带放大了舰体舷宽，以致耗去了可用的排水量余裕，在吨

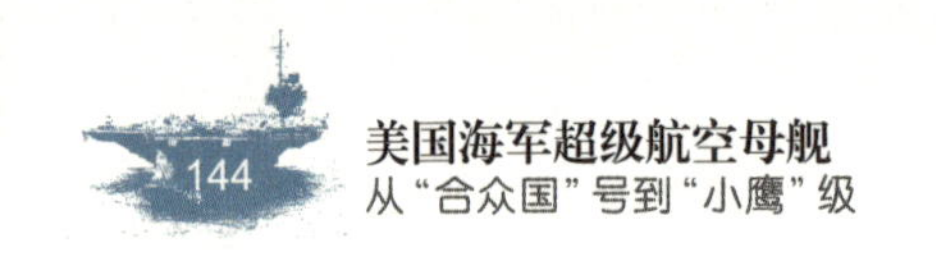

位限制下，已无强化飞行甲板防护的可能，于是“福莱斯特”级的飞行甲板装甲厚度设置为2英寸，较“中途岛”级航空母舰的3.5英寸飞行甲板装甲逊色。

“福莱斯特”级航空母舰的设计演进——基准设计的成形

稍后海军舰船局又修改了“福莱斯特”级航空母舰船壳设计，以传统的水下舰型与方型舰艉（Transom Stern），取代“合众国”号航空母舰的双龙骨式水下舰体构型，水线长度则从980英尺增加到990英尺（301.75米）。海军舰船局声称新的水下舰型设计可让主机传动轴内轴与外轴沿着舰体长度进一步分离，从而改善鱼雷防护能力，还在舰底龙骨末端延长段上增设了第3具舰舵，有助于提高生存性。

在舰桥配置方面，受海军航空派影响，“福莱斯特”级航空母舰沿用了“合众国”号航空母舰的升降式舰桥，以便在进行飞机起降作业时，将包括舰桥在内的整个舰岛结构降到飞行甲板下方，以免妨碍甲板作业。不过基于简化构造的考量，海军舰船局更偏好固定式小型舰桥，于是同时拟定了采用完全升降式与固定式小型舰桥2种方案。

海军舰船局在1951年6月提出的设计方案中，指出：“在设计上可以预留一个设置在（右舷前端）弹射器后方与右舷升降机之间的固定舰桥/舰岛结构。如果评估后决定要这样做，这是行得通的，要安置一个这样的固定舰桥/舰岛，在舰体内部结构的空间分派、管路、线路与通风配置上都是相当容易的。”

这意味着“福莱斯特”级航空母舰的舰桥，将被设置在一个不含排烟管道、尺寸可能只有40英尺×12英尺（12.2米×2.46米）、体型非常小的舰岛构造上，排烟管道则采用舰体两侧排烟设计，但烟囱构造则不相同。

“合众国”号航空母舰采用在两舷舷侧直接各开1个大型

集中式烟囱，“福莱斯特”级则改在两舷舷侧各开4个较小型的排烟口，然后分别接上一具向侧面延伸、末端弯曲向上的烟囱（两舷一共有8根烟囱）。这组烟囱的长度相当长（超过35英尺），以便尽可能将排烟导向两舷外侧，避免干扰飞行甲板作业。

在飞行员设施方面，后来的“福莱斯特”级设计配置，也与源自“合众国”号航空母舰的早期设计不同。早期设计中，在回廊式甲板紧邻战情中心（CIC）与航空指挥室（Air Plot）旁，设有一间用于容纳最大规模舰载飞行中队人员的大型待命室，其余的待命室则设于拥有较佳保护的机库甲板下方。

位于舰体深处的待命室可得到较佳保护，位于战情中心与航空指挥室旁的待命室则便于与指管人员沟通，但也存在距离飞行甲板较远、飞行员登机速度较慢的缺点。因此新的设计则特意强化了紧急起飞能力，在回廊式甲板增设一对各可容纳25人的小型待命室，飞行员可从这两间紧急起飞待命室（Scramble Room）前方迅速到达飞行甲板登机。在回廊式甲板靠近舰舯位置的战情中心附近，还额外设有1间可容纳60人的大型待命室。另有设于机库甲板下方的4间大型待命室（其中2间为45人容量，另2间为60人容量），并通过手扶电梯与回廊式甲板相通。

战后航空母舰新面貌——重新调整“福莱斯特”级航空母舰设计

之后，海军舰船局又作了许多细节上的改进，例如通过修改水下防护系统节省重量等。而设计过程中遇到的最大困难，在于如何处理排烟，以及沿着庞大的平甲板型飞行甲板边缘布置雷达与电子天线的问题，这是平甲板构型航空母舰的先天缺陷。“合众国”号航空母舰一直没有找到理想的排烟与天线配置解决方案。

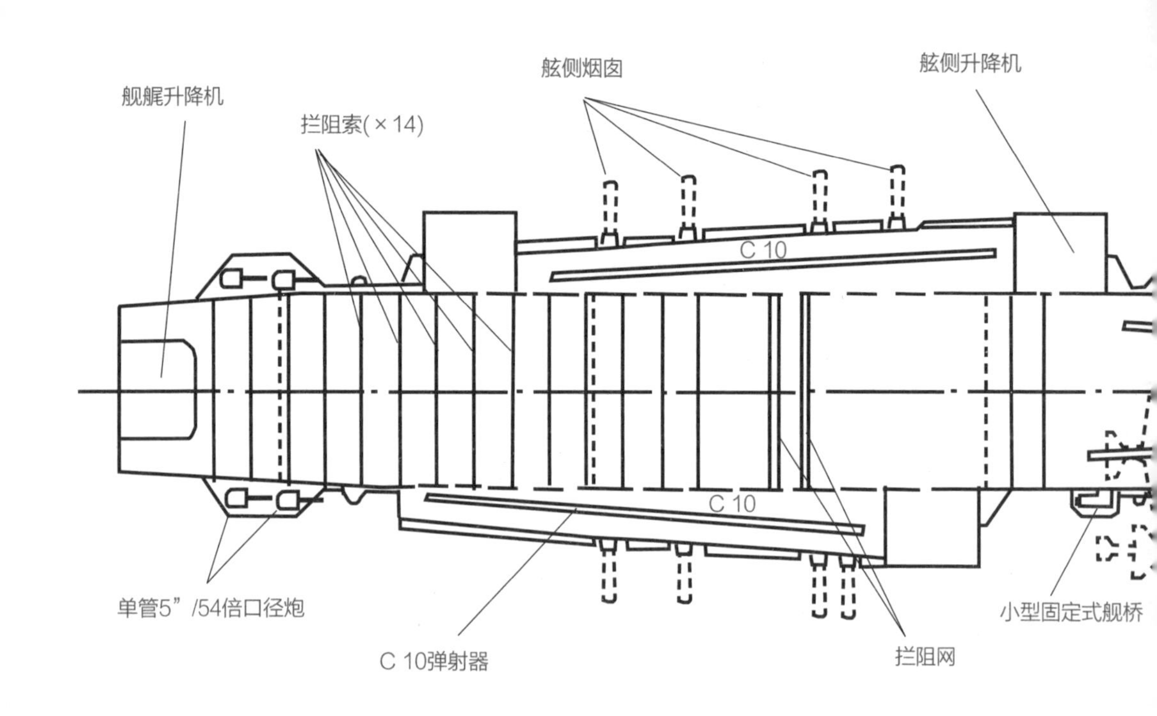
舷侧烟囱
舷侧升降机
舰艉升降机
拦阻索(×14)
C 10
C 10
单管5”/54倍口径炮
C 10弹射器
拦阻网
小型固定式舰桥

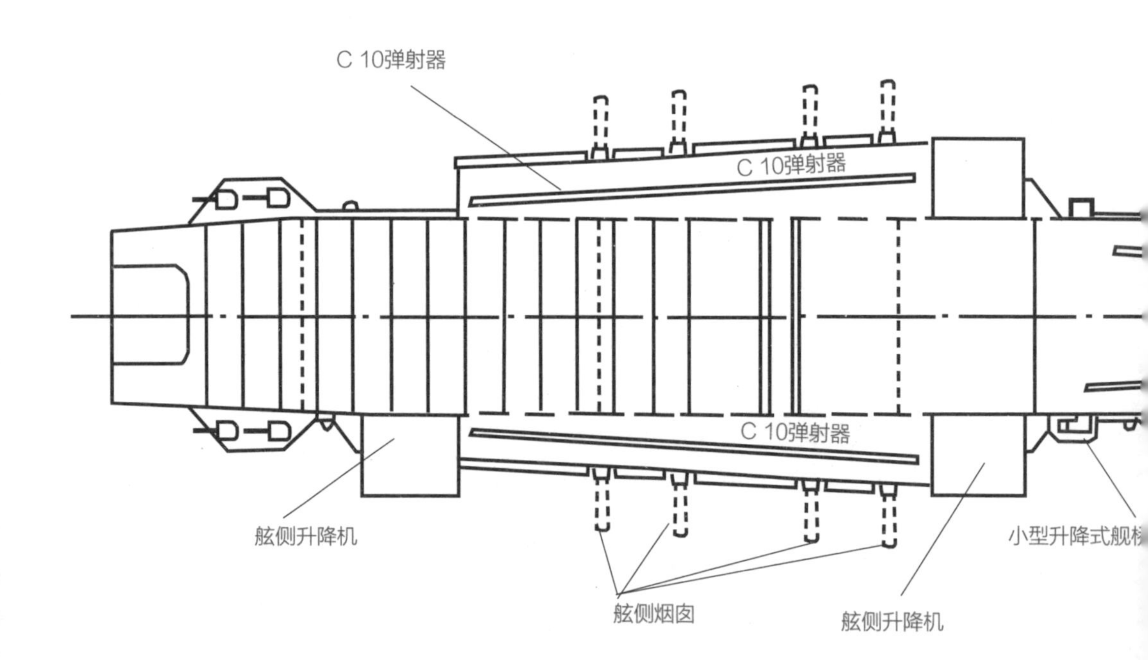
C 10弹射器
C 10弹射器
C 10弹射器
舷侧升降机
舷侧烟囱
舷侧升降机

CVA 59 USS Forrestal
（“福莱斯特”号）
(小型固定式舰岛)

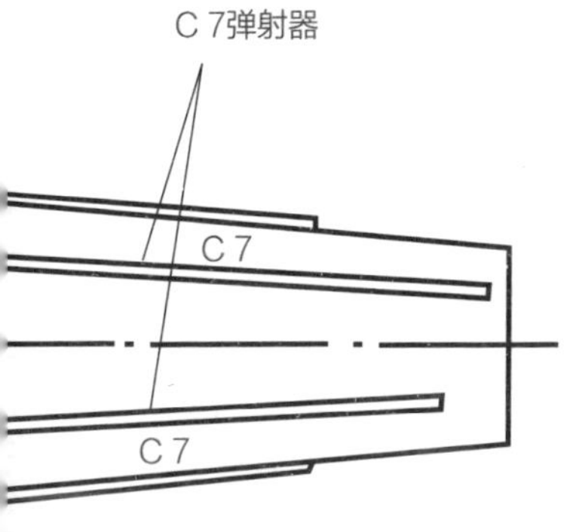

CVA 59 USS Forrestal
（“福莱斯特”号）
(重建舰岛)

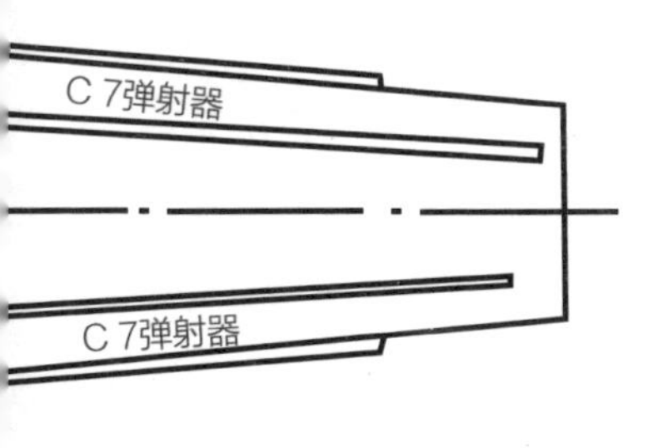

单管5”/54倍口径炮

尽管设计尚不能让人完全满意，但为了不延误既定的造舰计划时程，美国海军还是依照既有的平甲板构型设计方案，在1951年7月12日与纽波特纽斯船厂签订了1号舰“福莱斯特”号（USS Forrestal CVA 59）的建造合约；1952年7月23日，又签订2号舰“萨拉托加”号（USS Saratoga CVA 60）的合约。

平甲板构型的先天缺陷

平甲板构型航空母舰是海军航空派主导下的“航空作业便利性至上”思想的产物。为了不妨碍飞行甲板作业，航空母舰上不能有任何高过飞行甲板的结构物，排烟口必须开在低于飞行甲板的舰体侧面，舰桥也必须采用复杂的升降式，以便在进行飞机起降作业时降到飞行甲板下方，雷达天线应采用升降式设计，或安置在甲板边缘下方的平台上。

但如此一来，也造成了舰桥机能低下[1]、排烟管道的复杂

对页图：“福莱斯特”级航空母舰早期设计，上为小型固定式舰岛，下为采用升降式舰桥的完全平甲板型。海军舰船局同时准备了这两种版本，可看出两者的飞行甲板配置都是源自“合众国”号航空母舰的基本设计，为一种含有4组弹射器与舷侧升降机的改进型直线型甲板构型，在舰艏飞行甲板设有2组高功率的C 7弹射器，两舷外张的弹射用甲板则各配有1组功率较小的C 10弹射器，并沿着左、右舷与舰艉配备4部舷侧升降机。但两种版本的舷侧弹射甲板与升降机配置稍有不同，固定式舰桥版的右舷弹射甲板与升降机都略向后挪，并且右舷只设有1套升降机；升降式舰桥版的右舷弹射甲板则与左舷对称，同时改在右舷配备2组升降机。（美国海军图片）

[1] 考虑到举升机构的负担，升降式舰桥允许的尺寸相当小，容积有限，能搭载的配备与整体管制能力均远不如大型固定式舰岛。

CVA 59 USS Forrestal（“福莱斯特”号）合约设计

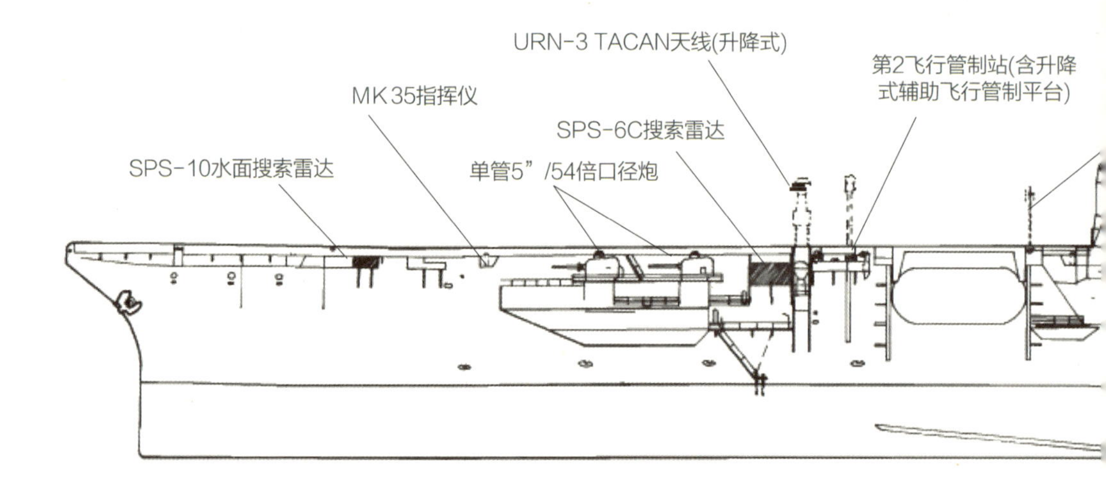

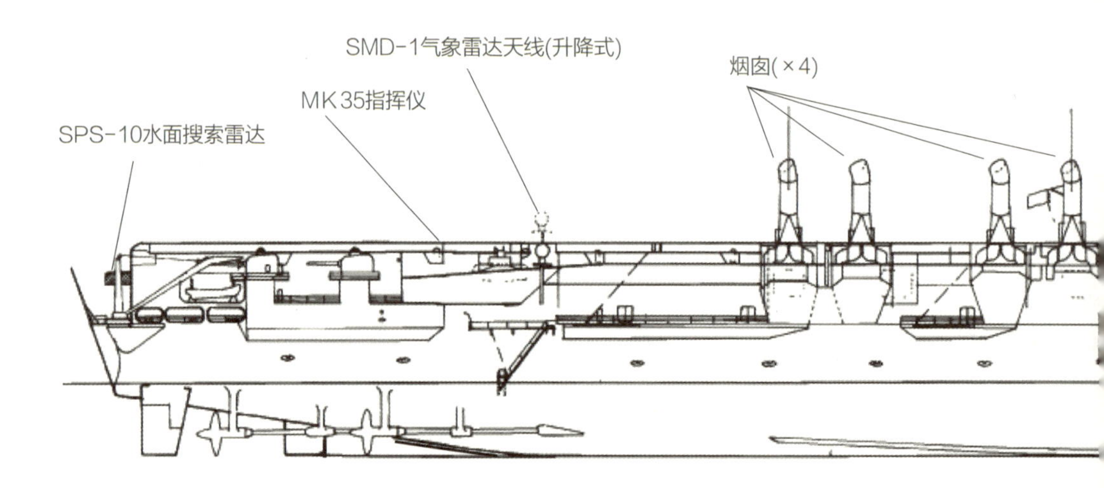

本页图：1951年中发出的“福莱斯特”级航空母舰合约设计，上为左舷侧视图，下为右舷侧视图。为了不妨碍飞行甲板作业，舰桥与许多天线都采用升降式设计，但也因为缺乏适于布置天线的舰岛结构，电子系统天线被迫散布在甲板边缘配置，这对电子系统天线布置来说十分不利，甲板角落位置难以涵盖全周方位，高度也不足，以致限制了天线视野，导致“福莱斯特”级航空母舰必须配备多部搜索雷达才能完成全周覆盖，如SPS-6C对空搜索雷达与SPS-10水面搜索雷达都各配备了3套，3套雷达协同形成涵盖360°的全周雷达图像。

＊升降式舰桥升起时可兼具操舰管制功能。（美国海军图片）

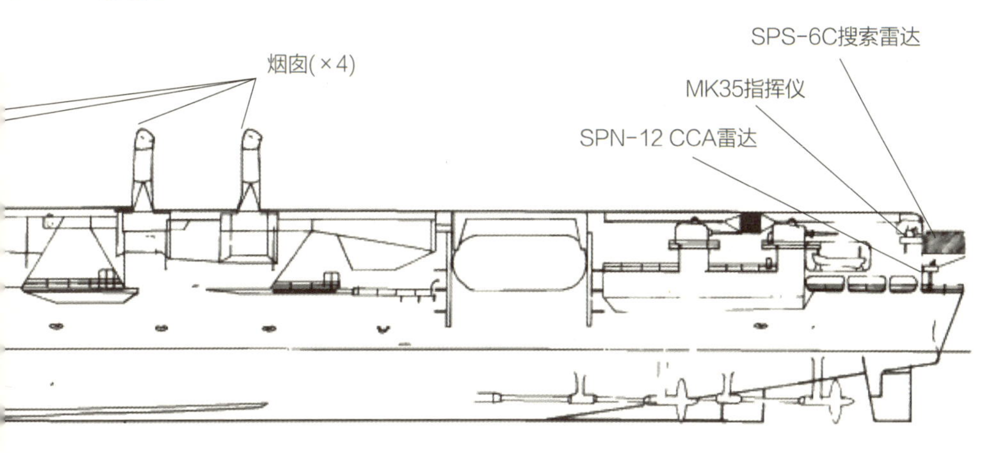
URD-3A测向机
烟囱(×4)
SPS-6C搜索雷达
MK35指挥仪
SPN-12 CCA雷达

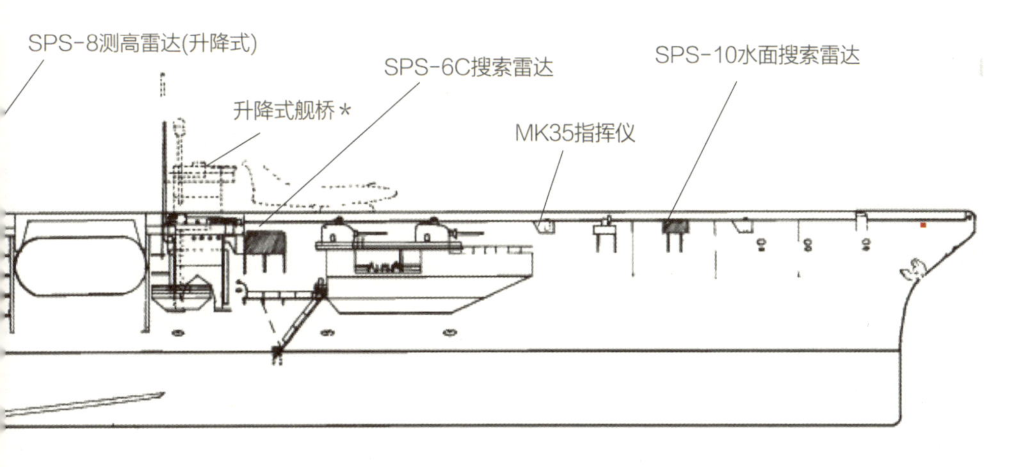
PN-8与SPN-6 CCA雷达的升降平台
SPS-8测高雷达(升降式)
SPS-6C搜索雷达
SPS-10水面搜索雷达
升降式舰桥＊
MK35指挥仪

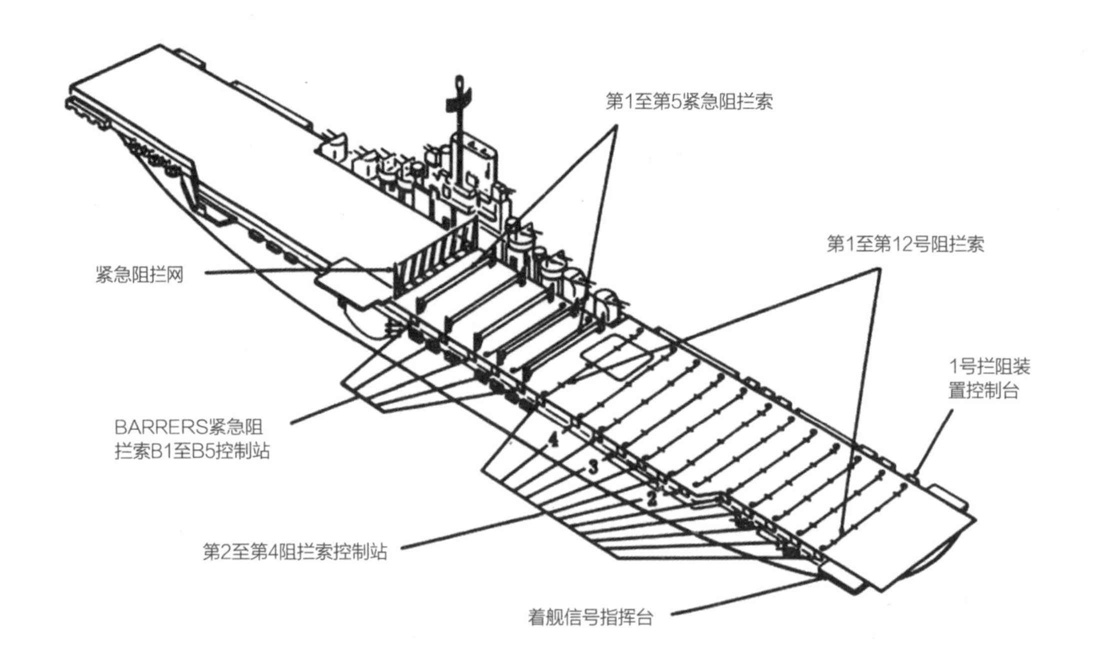

上图：典型的轴向式飞行甲板航空母舰拦阻机构布局。直线型甲板航空母舰是通过飞行甲板中、后段设置拦阻索来让着舰飞机能制动停止，加上拦阻网作为备援。但由于降落飞机沿着飞行甲板中心线滑行，除非净空舰艏甲板，否则拦阻失败的飞机便会一头撞上停放于舰艏甲板的其他舰载机。所以直线型甲板无法容许降落拦阻失败，一旦没有拦阻成功，就没有重来的余地，只能通过尽可能设置多套拦阻索与拦阻网的方式，希望多少提高拦阻成功率。以图中的“埃塞克斯”级航空母舰来说，便设置了多达12条拦阻索与5套拦阻网，整个配置显得相当累赘、缺乏效率。（美国海军图片）

化，以及电子设备天线布置困难等一连串问题。一些被安置在甲板边缘的雷达天线，因安装高度不足导致视野欠佳，必须沿着甲板四周配备多部雷达，通过多部雷达协同运作才能实现完整的360°覆盖。如早期的“福莱斯特”级航空母舰设计中，各配备了3套SPS-6C对空搜索与SPS-10水面搜索雷达，既累赘又耗费成本。相较下，若有大型舰岛的话，则只需在舰岛高处、视野良好之处配备1部搜索雷达，就能完成全周涵盖。

幸运的是，英国发明的斜角甲板（Angle Deck），让美国海军获得解决前述问题的手段。

传统直线型甲板的问题

促使战后航空母舰设计彻底转型，并让在航空母舰上操作高性能喷气式飞机成为可能的三大发明是斜角甲板、蒸汽弹射器、镜式光学着舰引导系统。它们均源自英国，但让这些新发明充分发挥效能的却是美国海军。

斜角甲板的原理其实很简单。在传统的直线型航空母舰飞行甲板上，降落的飞机是朝着飞行甲板的中心线下降，着舰路径将会通过飞行甲板前方，完全依靠设置在飞行甲板中后段的制动拦阻索（Arresting Wires）与拦阻网（或称安全栅栏），从而让着舰滑跑中的飞机停止。

问题在于，一旦着舰飞机穿过拦阻索与拦阻网的拦阻，就会撞上停放于飞行甲板前端的其他飞机，从而引起事故，并无可避免地造成飞行甲板作业的中止。

理论上，在拦阻索与拦阻网能充分发挥作用的前提下，直线型飞行甲板可让舰艏的弹射起飞作业与舰艉的降落着舰作业同时进行。但实际上由于飞行甲板长度不足，前端起飞区与后端着舰区之间的距离过短，难以同时执行起飞与着舰作业。

螺旋桨战机与第一代喷气舰载机着舰进场速度对比

机型	进场速度(节)
F4U	82~87
F8F	85
F2H	100~110
F9F-4	100~110
F9F-6	108~119
FJ-3	111~126
F7U	110~135
F4D	130
F5D	135~145
A3D	119

不过对于“合众国”号航空母舰与“福莱斯特”级这种满载8万吨级的舰型来说，由于两舷设置了外张的大型弹射专用甲板，加上长度超过1000英尺（305米）的广阔飞行甲板，相当程度上隔离了弹射区与降落区（两个区域间隔有长达150英尺以上的缓冲区），让同时进行弹射起飞与降落着舰成为可能。

由于舰载机在20世纪50年代初期已经开始进入喷气时代，喷气式飞机的降落进场速度（Approach Speed）远高于螺旋桨飞机[1]，拦阻失败概率随之增加许多。考虑到安全性，当舰艉有飞机着舰时，最好还是保持舰艏区域净空，以免拦阻失败时发生碰撞事故，这严重降低了飞行甲板的作业效率。

斜角甲板的效益

对拥有斜角甲板的航空母舰来说，由于着舰区是以一定角度朝向左舷外侧，降落飞机的着舰路径，将会逐渐远离位于右舷的舰岛，也会逐渐远离位于舰体中心线上的舰艏停放区与弹射区。即使降落飞机未能成功拦阻制动，也可直接从左舷外张甲板上拉起、飞离航空母舰，进行“触舰复飞”（Touch and Go），而无撞上舰艏位置的其他飞机的危险。

如此一来，位于飞行甲板右舷边缘的舰岛结构，不但不会影响降落作业安全，还可将排烟管道与烟囱一并整合到舰岛结构中，从而在不损及航空作业能力的情况下，解决主机排烟问题，另外众多雷达电子设备的天线，也有了舰岛这个视野良好的安装位置可用。此外，在右舷外张结构上设置舰岛所增加的重量，恰好可与设置斜角甲板、左舷外张甲板所增加的重量相平衡。

斜角甲板的概念，最早在1951年8月9日英国贝德福德（Bedford）皇家飞机研究所（RAE）一次会议中，由航空部的海军副代表坎贝尔（Dennis Cambell）上校提出，当时与会

---

[1] 如美国海军最后一款螺旋桨舰载战机F8F“熊猫”着舰进场速度只有85节，半岛战事中仍大量使用的F4U“海盗”着舰进场速度只有82节至87节。而第一代喷气舰载战机——采用直线翼的F9F-4“豹”式着舰进场速度便提高到100节至110节，F2H“女妖”也在110节左右，后来采用后掠翼或三角翼的新机型，进场速度更进一步增加，如F9F“豹”式的后掠翼衍生型F9F-6就增加到108节至119节，同为后掠翼的FJ-3进场速度为111节至126节，F7U“短剑”式（Cutlass）为110节至135节，采用三角翼的机型如F4D“天虹”更高达130节（理想情况下可降到120节），而由F4D“天虹”放大的F5D“空中枪骑兵”（Skylancer）进场速度更是惊人的135节至145节。在轰炸机方面，第一种舰载喷气轰炸机A3D-1/2最大着舰重量下的进场速度也有119节，不过相较于日后发展的机型，这已是极为优秀的数字，美国后来发展的喷气动力舰载机中，只有S-3A能把进场速度压在120节以下（116节），其余大都在129节至140节之间。

者们正在讨论如何在“老鹰”号与“皇家方舟”号（HMS Ark Royal）2艘新航空母舰的甲板上操作重达3万磅（13.6吨）的新型喷气舰载机问题。

在此之前，英国皇家海军为应对喷气式飞机操作问题，已发展了使用无起落架飞机，搭配设有橡胶衬垫（Rubber Mat）弹性飞行甲板的新型舰载机着舰机构，虽然这种“弹性甲板”概念取得了一定成果，但问题也相当多，不适用于更大、更重的机型，而坎贝尔的斜角甲板概念，则提供了一种适用性更广、优点更多的新选择。

鉴于斜角甲板概念的明显优点，皇家海军迫不及待地立即将“凯旋”号航空母舰改为斜角甲板试验舰，在飞行甲板上漆上10°夹角的斜角着舰区，从1952年2月起展开一连串落地重飞试验。美国海军很快注意到这项新发明，随后在“中途岛”号航空母舰上进行类似的测试。不过这2艘航空母舰都只是在原来的直线型甲板中、后段，漆上斜角着舰区而已，拦阻索与拦阻网都还是在原先的直线型甲板位置，并不是真正的斜角甲板航空母舰。

为进一步验证斜角甲板的效益，美国海军在1952年9月至12月间，在未被列入现代化工程计划的“埃塞克斯”级航空母舰“安提坦”号（USS Antietam CV 36）上，增设了左舷外张构造，并为其安装了真正的斜角甲板（夹角为8°），并很快在后续试验中证明了斜角甲板的优越性。

修改“福莱斯特”级航空母舰设计

鉴于斜角甲板展现的成效，海军舰船局马上就在1953年1月向海军作战部部长费克特勒建议，在1955财年建造1艘采用斜角甲板与固定舰岛的新航空母舰。不过费克特勒认为，在此之前的年度预算中，海军已经获得建造3艘“福莱斯特”级航空母舰的授权，且已签订头2艘的建造合约，若继续执行原来的建造计划，意味着海军将会依照已经过时的飞行甲板设计来建造新

右图与对页图：喷气式飞机的降落进场速度远高于螺旋桨飞机，降落在航空母舰时通过拦阻索制动停止的难度也随之大幅增加。对传统直线型飞行甲板航空母舰来说，万一飞机尾钩没钩到拦阻索，就只能依靠安全栅栏强制让飞机停止。但安全栅栏无法保证一定能让飞机停下，为降低附带损伤概率，当舰艉要进行着舰作业时，最好将舰艏位置的其他飞机全部清空，以免安全栅栏拦阻失败后发生碰撞事故。上为半岛战事时1架降落在“奥里斯坎尼”号航空母舰（USS Oriskany CV 34）上的F9F“豹”式战机，该机尾钩已成功钩到甲板上的拦阻索；下为半岛战事时1架降落到“张伯伦湖”号航空母舰（USS Lake Champlain CV 39）上的F9F-2“豹”式战机，由于没钩到拦阻索，最后依靠安全栅栏才让它停下。另外特别值得一提的是，经过多次惨痛教训后，美国海军为应对拦阻喷气式飞机的需求，重新设计了航空母舰甲板上的安全栅栏。早期的安全栅栏是为了拦阻螺旋桨飞机而设计的，直接用在喷气式飞机上时，网绳往往会滑过喷气式飞机尖锐平滑的机头进入座舱内，从而造成飞行员重伤甚至死亡。（美国海军图片）

航空母舰，这显然是不合理的。

于是费克特勒在1953年5月4日下达指示，要求修改“福莱斯特”级航空母舰设计，引进新的斜角甲板。紧接着大西洋舰队航空部队指挥官也提出建议，希望替“福莱斯特”级航空母舰配上1个含有烟囱的完整功能舰岛，于是海军舰船局接下来便同时开始原先采用的平甲板构型与增设舰岛2种构型的设计作业。

由于纽波特纽斯船厂已经展开2艘“福莱斯特”级航空母舰头的建造工程[1]，在不造成工程延迟的情况下，只允许对设计方案作小幅度的重新配置（如更改升降机位置等），若要将原先复杂的升降式舰岛更换为带有烟囱的固定式舰岛，预计要额外花费200万美元经费。

全新飞行甲板配置

经过半年的重新设计后，海军舰船局于1953年10月7日发出修改后的“福莱斯特”级航空母舰设计方案，选择了代号Scheme 34、10.5°斜角甲板的全新飞行甲板布置。

[1] “福莱斯特”号航空母舰于1952年7月14日安放龙骨，2号舰“萨拉托加”号航空母舰于1952年12月16日安放龙骨。

“福莱斯特”级航空母舰的新设计与原始设计存在许多差异，由于新的飞行甲板构型在右舷形成一块大面积停放空间，即斜角甲板与舰艏弹射区之间的三角形区域。这个三角形区域是甲板调度作业的关键区域，可在不影响斜角甲板降落区与舰艏弹射区的情形下，移动与停放飞机。这也说明了右舷升降机的重要性，于是位于左舷后方的1部升降机被挪到右舷，左舷只剩1部位于大型外张结构前端的升降机。原先设置在舰艉中央的升降机被设于右舷的第3部升降机替代。

新增的舰岛被设置在右舷靠近舰身中部之处，舰岛前方有1部升降机，后方则有2部升降机，但这样的配置并不尽理想——飞行甲板调度作业中最重要的右舷三角停放区域大部分都在舰岛前方，所以应该把舰岛挪后一些，在舰岛前方配备2部升降机比较合理。但飞机升降机、弹药升降机与指挥管制舱室

本页图：斜角甲板是二战后航空母舰技术最重要的发明之一，其效益从这2张“埃塞克斯”级航空母舰照片的对比便可清楚看出，上为仍维持直线型甲板的“奥里斯坎尼”号，下为改装了斜角甲板的“汉考克”号（USS Hancock CV 19）。上面这张图片中，若着舰中的这架F2H“女妖”战机没有成功通过拦阻索或拦阻网制动停止，就会一头撞上前端甲板停放的其他飞机。为确保安全，当要进行降落作业时，甲板最好清空，但这也严重制约了飞行甲板的运作效率；而下方图片中，当改用斜角甲板来回收着舰飞机后，即使飞机没有钩到拦阻索，也可直接从斜角甲板前端拉起飞离母舰，舰艏与甲板右舷仍能停放飞机或进行其他作业，而不会妨碍到降落作业。（美国海军图片）

等机构的配置，都与舰体内部结构密切相关，对开工后才临时导入斜角甲板与固定舰桥的“福莱斯特”级航空母舰来说，不可能完全更改甲板配置，舰岛只能迁就放在这个不太理想的位置上。

除此之外，舰艏左舷的重型弹射器向前挪了20英尺，以便将左舷升降机的位置前移，以腾出后方的着舰区。原先右舷的战斗机用弹射器则改置于左舷外张甲板上，但这个位置会与原本设于左舷外张甲板上的另1组弹射器形成干扰，左舷外张甲板的这2组弹射器的弹射轨道角度彼此相交，虽然可以同时让2架飞机就位待射，但2组弹射器不能同时射出飞机，必须以一定的时间间隔依序让飞机射出。

“福莱斯特”级航空母舰以飞行甲板为强力甲板，不允许弹射器的沟槽与舰体中心线形成太大夹角，以免影响到甲板强度，所以左舷2组弹射器互相干扰的问题无法通过调整弹射器安装角度的方式来解决。于是失去4组弹射器的同时弹射能力，便成为“福莱斯特”级航空母舰引进斜角甲板后在甲板作业能力上的缺陷（不过实际上影响不大）。

新的飞行甲板虽与平甲板构型一样都有两舷大型外张结构，但形状大不相同。特别是右舷外张结构，从较简单的外张支撑构造，改为从上往下包覆了悬臂结构，其内可提供额外舱室以及往返各层甲板的通道。

“福莱斯特”级航空母舰沿用了“合众国”号航空母舰的机库配置，机库分为前、中、后3个大隔间（Hanger Bay），搭配3个舷侧开口与1个舰艉开口，每个开口均设有1部飞机升降

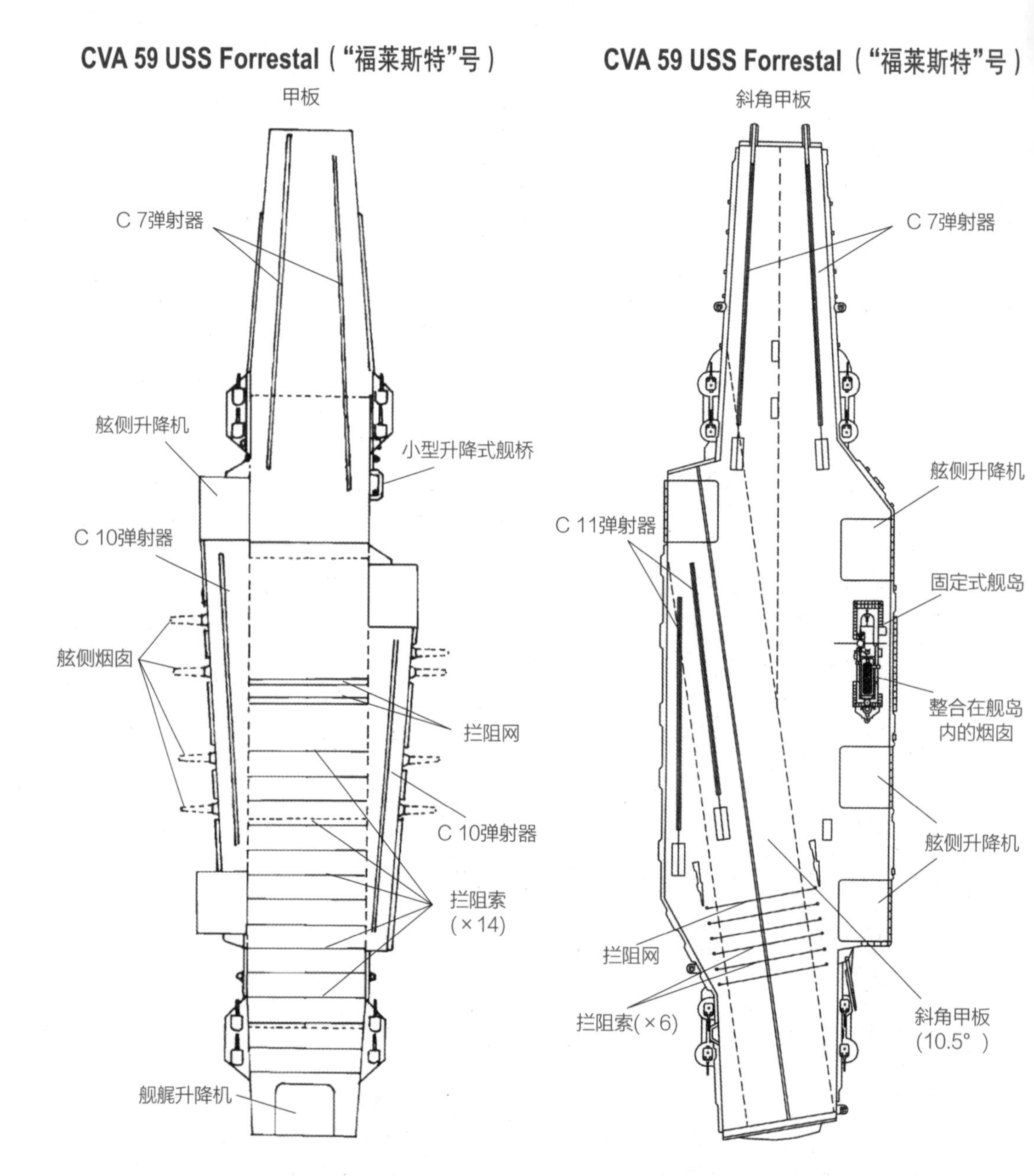

本页图：“福莱斯特”级航空母舰原始设计（左）与1953年10月修正后的设计（右）对比。除引进10.5°夹角的斜角甲板外，还增设大型固定式舰岛，修改了两舷外张结构的构型，另外升降机与弹射器位置，以及着舰拦阻设备的配置亦有所更动。（美国海军图片）

机，前、中、后3个机库区段都至少各有1部飞机升降机与之配合，确保飞机进出机库的便利性。在调整后的新设计中，将机库开口改为4个舷侧开口，每个机库开口搭配1部舷侧升降机，左舷有1部，另外3部都位于右舷，如此可让右舷的升降机作业，足以应对舰载机降落作业。

另外，新的甲板布置增加了舰体内部可用空间：①有了斜角甲板后，着舰作业安全性大幅提高，无须安装过多的拦阻索（从十余条减为6条，后来又减为四五条），减少了拦阻索的占用空间；②整合在舰岛内的烟囱构造，简化了舰体内的排烟管道布置；③一些原本设在回廊式甲板上的电子设备舱室，被挪到舰岛内，从而减少空间的占用；④新设计把舰艉升降机改设于舷侧，增加了机库甲板尾部的可用面积。

1954年1月的一份设计报告指出，修改后的“福莱斯特”级航空母舰可提供更大可用空间，能在不降低居住性标准的前提下，增加28%的乘员搭载数量。

引进蒸汽弹射器

在更改“福莱斯特”级航空母舰飞行甲板设计的同时，原

下图：“福莱斯特”号航空母舰舰体中段截面剖图。改用新的飞行甲板布置后，“福莱斯特”号航空母舰的右舷外张结构，也从较简单的外张支撑构造改为从上往下包覆了从飞行甲板、回廊式甲板到机库甲板，且向后延伸到舰岛下方，最后到达舰艉的悬臂结构，其内可提供额外舱室空间以及往返各层甲板的通道。（美国海军图片）

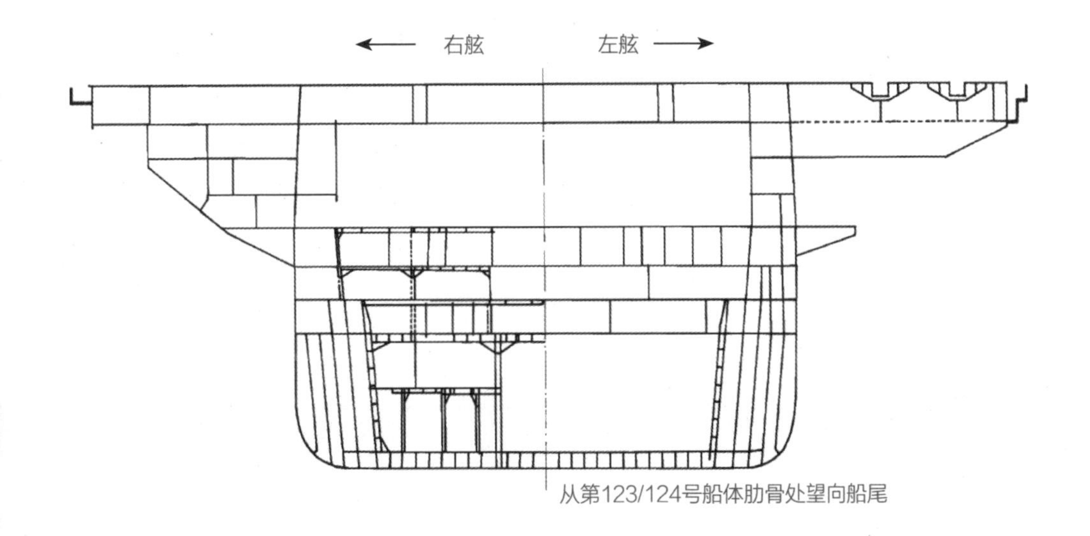

对页图：英国皇家海军“巨人”级（Colossus Class）航空母舰“英仙座”号，是第一艘安装蒸汽弹射器的航空母舰，该舰在1950年的大修中安装了1套BSX-1蒸汽弹射器，随后展开了蒸汽弹射测试。该舰先从空负荷弹射试验开始，1951年中开始弹射有人驾驶飞机，共累积了1560次弹射的经验。这系列试验也吸引了美国海军注意，特别邀请该舰前往美国，于1951年底到1952年初在美国东岸进行了一连串成功的展示，随后美国便决定引进蒸汽弹射器。这张1951年7月拍摄的“英仙座”号照片中，可见到蒸汽弹射器安装在飞行甲板上方、从前端左舷向后一直延伸到舰岛后端的突起平台内，不像后来的航空母舰那样把弹射器“埋入”飞行甲板内。（英国国防部图片）

本“福莱斯特”级航空母舰计划使用的火药推进弹射器（C 7与较轻的C 10）被英国设计的蒸汽弹射器替换［即新版本的C 7与C 11，其中C 11实际上就是英国从1950年8月起在“英仙座”号（HMS Perseus）航空母舰上测试的BSX-1弹射器量产型］。

皇家海军在“英仙座”号上进行的蒸汽弹射器试验吸引了美国海军注意，于是该舰便于1951年12月到1952年2月间前往美国，先后在费城海军船厂与东岸外海向美国海军展示蒸汽弹射器的运作与性能，利用来自“格林”号驱逐舰（USS Greene DD 266）的高压蒸汽，搭配来自英美两国海军的飞机进行了127次弹射。

当时由于开槽汽缸式火药弹射器的发展遭遇了重大困难，而蒸汽弹射器的适时出现解决了这一难题，美国海军立即决定为“福莱斯特”级航空母舰改用蒸汽弹射器。

改用蒸汽弹射器后可节省原先准备携带的400吨弹射用火药。另外，由于弹射器直接使用主机锅炉的蒸汽，若长时间进行弹射作业会影响到动力系统的输出功率以致降低航速；并且改用蒸汽弹射后航空母舰会增加补充大量淡水的需求。

新舰岛的效益

“福莱斯特”级航空母舰改用新设计所带来的一项重要效益，是随着新设固定式舰岛而改善了烟囱与电子设备天线的布置，以及提高了操舰指挥的效率。

“福莱斯特”级航空母舰的新舰岛是设置在右舷外张甲板的边缘，因此不会干扰飞机起降与飞行甲板调度作业的运作动线，并为烟囱、电子设备天线与舰桥提供便利。

（1）调整后的新设计利用整合在舰岛内的单一烟囱，来统一导引所有主机的排烟，布置比采用8根舷侧烟囱更有效率，而且烟囱较高，对航空作业造成的气流干扰更小。

（2）新设计也显著改善了电子设备的运作效率，“福莱斯特”级航空母舰新设的固定式舰岛结构，为雷达与无线电天

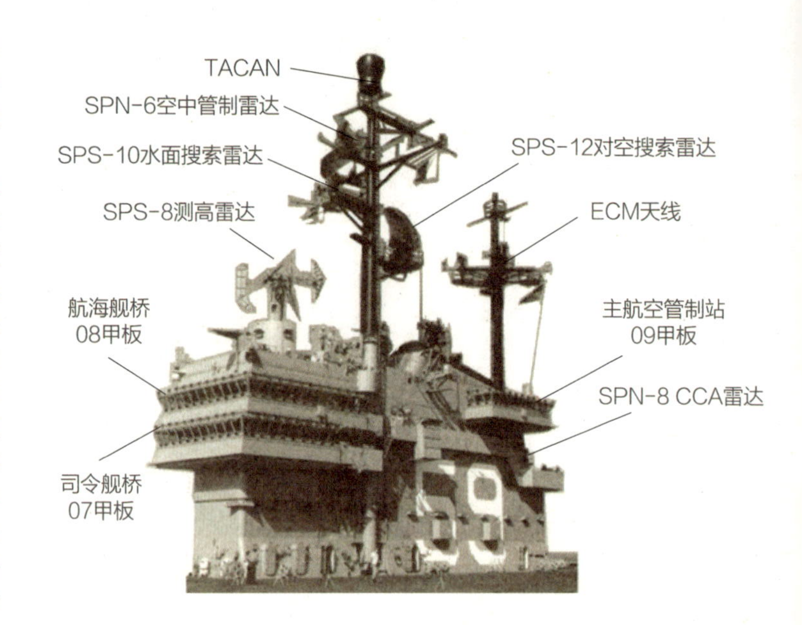

右图：1953年10月确认的福莱斯特修改方案，引进了斜角甲板概念，同时也在右舷外张甲板增设了一座舰岛。采用斜角甲板后，舰岛不但不再会对甲板作业构成妨碍，还可提供更为完整、便利的管制机能，也为众多电子设备天线提供了理想的配置场所。将烟囱一并整合到舰岛结构内有效解决了排烟问题。图为1959年9月在纽波特纽斯船厂拍摄的“福莱斯特”号舰岛，可见到舰岛上安装了各式各样的电子设备天线，并设置了拥有良好视野的航空管制、操舰航行与战斗群指挥用舰桥设施。（纽波特纽斯船厂图片）

线提供了更理想的安装位置。舰岛前端顶部容纳了1套大型的SPS-8测高雷达；主桅上方安装了1套SPS-12雷达、1套SPN-6空中交通管制雷达，主桅顶端安装了战术空中导航系统（Tactical Air Navigation, TACAN）天线；位于烟囱后方的第二主桅安装有电子反制（ECM）天线；舰岛末端顶部则有1套SPN-8精确飞机管制雷达。前、后2支主桅都可向舷内倾倒折收，以便能通过桥面高度135英尺（41米）的纽约布鲁克林大桥（这是当时美国海军军舰的一项标准需求）。

另一方面，比起早期平甲板构型时代采用的、仅有操舰导航用途的小型升降式舰岛（飞机起降时舰岛会降下，所以没有航空管制用途），新的固定式舰岛也有充分空间容纳更完整的舰桥设施，“福莱斯特”级航空母舰在新舰岛的前、后端一共设置了3座舰桥，以供航空管制、操舰航行与战斗群旗舰指挥使用。舰桥视野远优于以前的小型升降式舰岛——小型升降式舰岛的舰桥高度只位于第六层甲板，而新舰岛上的3座舰桥分别位于第九层、第八层和第七层甲板。

其余设计更动

“福莱斯特”级航空母舰的许多细节有所修正。

（1）舰艏左右两侧安置5英寸口径炮的外张平台构造，下降了一层甲板，以便为炮弹弹药举升机构提供更合适的空间，不过，较低的火炮平台在恶劣天气下将激起浪花，可能会造成航行减速问题。

（2）航空军械承载量也被改为1660吨传统弹药和165吨的核武器。原弹药承载量则是2000吨，但其中有400吨是弹射用火药。在1951年至1954年间，美

下图：交付给美国海军刚满1年后，为了应对苏伊士危机的爆发，“福莱斯特”号航空母舰在1956年10月底搭载着首支A3D“空中战士”重型轰炸机中队VAH-1，赶赴东大西洋展开第一次实战部署，初次展现了超级航空母舰的威慑与弹性部署能力。图片为1956年11月16日前往亚速群岛途上，隶属第26特遣舰队的“福莱斯特”号航空母舰，与“迪蒙”号重巡洋舰（USS Des Moines CA 134）、“赛文”号油船（USS Severn AO 61）并排航行的情形。（美国海军图片）

CVA 59 USS Forrestal（“福莱斯特”号）1956年

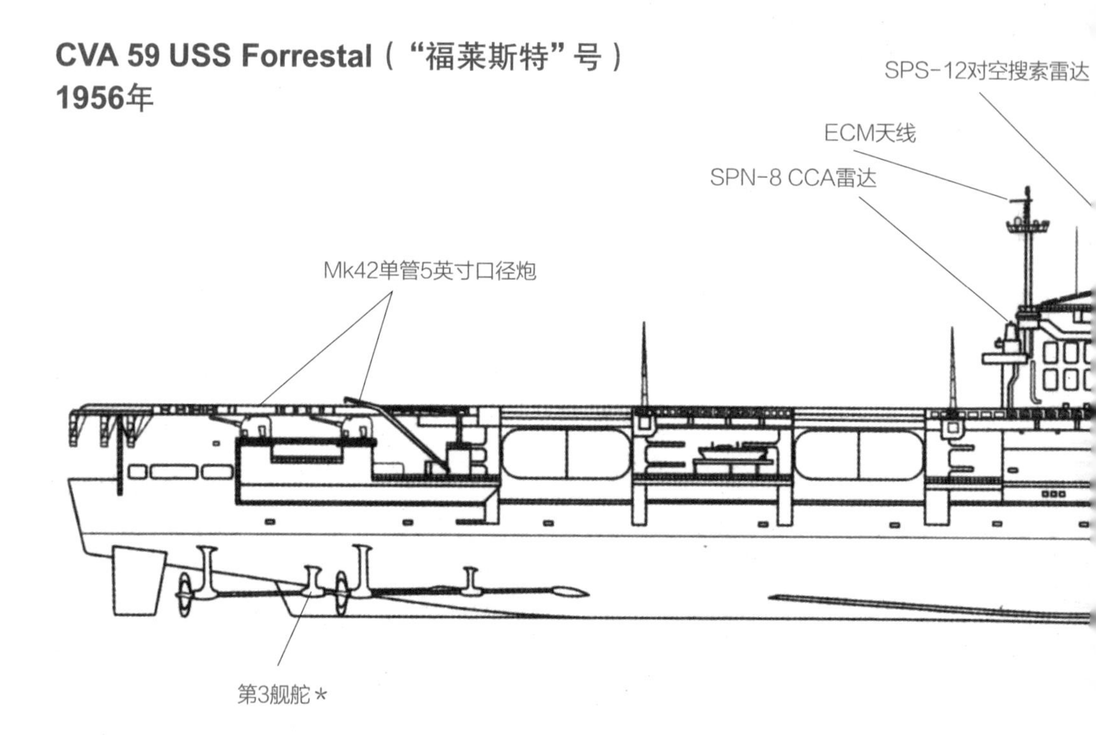

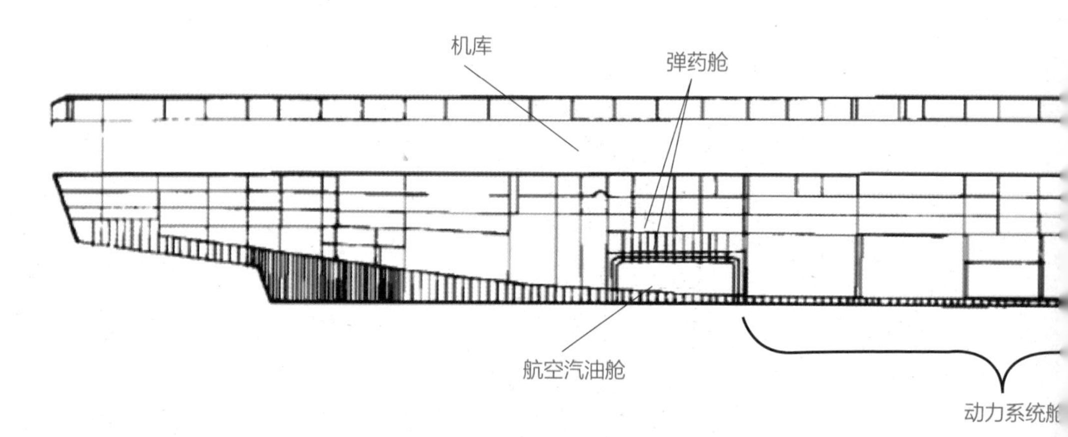

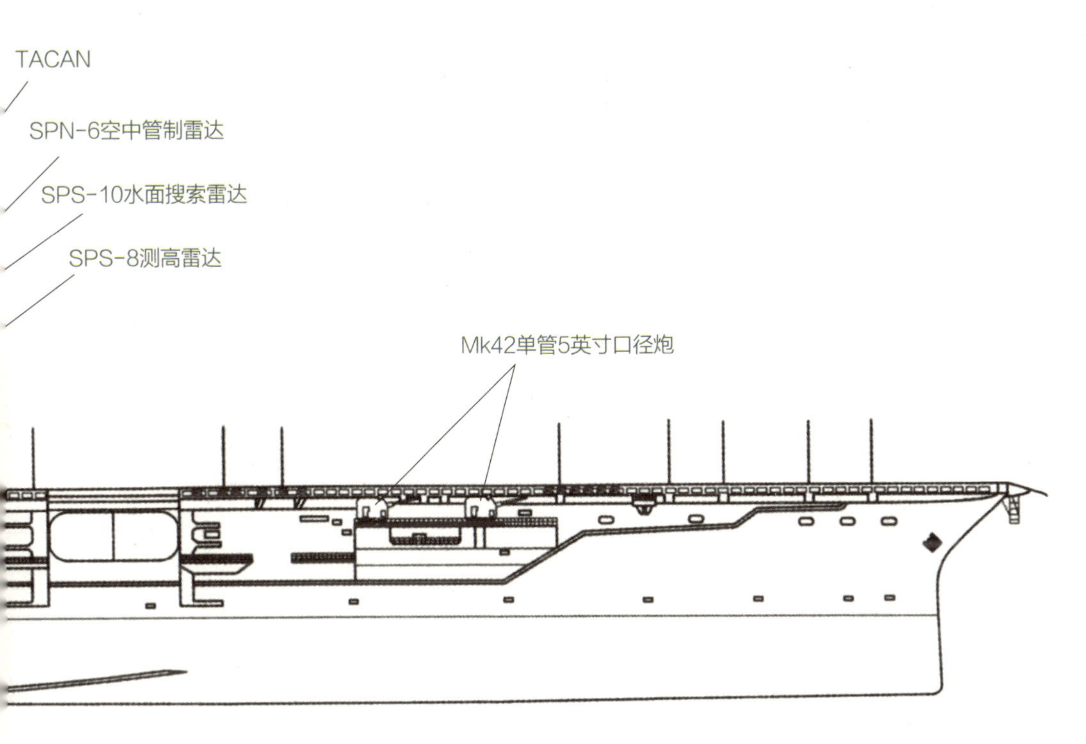

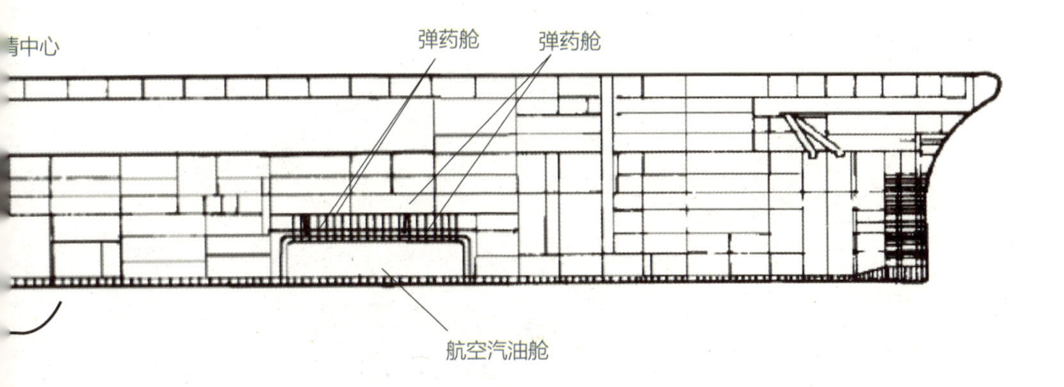

本页图：“福莱斯特”号航空母舰侧视图。这是1956年时的状态，舰岛电子配备是最初的配置。注：只有“福莱斯特”级首舰“福莱斯特”号与2号舰“萨拉托加”号，在龙骨末端延长段设有第3舰舵，3号舰“突击者”号与4号舰“独立”号均取消了第3舰舵。不过即使在“福莱斯特”号与“萨拉托加”号航空母舰上，也未实际使用过第3舰舵，第3舰舵基本上被焊死。（知书房档案）

国海军对于新航空母舰的航空军械需求设定一直有所更改，考虑到导弹的可靠性将逐渐提高，通过发展AIM-7“麻雀”（Sparrow）导弹，可使舰队防空能力提高4倍，因而可减少传统弹药的承载量。20毫米机炮弹药承载量被削减了一半，非折叠尾翼式航空火箭弹（Folding-Fin Aerial Rocket, FFAR）与高性能空对地（High Performance Air-to-Ground, HPAG）无导引火箭承载量减少了30%。

（3）在航空燃料承载量方面，则定为75万加仑的航空汽油和78.9万加仑的JP-5航空燃油，合计153.9万加仑的总容量，

下图：“福莱斯特”号航空母舰的服役，完成以“超级航空母舰”搭配“远程舰载核轰炸机”、建立独立的海上战略打击能力的宏愿。（美国海军图片）

较早期设计高出1倍。

（4）由于“福莱斯特”号首舰的建造日期十分急迫，所以主机的蒸汽作业条件仍是按照二战时期的标准设计（每平方英寸600磅与华氏850度的蒸汽），以便减少关键耐热材料的耗用，这造成该舰主机输出功率被限制在26万轴马力，并迫使海军航空局修改蒸汽弹射器设计，以配合“福莱斯特”号航空母舰的主机运作。

超级航空母舰诞生

海军舰船局在1953年10月发出修正设计后，纽波特纽斯船厂随即按照新的设计，为已在船台上开工建造了13个月的“福莱斯特”号航空母舰重新施工，14个月后的1954年12月11日，由前国防部部长福莱斯特遗孀约瑟芬·福莱斯特（Josephine Forrestal）亲临主持了“福莱斯特”号航空母舰下水仪式，接下来经过近10个月的舾装工程后，海军于1955年9月29日正式接收了“福莱斯特”号航空母舰，随后于10月1日宣布该舰正式服役。

稍后“福莱斯特”号航空母舰于加勒比海完成首次航海训练，于1956年4月2日返回母港诺福克搭载了首支配备A3D舰载轰炸机的重型轰炸机中队VAH-1，并于同年10月完成了这支A3D单位的航空母舰运用认证（CQ）。由于1956年10月30日爆发了苏伊士运河危机，“福莱斯特”号便立即带着配属了VAH-1中队的CVG-1舰载机大队，前往东大西洋展开为期一个月的首次实战部署。而这也让美国海军从20世纪40年代后期开始的以“超级航空母舰”搭配“远程舰载核轰炸机”、建立海上战略打击能力的设想，终于进入实用化阶段。

第2部

承先启后的“小鹰”级

新需求与新设计——从“福莱斯特”级航空母舰到“小鹰”级航空母舰

1955年10月1日服役的“福莱斯特”号（USS Forrestal CVA 59）航空母舰，缔造了航空母舰发展史上许多的纪录，包括：二战后第一艘全新设计与建造完工的航空母舰，美国海军第一艘满载排水量超过7万吨的超级航空母舰，第一艘在设计建造阶段同时纳入斜角甲板、蒸汽弹射器与镜式光学着舰引导系统等新发明，专门对应操作喷气舰载机需求的航空母舰，第一艘配备A3D“空中战士”重型舰载轰炸机、拥有实用化核打击能力的航空母舰等。

按照美国海军当时的规划，美国海军将建造12艘这样的超级航空母舰，还预定引进核动力系统，同时还向美国国会申请1952—1958年每个财政年度各建造1艘超级航空母舰的拨款（共7艘）。

上图：斜角甲板与庞大的飞行甲板使“福莱斯特”号的飞行作业安全性较过去的航空母舰大为提高，事故率大约只有“埃塞克斯”级航空母舰的一半。（美国海军图片）

“福莱斯特”级航空母舰的得与失——空前性能与先天局限

“福莱斯特”号航空母舰给人的第一印象便是“大”，除了二战时短暂存在的日本海军“信浓”号航空母舰以外，“福莱斯特”号航空母舰是当时世界上最大型的航空母舰[1]。不过“福莱斯特”号航空母舰的设计其实略小于1949年开工5天便被取消的“合众国”号航空母舰。“福莱斯特”号航空母舰最初的设计来自“合众国”号航空母舰，采用相似的平甲板构型，飞行甲板为强化起飞能力的改良型直线式设计，设有1座小型升降式舰岛，预定分别在舰艏甲板与两舷外张甲板配备4条火药推进式弹射器，并搭配3座舷侧与1座舰艉飞机升降机。

但是当“福莱斯特”号航空母舰开工13个月后，美国海军在1953年10月大幅修正了“福莱斯特”号航空母舰的设计，引进了10.5°的斜角甲板、蒸汽弹射器与镜式光学着舰引导系统，并增设1座整合了烟囱的大型舰岛。这些新设计不仅彻底改变了“福莱斯特”号航空母舰的外貌，也赋予了该舰更高的甲板作业效率。

“福莱斯特”号航空母舰的空前性能

“福莱斯特”号航空母舰有4组蒸汽弹射器——2组安装在舰艏，2组安装在斜角甲板前端。“福莱斯特”号航空母舰可

[1] “信浓”号航空母舰的标准排水量略大于“福莱斯特”号航空母舰，但“福莱斯特”号航空母舰的满载排水量与舰体尺寸均大于“信浓”号。

在60秒内弹射出8架飞机，理论上4分钟内可弹射32架[1]。当时的喷气式飞机相当耗油，提高弹射起飞速率是航空母舰操作喷气舰载机不可或缺的要求，这样可使舰载机尽快升空、完成编队，以免较早起飞的飞机等待过久而耗去过多燃油，从而造成编组执勤的麻烦。

上图：凭借着4套高性能的蒸汽弹射器，“福莱斯特”级航空母舰可在60秒内弹射出8架飞机，理论上4分钟内可弹射32架飞机，起飞出勤能力在当时是空前的。照片为2架F3H恶魔（Demon）战斗机从“福莱斯特”级2号舰“萨拉托加”号上同时弹射起飞的情形。（知书房档案）

“福莱斯特”号航空母舰的搭载能力与之前的“埃塞克斯”级、“中途岛”级航空母舰相比，“福莱斯特”号航空母舰的飞行甲板面积分别超出65%与90%，机库甲板面积则分别超出14%与37%。混合运用飞行甲板与机库空间，“福莱斯特”号航空母舰可搭载100架喷气舰载机，若换成二战时期的螺旋桨舰载机，甚至能搭载200架。

更重要的是，“福莱斯特”号航空母舰的机库高度从二战时期航空母舰标准的17.5英尺（5.33米）提高为25英尺（7.62米），足以满足搭载大型舰载机的需求，包括体型庞大的A3D“空中战士”重型舰载轰炸机。此外，“福莱斯特”号航空母舰的航空燃油承载能力也是空前的，可充分支援耗油的喷气式飞机作业所需。

斜角甲板与庞大的飞行甲板使“福莱斯特”号的飞行作业安全性大为提高，事故率约为“埃塞克斯”级航空母舰的一半。而凭借着庞大的吨位以及封闭式的暴风艏等设计，美国海军估计：即使在挪威海这类海况不佳的海域中，“福莱斯特”

[1] 蒸汽弹射器在设计上允许的最短弹射作业间隔为30秒，理想情况下，每台弹射器每分钟可弹射2架，4台弹射器合计一共可弹射8架，4分钟的话便是32架。不过考虑到飞行甲板调度效率，这样的作业循环速率实际上很难达到，也不能持久维持。

“合众国”号、“福莱斯特”号、“中途岛”级与“埃塞克斯”级航空母舰飞行甲板与机库尺寸对比（单位：英尺）

级别	飞行甲板	机库甲板	机库高度
CVA 58“合众国”号	1034×190	856×113	28
CVA 59“福莱斯特”号	1018×237	740×101	25
CVB 41“中途岛”级	924×113① 977×192② 978×236③	692×95	17.5
CV 9“埃塞克斯”级	862×108④ 861×142⑤	654×70	17.5

注：①“中途岛”级航空母舰原始设计。

②SCB 110现代化工程后的“中途岛”级与“富兰克林·罗斯福”号航空母舰。

③SCB 110A现代化工程后的“珊瑚海”号航空母舰。

④“埃塞克斯”级航空母舰原始设计。

⑤SCB 125现代化工程后的“埃塞克斯”级航空母舰。

号航空母舰仍可一年值勤345天，而“埃塞克斯”级航空母舰一年只能值勤220天。

美国海军部部长托马斯（Charles Thomas）在“福莱斯特”号航空母舰服役仪式上，恰如其分地描述了“福莱斯特”号航空母舰的特性：“包含了最大数量、最多种类的装备、机械与武器，这些在人类历史上从未被结合在一起过……现在这个梦想终于实现了。”

“福莱斯特”号的姊妹舰

基于半岛战事爆发的教训，为抑制其他地区冲突，美国从20世纪50年代重新恢复了航空母舰力量的建设，美国海军不仅得到了建造新型超级航空母舰的许可，也大张旗鼓地展开了既

“合众国”号、“福莱斯特”号、“中途岛”级与“埃塞克斯”级航空母舰的燃料与弹药承载能力对比

级别	舰用燃油	航空燃油	航空军械
CVA 58“合众国”号	11545吨	500000加仑(航空汽油) = 1526吨	2000吨
CVA 59“福莱斯特”号	8607吨	750000加仑(航空汽油) + 789000加仑(JP-5煤油) =4679吨	1650吨(常规) + 150吨(核武)
CVB 41“中途岛”级	10032吨① 8728吨②	332000加仑(航空汽油) = 1042吨① 355600加仑(航空汽油) + 600000加仑(JP-5煤油) = 2931吨②	2167吨① 1889吨②
CV 9“埃塞克斯”级	6330吨③ 4555吨④ 5944吨⑤	231650加仑(航空汽油) ③ 360000加仑(航空汽油) + 473576加仑(JP-5煤油) = 2360吨④	625.5吨③ 944.0吨④

注：①“中途岛”级航空母舰原始设计。
②SCB 110现代化工程后的“中途岛”级航空母舰。
③“埃塞克斯”级航空母舰原始设计。
④SCB 27C现代化工程后的“埃塞克斯”级航空母舰。
⑤改装为反潜航空母舰（CVS）后的“埃塞克斯”级航空母舰。

有“埃塞克斯”级与“中途岛”级航空母舰的现代化工程。

“福莱斯特”号航空母舰服役之时，其3艘姊妹舰已经在建造当中。2号舰“萨拉托加”号的签约时间比“福莱斯特”号航空母舰晚了1年，开工时间晚5个月（1952年12月），接下来在1954年2月与7月签约的“突击者”号（USS Rangers CVA 61）与“独立”号航空母舰（Independence CVA 62），分别在1954年8月与1955年7月开工。其中“萨拉托加”号与“独立”号航空母舰均由纽约海军船厂（New York Naval Shipyard，又称Brooklyn Navy Yard）建造，“福莱斯特”号与“突击者”号航空母舰则由纽波特纽斯船厂建造。

由于4艘航空母舰的建造工程安排得非常密集，“突击者”号与“独立”号航空母舰的建造时程与“福莱斯特”号及“萨拉托加”号航空母舰有所重叠，3、4号舰开工时，1、2号舰仍在干坞中尚未下水，但纽波特纽斯船厂与纽约海军船厂能容纳超级航空母舰舰体的大型干坞有限，因此2家船厂在建造“突击者”号与“独立”号航空母舰时，都采用了分段式的程序。

在纽波特纽斯船厂中，“突击者”号航空母舰先在较小的干坞中开工，到了4个月后的1954年12月，当“福莱斯特”号航空母舰下水离开干坞后，纽波特纽斯船厂才把部分完工的“突击者”号航空母舰舰体挪到建造“福莱斯特”号航空母舰使用的大型干坞中继续建造。而在纽约海军船厂中，“独立”号航空母舰先在6号干坞中开工，以舰艉朝着干坞坞头的方式建造，以便从干坞坞头将建造物资运送到该舰机库中，但该舰的舰岛与两侧外张部位则暂不装设，以免干扰干坞内的起重机作业，等到纽约海军船厂承造的“萨拉托加”号航空母舰于1955年10月下水、离开6号干坞后，再把“独立”号航空母舰移到较大的6号干坞中继续施工。

与首舰“福莱斯特”号相比，后续3舰的排水量要稍大一些。另外在建造“福莱斯特”号航空母舰时，为了应对预期中的关键材料短缺问题，依旧采用了二战时期的标准蒸汽作业条件（每平方英寸600磅与华氏850度的蒸汽）作为8部巴布柯克和威尔科斯（Babcock and Wilcox）锅炉的操作标准，以便节省特殊耐热材料。搭配4部西屋（Westinghouse）公司的减速齿轮蒸汽涡轮机、驱动4具22英尺直径螺旋桨所得到的输出功率，只有26万轴马力，设计航速被限制在32节（试航时曾达到32.88节）。

但预期中的关键材料短缺情况并未发生，因此后续3舰都将锅炉的蒸汽作业条件改为1954年制定的新标准（每平方英寸1200磅与华氏950度的蒸汽），虽然主机重量因此略为增加，但

上图：从2号舰“萨拉托加”号以后的“福莱斯特”级航空母舰，都改用蒸汽作业条件为每平方英寸1200磅与华氏950度的主机锅炉，输出功率也从“福莱斯特”号航空母舰的26万轴马力提高到28万轴马力，使得最大航速快了1至2节。而从3号舰“突击者”号起，弹射器也改用4条弹射能力较强的C 7弹射器，取代前2艘的2条C 7弹射器加上2条C 11-1弹射器配置。图片为1961年时的“突击者”号航空母舰。（美国海军图片）

燃料效率更高，输出功率也提高到28万轴马力，让这3艘舰可以拥有更高的航速（33节以上）。

另外依据海军航空局的建议，1954财年与1955财年订购的“突击者”号与“独立”号航空母舰都修改了弹射器配置。“福莱斯特”号与“萨拉托加”号航空母舰均沿用源自“合众国”号航空母舰的2具轰炸机用重型弹射器加上2具战斗机用弹射器的配置，由设置于舰艏的2条C 7弹射器，搭配斜角甲板上的2条C 11 Mod.1弹射器。

C 7与C 11 Mod.1的最大蒸汽作业压力同样是每平方英寸550磅，不过C 7弹射行程（247英尺）比C 11（205英尺）大，性能明显胜出一筹。举例来说，在每平方英寸550磅作业压力下，C 7可将5万磅物体从静止加速到131节终端速度，同样条件下C 11 Mod.1只能达到115节；若以达到120节终端速度为基准，C 11 Mod.1只能弹射4.5万磅重物体，C 7则能弹射6.3万磅重物体。

因此在“福莱斯特”号与“萨拉托加”号航空母舰上，重型的A3D“空中战士”轰炸机重承载起飞时，必须使用C 7弹射器，其余舰载机则可同时使用C 7或C 11弹射器，虽然这种作业方式可行，但甲板调度不方便。考虑到舰载机重量日渐增加的趋势，于是“突击者”号与“独立”号航空母舰便将斜角甲板的4组弹射器均改为C 7弹射器，均能用于弹射重型的A3D“空中战士”，甲板调度更为灵活[1]。

“突击者”号与“独立”号航空母舰还有几点与前两艘航空母舰不同，首先是取消了第3舰舵。“福莱斯特”号与“萨拉托加”号航空母舰在船底龙骨末端延长段设有第3舰舵，而“突击者”号与“独立”号航空母舰则取消了这个第3舰舵，改为标准的双舵配置。

其次，在舰艉设计上，“福莱斯特”号与“萨拉托加”号航空母舰都采用封闭式舰艉，机库部位的舰壳外板并未延伸到舰艉最末端，而是在舰艉稍前处封闭，另外在舰体最末端设置了一个干舷较低的作业平台；而“突击者”号与“独立”号航空母舰则改用“凹槽式”舰艉，机库部位舰壳外板一直延伸到舰艉最末端，然后末端舱壁上开设一个大凹槽，利用这个舰艉凹槽充当作业平台。

最后一项区别是“突击者”号与“独立”号航空母舰的特别设计。

◆ “突击者”号舰艏两侧设置了外张的武器平台，并保留这2个大型平台直到退役。

◆ “突击者”号航空母舰左舷前端的飞机升降机采用全铝质焊接结构，不像其他姊妹舰那样采用钢质结构。

◆ “独立”号航空母舰飞行甲板尾端的切角角度与其他姊妹舰不同，使得舰身总长度略长，从1039英尺（316.68米）增加到1046英尺（318.82米）。

由于细节上存在许多差异，4艘“福莱斯特”级航空母舰

[1] A3D-1/2使用C 11弹射器弹射时的最大起飞重量限制在7万磅以下，使用C 7弹射器弹射则可达到7.3万磅以上。

的设计代号也有所不同，首舰“福莱斯特”号航空母舰的设计代号是SCB 80，至于纳入多项设计修正的2号舰等设计代号为SCB 80M。

“福莱斯特”级航空母舰的不足

“福莱斯特”级航空母舰的最终构型是建造中途变更设计的结果，在决定引进斜角甲板等新机构设计时，首舰“福莱斯特”号与2号舰“萨拉托加”号已按照原始设计在船台上开工建造。

美国海军虽然决定为建造中的“福莱斯特”级航空母舰变

下图：“独立”号航空母舰的飞行甲板末端切角构型与姊妹舰稍有不同，总长度比另3艘姊妹舰长了7英尺。（知书房档案）

对页图：“福莱斯特”级航空母舰的舰艉构型对比，上为1957年1月拍摄的“福莱斯特”号航空母舰，下为1959年拍摄的“独立”号航空母舰，可清楚看出两者间的区别。“福莱斯特”号与“萨拉托加”号航空母舰的舰艉是封闭式的，舰艉末端另有一个较干舷低的作业平台；“突击者”号与“独立”号航空母舰则改用开槽式舰艉，舰艉末端开有一个大凹槽，可利用这个凹槽作为作业平台，凹槽式舰艉成为日后新航空母舰的标准。（知书房档案）

更设计，但到了这个阶段，已不允许整个设计推倒重来，许多舰体结构配置已无法再更改，只能在既有设计的基础上，尽可能整合斜角甲板等新发明。而这样“迁就”的结果，导致“福莱斯特”级航空母舰的设计留下一些缺憾。

首先是左舷斜角甲板前端的飞机升降机造成的问题。“福莱斯特”级航空母舰在左、右舷前端各设有一部飞机升降机，这其实是早先平甲板构型时代遗留下来的设计（最早可追溯到“合众国”号航空母舰），当初这种配置以提高舰艏弹射器作业效率为出发点，可搭配舰舯两侧的战斗机用弹射器使用。但是当1953年变更设计引进斜角甲板后，“福莱斯特”级航空母舰仍继续保留了这样的配置，左舷前端升降机恰好位于新设置的斜角降落区前端（并位于斜角甲板前端的2条舰舯弹射器正前方），升降机运行时会影响斜角甲板与左舷弹射器的正常使用。而且左舷前端升降机受海况影响较大，较容易卡住。

其次是右舷3部飞机升降机的配置问题。“福莱斯特”号航空母舰的舰岛设置位置较为靠前，右舷3部升降机形成舰岛前方1部、后方2部的配置，但这样的配置并不理想。当“福莱斯特”级航空母舰引进斜角甲板后，飞行甲板在舰艏弹射区与斜角甲板区之间形成了一块大面积的三角形停放区域，可在不干扰舰艏甲板与斜角甲板区域作业的情况下，用于停放与调度舰载机。这块三角形停放区域大部分都位于飞行甲板中段前方，所以最好把舰岛挪后一些，让舰岛前方配备2部升降机应对该区域调度作业更加合理，以提高该区域与机库间的调度效率。但舰岛与飞机升降机的配置与舰体内部结构密切相关，对开工后才临时导入斜角甲板与固定舰岛的“福莱斯特”级航空母舰来说，不可能完全更改平甲板构型所留下的配置，舰岛只能迁就放在这个不太理想的位置上。

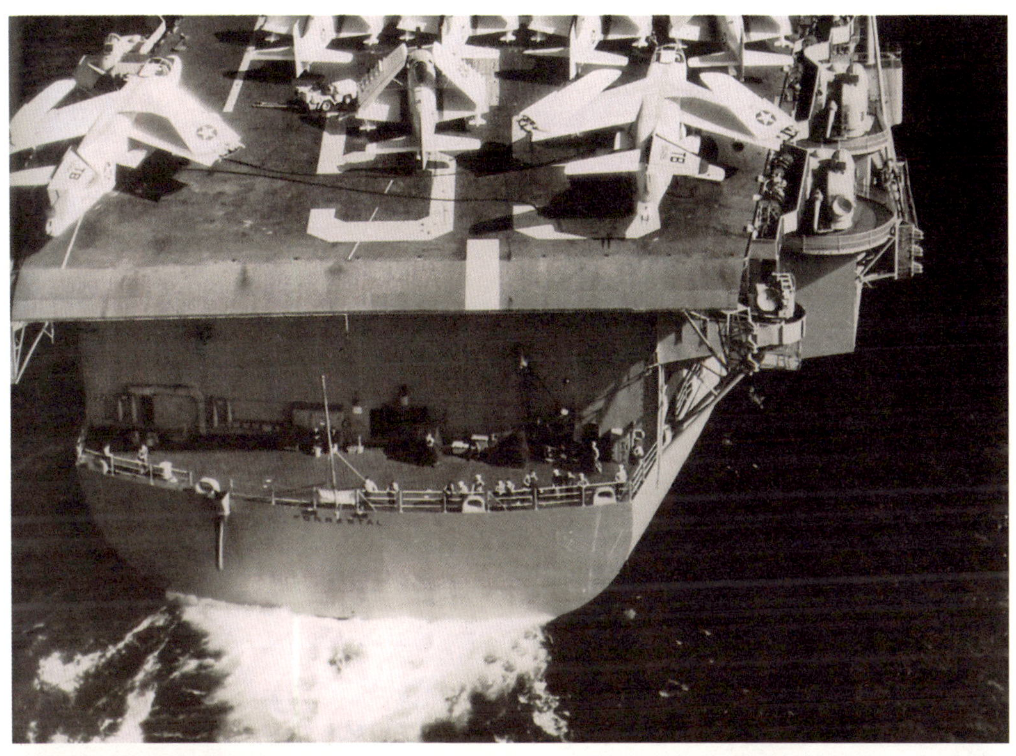

上图与对页图：“福莱斯特”级航空母舰在设计定案并开工后才大幅改动设计、临时导入斜角甲板与固定舰桥等设施。一些舰体结构已无法再更改，导致飞行甲板配置没有达到最佳化。如左舷前端的升降机受天气影响较大，还会干扰斜角甲板的作业。另外右舷3部升降机在舰岛前、后形成的一前二后配置，也不能充分应对飞行甲板右舷前方三角形停放区域的调度作业需求，这块区域大部分都在舰岛前方，但舰岛前方却只有1部升降机，以致限制了调度效率。反之舰岛后方虽配有2部升降机，但这2部升降机的运用率并不像前面那部升降机那样高。上图为舾装与试航中的“福莱斯特”号航空母舰，可清楚看出其飞行甲板与升降机布置，对页图中红线所框出的三角形区域即为三角停放区。（美国海军图片）

插曲——转向中型航空母舰的新尝试

美国海军十分清楚“福莱斯特”号航空母舰设计上的种种局限，因此在“福莱斯特”号与“萨拉托加”号航空母舰开工后，海军舰船局便开始探讨更完善的设计，并打算在“福莱斯特”级航空母舰的后续舰上引进新设计。

海军舰船局在1952年后期曾向海军部部长建议：由于当前最优先的事项是让列在1954财年计划中的1艘CVA航空母舰（即“突击者”号CVA 61）按时建造，可在1955财年造舰计划中的1艘CVA航空母舰上（即CVA 62“独立”号航空母舰）再采用修改后的设计。

另一方面，为航空母舰引进核动力的构想在当时也初露曙光。在里科弗（Hyman Rickover）领导下，美国海军从1951年开始研究舰船核动力系统。1954年9月大型舰船核反应堆计划获得批准，标志着核动力用于大型水面舰的正式开始。要在航空母舰上应用核动力系统将需要一种新的舰型设计，预计核动力系统可在1957财年或1958财年计划中的航空母舰上投入使用。

理论上，超级航空母舰与核动力的结合，可创造出一种性能空前的新型海上航空平台，不过导入核动力推进并非当时优先考虑的航空母舰发展计划。在签约采购了前3艘“福莱斯特”级航空母舰之后，美国海军在1953—1954年之间，曾一度醉心于研究中型航空母舰，围绕着航空母舰吨位的缩减调整以及航空设施的改进，进行了一系列航空母舰预备设计研究。

中型航空母舰设计的重新起步

吨位一直是二战后美国航空母舰发展的核心问题，每当有更大吨位的新航空母舰问世后，紧接着在后续的新航空母舰设计中就会出现试图抑制这种吨位增长趋势的尝试。例如在建造了标准排水量4.5万吨的“中途岛”级航空母舰后，在接下来的“1945舰队航空母舰”研究方案中，美国海军便试图在维持同等性能的前提下，将新航空母舰的吨位压低到4万吨等级。

大型的超级航空母舰固然有性能与运用效率上的优势，但也有建造与维护成本高昂的问题。超级航空母舰最初是为了操作重型舰载轰炸机而诞生的，但通过斜角甲板、蒸汽弹射器与镜式光学着舰引导系统等新技术，理论上可让中型航空母舰也具备运用A3D“空中战士”轰炸机的能力，这也让美国海军重燃对中型航空母舰的兴趣。

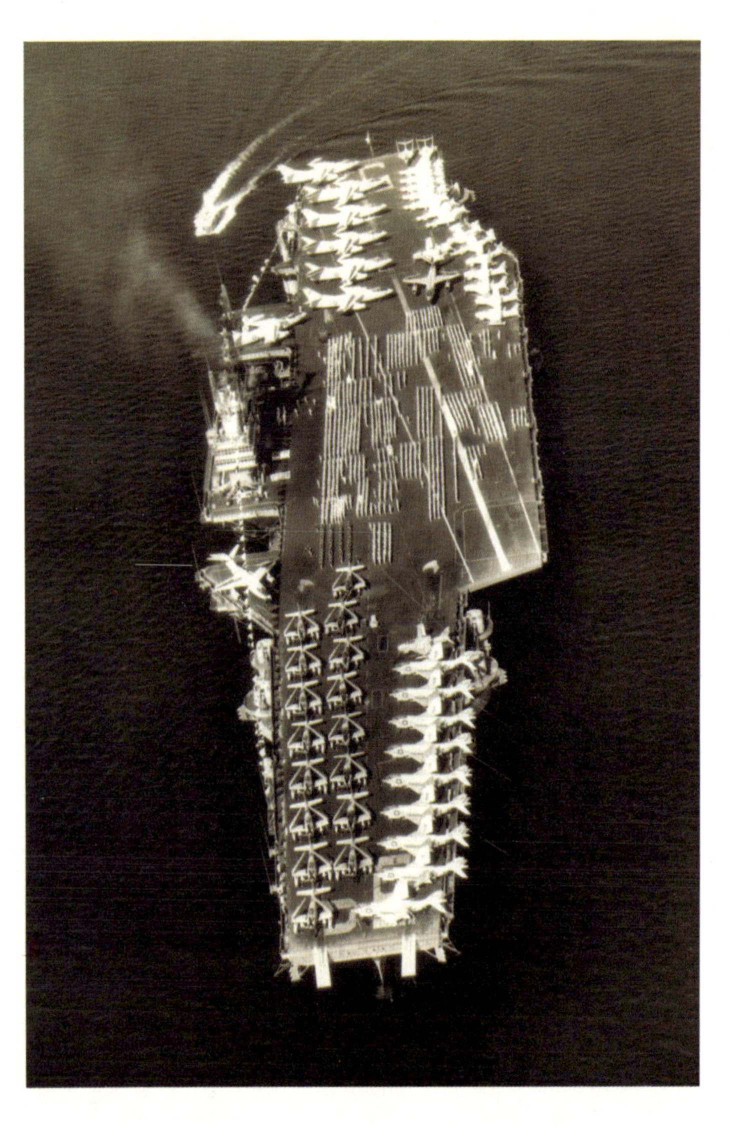

事实上，美国海军当时为“埃塞克斯”级与“中途岛”级航空母舰规划的SCB 27C/125/125A与SCB 110现代化计划，便是通过引进前述发明，赋予这两种满载4.1万吨与6.2万吨的中型航空母舰操作A3D“空中战士”轰炸机的能力[1]。

当航空母舰建造计划预算得到保证后，海军舰船局便又开始尝试包括中型航空母舰在内的新设计。1953年时，海军舰船局着手了一系列新航空母舰研究方案，其中小型方案相当于“中途岛”级航空母舰现代化工程，大型方案则类似使“福莱斯特”号航空母舰拥有可操作10万磅级轰炸机的航空设施（较“福莱斯特”号航空母舰设定的7万磅级最大型飞机作业能力更高）。这些研究方案涵盖了一种新的反

[1] 航空母舰操作A3D“空中战士”轰炸机的障碍是机库高度过低问题，也可通过A3D-2以后增设的垂直尾翼折叠机构来解决。A3D“空中战士”轰炸机到垂直尾翼顶端的高度为22英尺9.75英寸，只有机库高度25英尺的“福莱斯特”级航空母舰才能直接容纳。但A3D-2可通过垂直尾翼折叠机构将总高度降到15英尺2英寸，即使机库只有17.5英尺高的“埃塞克斯”级与“中途岛”级航空母舰，也能容纳这种可折叠垂直尾翼的A3D-2。

潜航空母舰、CVA 3/53中型航空母舰、可操作10万磅级飞机的小型航空母舰（CVA 10/53），以及可操作大型飞机、比“福莱斯特”级航空母舰尺寸更大的航空母舰等。

出于成本考虑，一开始美国海军对成本最低的CVA 3/53中型航空母舰方案最感兴趣，海军研究办公室主任施奈德（P. W. Snyder）上校，于1952年12月12日向负责新航空母舰设计的单位指示，在新CVA航空母舰研究中，纳入一种能满足需求的最小舰型——标准排水量不大于4.5万吨，但不会严重损及航空作业能力，并要求以“中途岛”级航空母舰SCB 110现代化计划作为设计参考蓝本。

对页图：“福莱斯特”级航空母舰的出现，赋予美国海军前所未有的海上航空打击力，成了20世纪50年代美国海军力量的象征，但也留下一些设计缺陷，有待日后改善。图片为1957年7月举行指挥官交接仪式中的“福莱斯特”号航空母舰，可见到该舰甲板上排列着接受检阅的航空联队主力机群，包括AD“天袭者”、F3H恶魔、A3D“空中战士”，以及FJ狂怒等舰载机。（美国海军图片）

CVA 3/53中型航空母舰计划

“中型航空母舰”是相对于超级航空母舰而言的，美国海军感兴趣的中型航空母舰，实际上是以“中途岛”级航空母舰为基准，然而标准排水量4.5万吨、满载6万吨的“中途岛”级航空母舰，对其他国家来说已经是不可思议的庞然大物了。

代号CVA 3/53的中型航空母舰是在“中途岛”级航空母舰SCB 110现代化计划影响下设计的基于不同需求的新舰型。美国海军希望尝试一种吨位相当于“中途岛”级航空母舰，但采用战后全新技术与作业规格的新型中型航空母舰设计。

CVA 3/53航空母舰基本上可看作“福莱斯特”级航空母舰的缩小型，拥有相似的封闭式机库与较深的舰体，干舷高度远高于之前的航空母舰，以便提供更好的飞行甲板作业环境，并在舰体中容纳更大高度的机库。但更高的干舷也会造成舰体重心升高，必须扩大舷宽才能维持舰体的稳定性。此时就必须缩短舰体长度，来弥补扩大舷宽所造成的吨位增加。因此CVA 3/53航空母舰的舰体长度比“中途岛”级航空母舰缩小了10%～14%。不过对于飞机搭载能力来说，机库与飞行甲板面积要比舰体长度更重要，CVA 3/53航空母舰的整体承载能力仍可与“中途岛”级航空母舰SCB 110相比。

从另一方面来看，斜角甲板所形成的大型外张结构，将显著增加舰体顶部重量，因此新航空母舰的舷宽必然会大于“中途岛”级航空母舰。

海军舰船局于1953年4月提出的第一个预备设计，其基本目标是试图“在‘中途岛’级航空母舰舰体上，引进相当于‘福莱斯特’级航空母舰的防护与设计功能”，但新舰型排水量仍要比“中途岛”级航空母舰的4.5万吨标准排水量大得多。由于需求的增加，排水量的提升难以避免，这主要来自大幅增加的舰体容积需求（包括容量更大的航空燃油舱与航空军械库、配套的水下防护设施，以及高度更高的机库等）。即使是“中途岛”级航空母舰，经过战后的多次改装后，在1952年时的排水量也已经提升到4.9万吨。

为抑制排水量，美国海军允许缩减CVA 3/53航空母舰的部分规格，如机库高度的最初设定只比“中途岛”级航空母舰加高1英尺，仅18英尺6英寸（“中途岛”级航空母舰为17英尺6英寸，“福莱斯特”级航空母舰的机库高度为25英尺），考虑到搭载未来的大型舰载机需求，最后折中的结果是调整为23英尺。至于航空燃油承载量则设定为与“1945舰队”航空母舰研究方案相同的50万加仑，介于“中途岛”级航空母舰的35.56万加仑与“福莱斯特”级航空母舰的75万加仑之间。

对于吨位小得多的CVA 3/53航空母舰而言，过大的左舷突出构造就会产生平衡上的问题。解决办法是采用带有折角的斜角甲板（或者说是渐缩式），使舰艉部分的外张角度较大（约10°）、左舷前端部位的角度较小（约6°），借此缩小左舷外张构造的尺寸。

至于3部飞机升降机则全部都配置在右舷，每部对应一个机库隔舱区间（整个机库被划分为3个隔舱区间）。这种配置可与斜角甲板的左舷外张构造取得平衡，不会影响斜角甲板作业，不过3部升降机与3个机库开口集中于舰体同一侧，会在防护上形成一个弱点。

对页图：“福莱斯特”号航空母舰开工后，美国海军曾尝试在接下来建造的航空母舰上改用成本较低的中吨位设计，在1952年底展开了CVA 3/53航空母舰设计研究方案。CVA 3/53航空母舰设计方案是在“中途岛”级航空母舰SCB 110现代化计划影响下产生的设计，吨位相当于“中途岛”级航空母舰，但采用类似“福莱斯特”级航空母舰的新技术与规格。图片由上到下分别为1950年尚未现代化工程前的“珊瑚海”号航空母舰、1954—1956年间完成SCB 110现代化工程后的“富兰克林·罗斯福”号航空母舰，以及1958—1960年完成SCB 110A现代化工程的“珊瑚海”号航空母舰，可看出SCB 110与SCB 110A两项现代化计划都引进了封闭式舰艏、斜角甲板与3条蒸汽弹射器，但斜角甲板与飞机升降机布置颇为不同。（美国海军图片）

CVA 3/53航空母舰的航空作业能力以操作A3D舰载轰炸机为基准设定，但搭载量少于“中途岛”级与“福莱斯特”级航空母舰。“福莱斯特”级航空母舰最多可搭载32架A3D舰载轰炸机，“中途岛”级航空母舰为29架，CVA 3/53航空母舰则只有24架。

CVA 3/53航空母舰的动力系统配置也是一个问题。从这个方案的动力需求范围来说，当时只有2种主机符合需求——“衣阿华”级战舰与“中途岛”级航空母舰的21.2万轴马力蒸汽涡轮主机（若改用更高的蒸汽作业条件，预期可提升到22.5万轴马力），或“福莱斯特”级后3艘航空母舰的28万轴马力蒸汽涡轮主机，若需要介于这两种主机之间的功率输出，就必须重新设计新主机，但这将会增加成本与风险。为了节省成本，海军舰船局在稍后的CVA 3/53研究中，采用了长度介于“埃塞克

下图：CVA 3/53航空母舰设计方案。注意该设计方案采用带有折角的斜角甲板，以及全部位于右舷的3部飞机升降机。（美国海军图片）

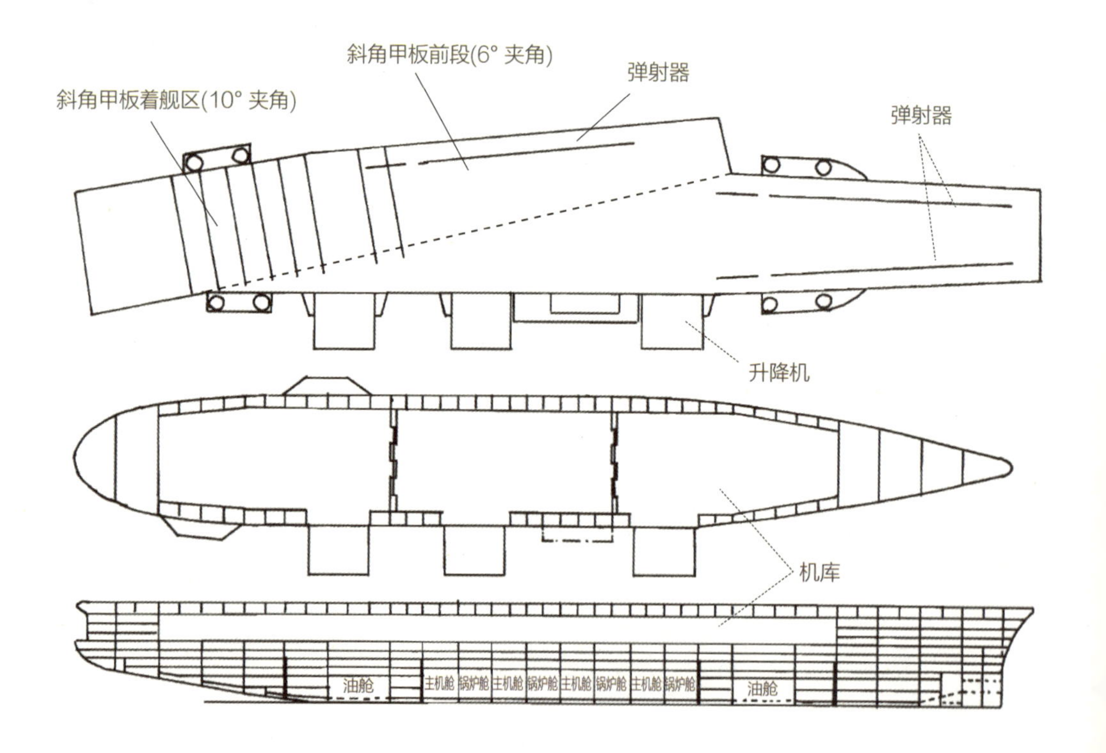

斯”级与“中途岛”级航空母舰之间的舰体，搭配输出功率降低到20万轴马力的主机。如1953年3月31日提出的一个新设计，便采用了900英尺×124英尺（274.3米×37.8米）、4.9195万吨的舰体，搭配高度只有19英尺2英寸的机库，斜角甲板的角度也只有7.25°，由于主机功率较低，航速设定也仅有30.8节。

同时还有一个将舰体进一步缩小到850英尺×119英尺（259米×36.2米）的设计方案，防护标准也缩减得比“福莱斯特”级航空母舰更低（原本“福莱斯特”级航空母舰的防护设计就已经低于“中途岛”级航空母舰）。由于舰体较小，这个设计可允许将机库高度增加到23英尺，但因为舰体长度所限，能搭载的飞机数量仍然较少。

中型航空母舰方案的后续发展

以压低排水量与削减舰体规模为目的的CVA 3/53航空母舰设计方案，虽有造价较低的优点，但性能并不能完全满足作战需求。以飞行甲板布置来说，海军航空局认为10°的斜角甲板较为理想，但考虑到这会造成过大的左舷外张构造，最后能得到的最佳角度只有9°。

在另一方面，CVA 3/53航空母舰的航空军械承载量能满足要求。美国海军认为1400吨的承载量即足够（“中途岛”级航空母舰为1376吨），但CVA 3/53航空母舰却能容纳多达1565吨航空军械（“福莱斯特”级航空母舰则为2087吨[1]。

随着设计逐步深入，海军舰船局后来又遇上了更大的问题。即使是特意缩小尺寸的中型航空母舰，若要让飞行甲板布置满足搭载与运用A3D舰载轰炸机的基本作业需求，舰体水线长度也至少得有900英尺（274.3米），长度小于这个数字的舰型，都会在飞行甲板配置上遭遇难以解决的问题。

---

[1] 实际的航空军械承载量应视携载的炸弹形式而定。在同样的弹药舱空间下，如果改为携带二战时期的炸弹，由于炸弹外形较为粗短，在相同弹药舱空间内允许携载的炸弹总数量就会比战后新设计、外形较尖锐的低阻力炸弹多得多。

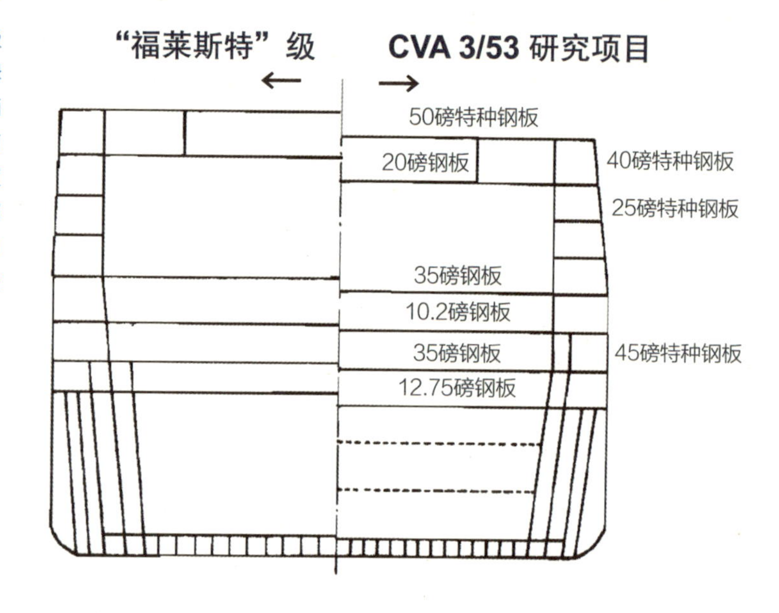

右图：“福莱斯特”级（左）与CVA 3/53航空母舰设计方案的舰体中段截面对比。由图可看出后者是前者的缩小型，甲板分层配置如出一辙，只是尺寸略微缩小，水下防护隔舱也缩减1层（从“福莱斯特”级航空母舰的5层隔舱减为4层）。（美国海军图片）

海军舰船局接下来在1953年6月提出的CVA 3/53新设计，是一种标准排水量为4.45万吨、配有10座3英寸70倍径双管防空炮的舰型，预期造价只有1.7亿美元，较“福莱斯特”号航空母舰（2.15亿）便宜20%，整体性能则与现代化工程后的“中途岛”级航空母舰相当。针对这两级舰艇的差异，海军舰船局指出：“这两种舰（CVA 3/53与‘中途岛’级航空母舰）有不同等级的防护配置，其他方面的不同，则反映在它们在飞行甲板停放飞机数量上的差异。CVA 41级改造型（‘中途岛’级航空母舰）舰体较长，拥有较大的飞行甲板面积，不过斜角着舰区较窄，但若把CVA 41航空母舰的着舰区同样扩大到112英尺（34.1米）宽，那剩下的甲板空间就只能停放25架A3D舰载轰炸机，而非规格上的29架。CVA 3/53航空母舰的弹药防护与水下防护系统，被缩减到相当于‘福莱斯特’号航空母舰的70%，如果要将防护标准维持在‘福莱斯特’号航空母舰的程度，会导致标准排水量增加2000吨。CVA 3/53航空母舰的航空作业能力与标准排水量，都相当于‘福莱斯特’号航空母舰的3/4。”

鉴于CVA 3/53航空母舰设计方案的不足，海军舰船局从

1953年秋开始着手改进CVA 10/53航空母舰设计方案，并将重点放在航空作业能力的改善上。

CVA 10/53航空母舰设计方案

相较于CVA 3/53航空母舰设计方案，海军舰船局将CVA 10/53这个新方案的设计目标定为：拥有与“福莱斯特”级航空母舰同等航空攻击能力的最小舰型——可承受相同的降落负荷、并能弹射同等重量的舰载机。CVA 10/53航空母舰的排水量与改进后的“中途岛”级航空母舰大致相等（满载6.23万吨），但能搭载与“福莱斯特”级航空母舰相同数量的攻击机，不过舰上携带的飞机零备件少了15%，借此可缩减机库容积需求。

在CVA 10/53航空母舰设计中改进航空作业能力的主要目的是应对日后越来越大型的舰载机作业需求。具体做法是利用斜角甲板的配置，在不增加飞行甲板长度的前提下提高甲板运用效率，尽可能压缩舰体长度，加上适当地调降航速、续航力与防护性等方面的需求设定，以便得到一种吨位相当于“中途岛”级航空母舰，但航空运用能力却接近“福莱斯特”级的中型航空母舰。

CVA 10/53航空母舰防护能力与“福莱斯特”级航空母舰同等级（而不像CVA 3/53航空母舰是缩减为相当于“福莱斯特”级航空母舰的2/3），并能携带相当于“福莱斯特”级航空母舰67%的航空军械，航空汽油承载量只比“福莱斯特”级航空母舰略少，航空重油（HEAF，后来的JP-5航空燃油）承载量则相当于“福莱斯特”级航空母舰的80%。

在设计CVA 3/53航空母舰时，海军舰船局所作的分析显示，飞行甲板装甲至少得采用60磅特种钢钢板才能满足强度与防护需求，但实际上却采用了规格较低的55磅特种钢钢板以便节省重量（另有50磅特种钢的记载）。而CVA 10/53航空母舰设计方案则把飞行甲板装甲配置恢复为60磅特种钢，不过这也

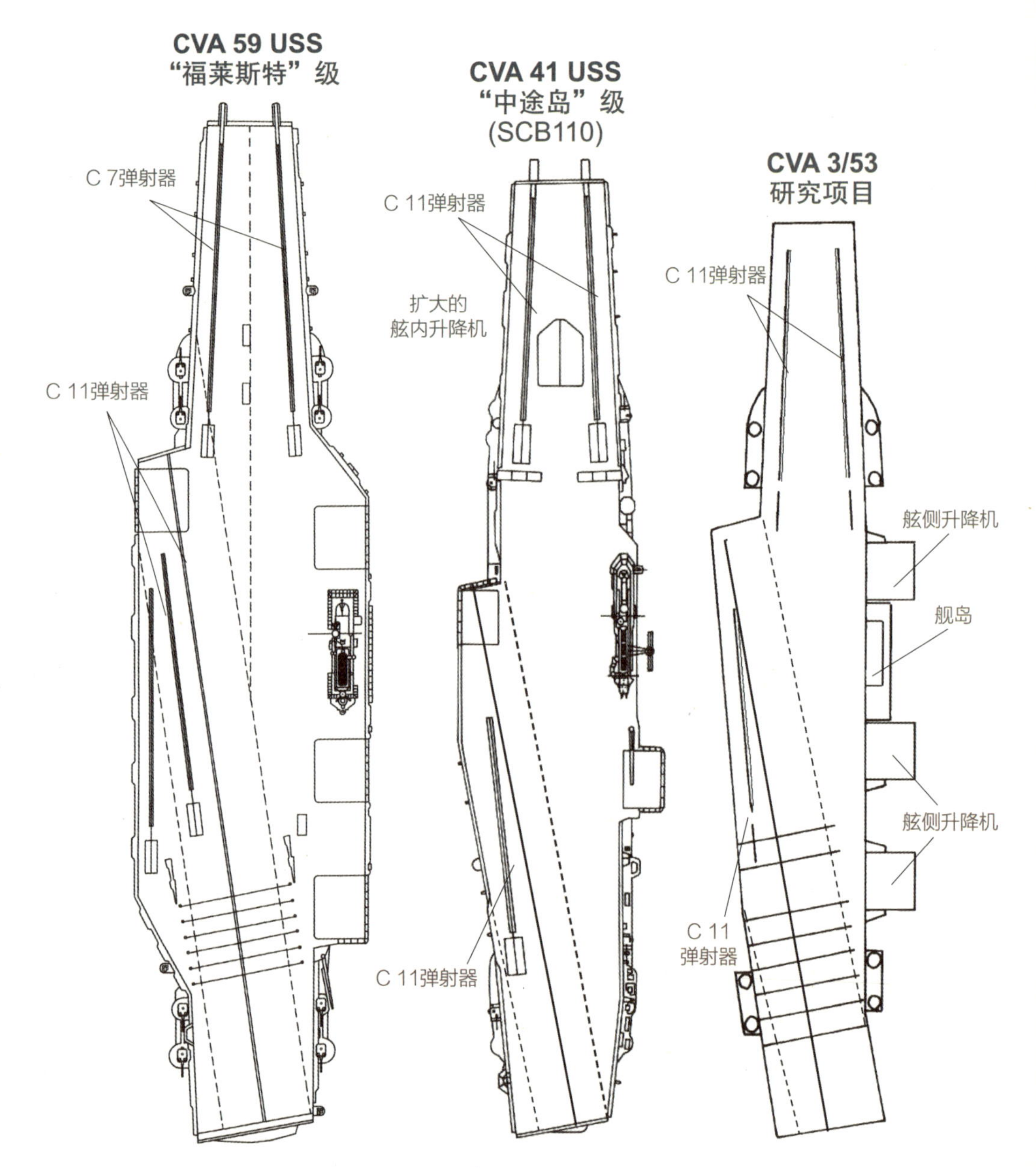

上图：“福莱斯特”级、“中途岛”级（SCB 110现代化工程后）航空母舰与CVA 3/53航空母舰设计方案对比。美国海军在1953～1954年展开了一系列中型航空母舰研究，试图通过战后发展的新技术，获得一种吨位相当于经SCB 110现代化工程后的“中途岛”级航空母舰，但航空作业能力接近“福莱斯特”级的新型中型航空母舰。（知书房档案）

CVA 3/53航空母舰设计方案与SCB 110现代化工程后的“中途岛”级航空母舰对比

设计代号	CVA 3/53	SCB 110
标准排水量(吨)	45020	50075
满载排水量(吨)	59392	63500
全长(英尺)	922	977.2
水线长(英尺)	850	900
水线宽(英尺)	119	121
最大宽(英尺)	—	210
吃水深(英尺)	—	34-6
飞行甲板尺寸(英尺)	900×—	977.2×192
机库高度(英尺)	23	17.5
升降机(尺寸/承载力)	3×(44×56英尺/7万磅)	3×(44×56英尺/7.4万磅)
弹射器	C 11×3	C 11×3
主机功率(马力)	200000	212000
航速(节)	31.6/30(试航/持续)	30.6/29.5(试航/持续)
续航力	12200海里/20节	12500海里/20节
自卫武装	5”/54速射砲×8	5”/54×10+3”/50×9
航空军械承载量	1565（吨）	1376（吨）
航空燃油承载量	航空燃油：494000加仑 航空重油：3500（吨）	航空燃油：355600加仑 航空重油：600000加仑
乘员	3826员	4060员

造成舰体顶部重量增加，导致舷宽跟着增加到124英尺（37.79米），以便维持稳定性。

随着飞行甲板装甲规格与舷宽的增加，为了抑制排水量，CVA 10/53航空母舰舰壳长度被缩短到844英尺（257.2米），由于舰体长宽比降低，在采用与“中途岛”级航空母舰相同的21.2万轴马力主机推动时，预估的试航航速与持续航速分别降到30.7节与28.6节，不仅明显低于“中途岛”级航空母舰（33节）[1]，也低于CVA 3/53航空母舰（32/30节）。

尽管存在某些不足，但CVA 10/53航空母舰明显拥有较低

[1] 33节是“中途岛”级航空母舰原始设计规格，但经过SCB 110现代化工程后，由于吨位增加许多，“中途岛”级航空母舰的最大航速也降到30节上下。

的成本，航空作业能力却又不至于比“福莱斯特”级航空母舰降低太多，这的确让这种全新设计的中型航空母舰充满了吸引力。不过在接下来的一年多时间内，随着一连串航空技术与政策方面的变化，却让美国海军的中型航空母舰研究戛然而止，重新回到超级航空母舰的路上。

20世纪50年代初期的美国海军曾一度对标准排水量4.5万吨、满载6万吨等级的中型航空母舰充满兴趣，试图抑制航空母舰排水量日益增大、造价也越来越高的趋势。在1952—1953年间，美国海军舰船局陆续提出CVA 3/53、CVA 10/53等中型航空母舰设计研究方案，通过缩减排水量，造价可比满载将近8万吨的“福莱斯特”级航空母舰便宜20%以上，但斜角甲板、蒸汽

弹射器等新发明使这些中型航空母舰仍具备操作A3D“空中战士”重型轰炸机的能力。

不过，考虑到舰载机的重量增长趋势，美国海军也一直没有放弃继续发展超级航空母舰，海军舰船局同时规划了包括称为CVA 10万磅方案在内的大型航空母舰设计，预期能用于操作10万磅等级、起飞速度175节的新一代重型舰载机。

难以为继的中型航空母舰发展——无法遏止的舰载机大型化趋势

海军航空局也为舰载机重量不断增加的问题而苦恼。当时海军航空局的舰艇设施部提出了一份针对20世纪60年代中期航空母舰需求的预测，其中显示，越来越重的舰载机，将十分影响航空母舰设计，且海军的几种主力舰载机服役时的实际重量都比原始规划有相当程度的增长（见下表）。如A3D“空中战士”舰载轰炸机的最大起飞重量就从最初估计的7万磅不到，攀升到接近8万磅，还有增加到10万磅的可能性。更糟的是，还看不见舰载机重量增大趋势的尽头到底在哪里。

起飞重量越来越大的舰载机，加上更高的起飞速度需求，也给弹射器设计带来棘手问题。当时美国海军已在C 7蒸汽弹射器的设计上花费了数年时间，预计可将7万磅重的飞机以大约125节速度射出，整套弹射器的总重量大约为346吨。但如果要

对页图：蒸汽弹射器、斜角降落甲板与镜式光学着舰引导系统等一系列新发明，赋予了4万—6万吨级中型航空母舰运用重型攻击机的能力，也重燃了美国海军对中型航空母舰的兴趣。但为了应对预期中更重、更大型的新一代舰载机，最后还是转回到发展超级航空母舰的道路上。图片为正进行A3D“空中战士”轰炸机弹射作业的“埃塞克斯”级航空母舰“香格里拉”号。“埃塞克斯”级虽属4万吨级中型航空母舰，但在SCB 27C现代化工程中增设蒸汽弹射器与斜角甲板等设备后，也能操作A3D“空中战士”这种重型舰载机。（美国海军图片）

美国海军舰载机的重量增长趋势（1953年）

机型	原始重量	当时重量
AD	14000磅	25000磅
F9F	12000磅	21000磅
A3D	68000磅	78000磅

弹射预期中总重量10万磅等级、起飞速度需求达到175节的大型舰载机，弹射器重量也会跟着放大到650吨左右。

随着舰载机重量增加，除了需要提升蒸汽弹射器的弹射能力外，拦阻索的制动能力也必须同步提高，这也会造成相关设备重量的增加。海军航空局指出，拦阻索设计的一个关键问题在于人体可承受多大的降落速度冲击，当时虽尚未确认合理的标准，但暂以5G的冲击负荷为标准[1]。不过，一旦把降落速度定为一个固定值，也将会拉高降落速度需求，拦阻索须吸收的冲击能量也越高。海军航空局未详细计算若要应对10万磅级舰载机的降落，拦阻索的尺寸、重量应增加到何种程度，不过大致判断增加的幅度应与弹射器方面相近。

要让航空母舰操作预期中的10万磅级舰载机，又要求维持与“福莱斯特”级航空母舰同等的舰载机数量、弹药/燃料承载量与防护能力，海军舰船局估计需要的“最小”舰型，排水量也会从“福莱斯特”级航空母舰的等级起跳，而且还须牺牲部分规格，如弹射器便只能配备2套，而非“福莱斯特”级航空母舰的4套，航速也会略有降低。如果要维持与“福莱斯特”级航空母舰的甲板运作效率（飞机处理速度），则舰体全长甚至会达到1400英尺（426米）！

显然，面对预期中更大型、起降条件更严苛的舰载机操作需求，连“福莱斯特”级航空母舰这样大的舰型都开始显得力不从心，CVA 3/53、CVA 10/53这类中型航空母舰便更是无能为力。除非大幅牺牲载机数量与甲板运作效率，否则中型航空母舰将难以应对舰载机日益增大、增重趋势所带来的操作需求。但减少载机数量，将会限制航空母舰的任务能力。而缩减飞行甲板与机库面积、减少弹射器或升降机数量，虽能抑制舰体尺寸与排水量，但也会减损航空母舰运作效率与出勤能力，这都是美国海军不愿付出的代价，因此也导致中型航空母舰的研究

[1] 舰载机降落速度是2.5～3G。

难以为继。

重回超级航空母舰设计——适应舰载机的重量增长趋势

舰载机越来越大、越来越重，以致起降条件越来越严格的趋势，让中型航空母舰的发展面临困境。事实上，海军舰船局稍后提出的一种以操作20世纪60年代7万磅级舰载机（起飞速度需求150节至165节）为目的的“最小型”航空母舰研究方案CVA 196，满载排水量就已达到8万吨，相较之下，“福莱斯特”级航空母舰也不过7.6万吨。

CVA 196航空母舰预定配备3条300英尺长的弹射器，2条位于舰艏，1条位于左舷。这样长的弹射器，将会妨碍设置类似“福莱斯特”级航空母舰的左舷升降机，但弹射行程更长的弹射器却又是操作更大型舰载机不可或缺的配备。而且以操作更重的10万磅级舰载机为基准的CVA 10000磅航空母舰方案，也需要类似长度的弹射器，同时排水量还会增加到8.6万吨。

增大排水量的目的在于维持舰载机大队所辖的重型攻击机数量。以重型攻击机数量作为衡量舰载机大队规模的基准时，“福莱斯特”级航空母舰可搭载25架A3D“空中战士”，CVA 196航空母舰为25架7万磅级飞机，CVA 10万磅方案也为25架10万磅级飞机，但CVA 10/53中型航空母舰只可搭载23架A3D“空中战士”。

CVA 196与CVA 10000磅两种大型航空母舰设计，都拥有与“福莱斯特”级航空母舰同等的航空燃料与弹药搭载能力，以及拥有面积稍大的舷侧升降机（53英尺×70英尺对53英尺×63英尺）。CVA 196航空母舰吨位较“福莱斯特”级航空母舰更大，得益于其稍长的水线长度（995英尺对990英尺），在相同的28万轴马力主机推动下，预期最大航速将能达到33.6节。至于CVA 10000磅方案的水线长度虽然增加到1000英尺，但需要将主机功率提高到29.5万轴马力，才能维持33.3节航速。

一系列研究结果表明，较小型的航空母舰尽管也能操作大型舰载机，但节省成本效果有限，而且未来舰载机将延续体量增长趋势，很快就会让中型航空母舰变得难以适用。因此较佳的做法，便是采用类似“福莱斯特”级航空母舰的设计，然后略作修改以适应更重的舰载机。

新型超级航空母舰的设计起步

确认继续发展超级航空母舰的路线后，考虑到A3D“空中战士”的重量增长情况已接近“福莱斯特”级航空母舰的弹射器与拦阻索在低甲板风条件下的作业能力上限，于是余裕最大的CVA 10万磅方案，便作为进一步发展的基准，并打算应用到CVA 62（“独立”号）与CVA 63（“小鹰”号）2艘新造航空母舰上。

美国海军部在1954年1月20日发出指示，要求发展可操作10万磅重、起飞速度需求为150节至175节飞机的新航空母舰，后来演变为CVA 1/54研究方案。另一方面，美国海军对新航空母舰总体设计与功能规格要求明确优先适应新型飞机的操作需求，而非使舰型、吨位“最小化”，改善航空作业能力要比缩减吨位、节省成本更重要。

海军舰船局认为一些研究中的新设计可立即应用到1955财年计划中的“独立”号航空母舰上：

◆ 改用制动能力更强的新型拦阻索（以Mk 7-2取代Mk 7-1）。

◆ 修改飞行甲板结构。“福莱斯特”级航空母舰无法在飞行甲板开设大型的横向开槽，导致3、4号弹射器在左舷外张甲板上被挤在一起，配置并不理想。不过对于拥有固定舰岛、并以飞行甲板为强力甲板的“福莱斯特”级航空母舰来说，这却是所能得到的最佳配置——可把右舷位置让给舰岛，而位于左舷甲板边缘、且与舰体中线夹角较小的弹射器开槽，对飞行

甲板强度影响也较小。

海军舰船局认为这个问题可通过修改强力甲板设计来改善，即在既有飞行甲板下方4英尺处配置新的强力甲板，让飞行甲板变成不必承担结构应力的上层结构，如此便可允许在飞行甲板上开设横向开槽（与中线夹角更大），从而改善舰舯弹射器配置——2条弹射器可彼此隔得更远，以便能同时让飞机备射，以免干扰舰艏弹射器作业。代价则是机库与回廊式甲板高度都将减少2英尺，借以维持舰体深度不变。另外为了补偿更改设计造成的重量增加，可能还得减少1部升降机。

左图：大型舰载机对弹射器与拦阻索的性能提出了更高要求，但这也造成弹射与拦阻设备尺寸、重量的增加，导致更大的舰体吨位需求。而这样的趋势，也让中型航空母舰的发展难以为继。“福莱斯特”级航空母舰以运用7万磅级的A3D“空中战士”轰炸机为基准设计，但未来的舰载机可能达到8万磅甚至10万磅级，若要操作新型舰载机，又要维持与“福莱斯特”级航空母舰同等的甲板作业效率，航空母舰吨位将会超过“福莱斯特”级。图片为1956年在“福莱斯特”号航空母舰上进行航空母舰作业认证的VAH-1重型轰炸机中队所属A3D“空中战士”。（美国海军图片）

上图：海军舰船局曾建议将列在1954与1955财年计划中的CVA 61“突击者”号与CVA 62“独立”号航空母舰，纳入包括修改飞行甲板结构在内的众多设计修正，但因牵涉到的修改幅度过大，部分计划也不可行，最后这2艘航空母舰只有将左舷2套弹射器从C 11–1换为更强力的C 7，其余仍沿用前2艘“福莱斯特”级航空母舰的设计。图片为建造中的“独立”号航空母舰。（美国海军图片）

◆ 调整弹药库配置。为了平衡舰体前、后装甲箱的配置，60%的航空燃油与弹药将挪到舰体前方的装甲箱中存放（不过“麻雀”空对空导弹例外，60%的“麻雀”导弹仍将存放于后方装甲箱）。如此一来，也更能配合“福莱斯特”级航空母舰的甲板运作概念——重型攻击机主要使用舰艏的弹射器弹射，可就近使用前方装甲箱内的弹药。以“麻雀”导弹为主要武装的战斗机，则主要使用舰舯弹射器，可就近装载后方装甲箱内存放的“麻雀”导弹。另外，海军舰船局也建议在舰艉增设1部上层炸弹用升降机。

◆ 删除“福莱斯特”级航空母舰的球型舰艏与舰体中线舰舵。

经进一步研究后，美国海军发现并非每一个改进建议都是可行的，如关于飞行甲板结构的修改幅度就接近重新设计。海军部认为，若按原定的“独立”号航空母舰建造时程，已无足够时间在签约前准备好新设计。

不过海军舰船局与海军作战部部长办公室认为，若能改变“独立”号航空母舰建造计划的优先顺序，便有可能将签约时间延后到1955财年后期，从而腾出更多时间给设计修正作业。与此同时，海军舰船局还建议再次更改装甲箱配置，并将升降机由钢制改为铝制，以减轻重量和提高性能。最后，海军舰船

局还提议：不仅1955财年的“独立”号航空母舰，连1954财年的“突击者”号航空母舰都打算应用前述设计修正。

由于时程调整不及，“突击者”号与“独立”号航空母舰最后还是沿用“萨拉托加”号航空母舰的设计（两舰分别在1954年2月与7月签订合约），未能应用前述设计修改提案。唯一的配置更改只是改用更强力的舰舯弹射器而已（将左舷的2套C 11–1弹射器换为C 7）。

事实上，前述设计修正提案中，关于修改飞行甲板结构的提议最后被证明是一项灾难，并不合乎实际。因为为了补偿这项设计修改所造成的排水量增加，必须将机库净高度缩减为23英尺，而且还得削减回廊式甲板重要舱室的防护设施，借此将排水量维持在可接受的程度内。这同时也带来机库容纳能力与重要舱室防护性减损等副作用，以致遭到海军航空局反对（考虑到搭载更大型舰载机的需求，海军航空局坚持机库高度至少得维持在“福莱斯特”级航空母舰的25英尺）。更糟的是，即使作出缩减机库高度等牺牲，这个修改飞行甲板结构的提案，还未解决排水量超过上限、维修作业困难等问题。

下图：由于“福莱斯特”级航空母舰以飞行甲板为强力甲板，为确保结构强度，弹射器的开槽方向与位置都有严格限制。于是海军舰船局曾建议将强力甲板设置在飞行甲板下方4英尺处，如此就能让飞行甲板转为不承担舰体应力的上层结构，让弹射器采用更倾斜的横向开槽方向，借以改善布置，但代价是机库与回廊式甲板都会因此而缩减2英尺。最后这个提案因为重新设计的工作量巨大且减少机库与回廊式甲板高度也得不偿失而作罢。图片为“福莱斯特”级航空母舰的舰体截面剖图。（美国海军图片）

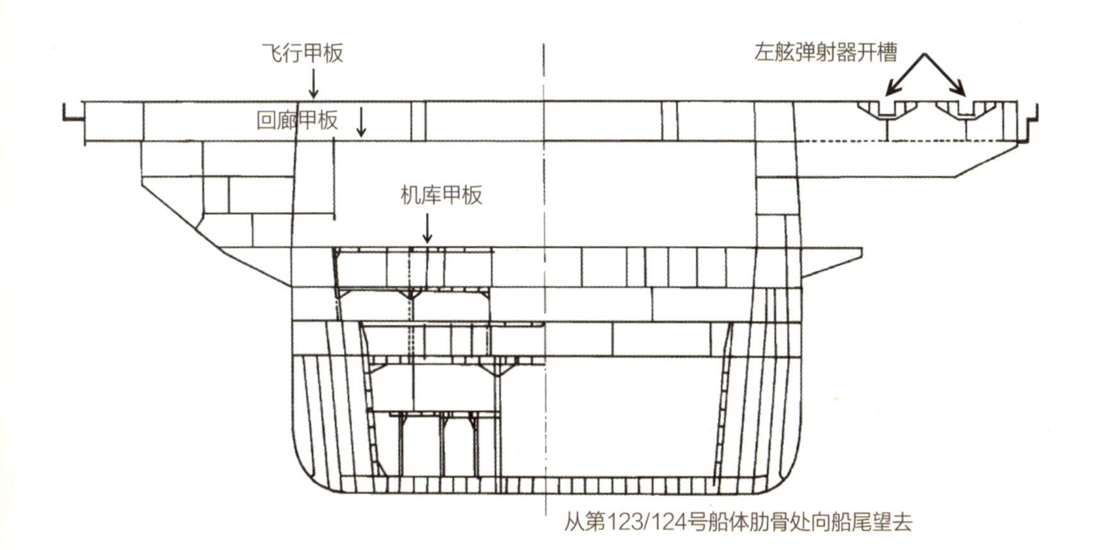

设计调整与重启

海军舰船局于1954年1月25日正式展开新航空母舰方案CVA 1/54的设计工作。新设计沿用了"福莱斯特"级航空母舰的武装配置、防护配置（除飞行甲板结构的修改外）、航速（33节，与"萨拉托加"号航空母舰相同）与续航力设定。航空燃料包括75万加仑航空汽油，其中5万加仑是保留给直升机与舰载车辆用的燃油，剩余70万加仑则与航空重油以1：3的比例混合，所以全舰总共携带210万加仑航空重油。

为了让预期中重达10万磅的新型舰载机以150节的速度弹射起飞（若搭配由航空母舰提供的25节甲板，这款飞机的起飞速度需求为175节），还需发展一种C 7弹射器的修改型。CVA 1/54设计方案预计配备4条250+75英尺的C 7弹射器（250+75英尺代表弹射器弹射动力行程为250英尺，加上其他附属设施75英尺，全长325英尺），类似后2艘"福莱斯特"级航空母舰的配置。

飞机升降机的配置则有较大更动，不仅平台面积更大，而且沿着舰岛形成两前一后的布置，而非"福莱斯特"级航空母舰的一前两后。这种新布置方式，可在飞机回收作业时提供更快的飞机处理速度。而将升降机平台长度扩大到80英尺或90英尺（"福莱斯特"级航空母舰为63英尺），则飞机可采用更细长的机身。海军航空局与海军参谋部航空作战部在1954年2月提出修改升降机布置的飞行甲板新设计建议时，便曾指出："将2

座升降机安置于舰岛前方，而不是置于降落区，是考虑到当全喷气式飞机作业时，应对飞机降落作业节奏提高所需要的作业空间。将左舷舷侧升降机位置挪到舰艏弹射器的后方，则能在所有的弹射作业情况下继续使用这部升降机。另外，目前‘福莱斯特’号航空母舰位于右舷升降机正对面的左舷升降机位置，也会在利用前方机库区域进行飞机回收停放作业时，彼此形成干扰。”

CVA 1/54的设计方案是一种非常大的舰型，舰体长度以珍珠港4号干坞允许的上限为基准，也就是说最大水线长度不能超过1080英尺（329米），舷宽则以美国国内造船船坞允许的尺寸为限，约134英尺（40.8米）。吃水深度暂定为36英尺（10.97米），相当于“衣阿华”级战舰满载时的水深，这样的吃水深度不利于受损后拖曳到沿岸船厂修理。

新航空母舰设计研究最后演变为CVA 3/54设计方案。这个设计方案说明为了调整“福莱斯特”级航空母舰飞行甲板布置并增加主机分舱，必须付出多么昂贵的代价——比起“福莱斯特”级航空母舰，CVA 3/54航空母舰舰体的水线长度长了40英尺（12.2米），吨位则增加超过7000吨，轻排水量与满载排水量分别增加到6.269万吨与7.994万吨，水线长1030英尺（313.9米）。而“福莱斯特”级3号舰“突击者”号只有5.551万吨与7.245万吨（轻/满载排水量），水线长990英尺（301.75米）。

随着尺寸吨位的增加，CVA 3/54航空母舰必须将主机输出功率提高到30万轴马力，才能维持与之前航空母舰相同的33.6节航速。预期造价则从2亿美元攀升到2.24亿美元，此外新设计还额外增加了18个月时间。

不幸的是，美国海军舰艇特性委员会对CVA 3/54这种尺寸、吨位与造价均增加不少的设计方案缺乏兴趣，不过在一些支持新方案人士的影响下，舰艇特性委员会同意在削减尺寸的前提下，尝试CVA 3/54这类新航空母舰设计方案。

对页图：舾装中的“福莱斯特”号航空母舰，可看到左舷前端与舰岛前方各有1座升降机，这样的升降机配置被认为是该舰主要缺陷之一。因此从1954年1月展开的新航空母舰设计，虽决定以“福莱斯特”级航空母舰为蓝本发展，但也对飞行甲板配置作了大幅更改，右舷升降机从舰岛前1座、舰岛后2座的配置，改为舰岛前2座、舰岛后1座，以改善降落回收时的甲板运用效率。左舷升降机也从原先的舰艏弹射器前方，往后挪到弹射器后方，以便在进行弹射作业时仍能使用升降机，并避免与右舷正对面的升降机彼此干扰。（美国海军图片）

迫切的削减吨位需求

美国海军舰艇特性委员会在1954年8月接受了让新航空母舰方案删除1条弹射器的建议，剩余的3条弹射器则采用重型的C 7蒸汽弹射器。飞机升降机尺寸则从“福莱斯特”级航空母舰的63英尺×52英尺放大到70英尺×52英尺，但仍比稍早时建议的尺寸小了许多。承载能力也仅从原先的8万磅提升到10万磅。为削减整艘航空母舰的尺寸与重量，舰艇特性委员会还打算删除1部升降机，并认为因此即使只剩3部升降机，也能为航空母舰提供足够作业能力。

新航空母舰的基本问题还是在于飞行甲板尺寸，而这又是由A3D舰载轰炸机的规格所决定的。新航空母舰方案的飞机搭载能力、航空燃油与弹药搭载量等参数都被限定在“福莱斯特”级航空母舰的75%之内。

斜角甲板降落区的净长度为525英尺（160米），比“福莱斯特”级航空母舰短50英尺（15.2米）。斜角降落区长度由3个需求决定：从舰艉末端斜坡到第一条拦阻索的距离须为150英尺（45.72米），这个长度由飞机的降落速度与降落下滑角决定；从舰艉到最后一条拦阻索的距离则须为275英尺（83.8米）；最大拦阻制动缓冲准备距离须为250英尺（76.2米）——即位于拦阻索后方、让钩住拦阻索的飞机缓冲滑跑与停止后相关整备作业的甲板空间。这3个区域的总和为525英尺，不过在降落区前端还须保留一段至少150英尺长的甲板空间，作为将降落的飞机拖离降落区的作业区域，所以斜角甲板的总长度至少需要675英尺。降落区宽度则为120英尺（36.57米），即拦阻索两侧2组绞缆轮之间的宽度。

弹射区长度由弹射器的动力行程（Power Stroke）决定，对C 7弹射器来说大约是250英尺，从弹射器末端到飞行甲板边缘的距离为20英尺，加上系止（Holdback）机构，以及50英尺长的飞机定位与喷焰折流板（Blast Deflector）机构后，整个弹射区的总长度需求为352英尺（107米）。

至于整艘舰能容纳多少飞机，则视飞行甲板长度而定。原

对页图与下图：美国海军对新型超级航空母舰的尺寸设定，以当时海外维修干坞（珍珠港）与国内造船船坞所允许的尺寸为上限，水线长、宽度上限为1080英尺×134英尺（329米×40.8米）。对页图为纽约造船厂（New York Shipbuilding）建造中的“小鹰”号航空母舰（USS Kitty Hawk CVA 63），下图为在加州猎人角（Hunter's Point）海军船厂干坞中维修的“突击者”号航空母舰，背景还可见到“珊瑚海”号与“汉考克”号航空母舰。（知书房档案）

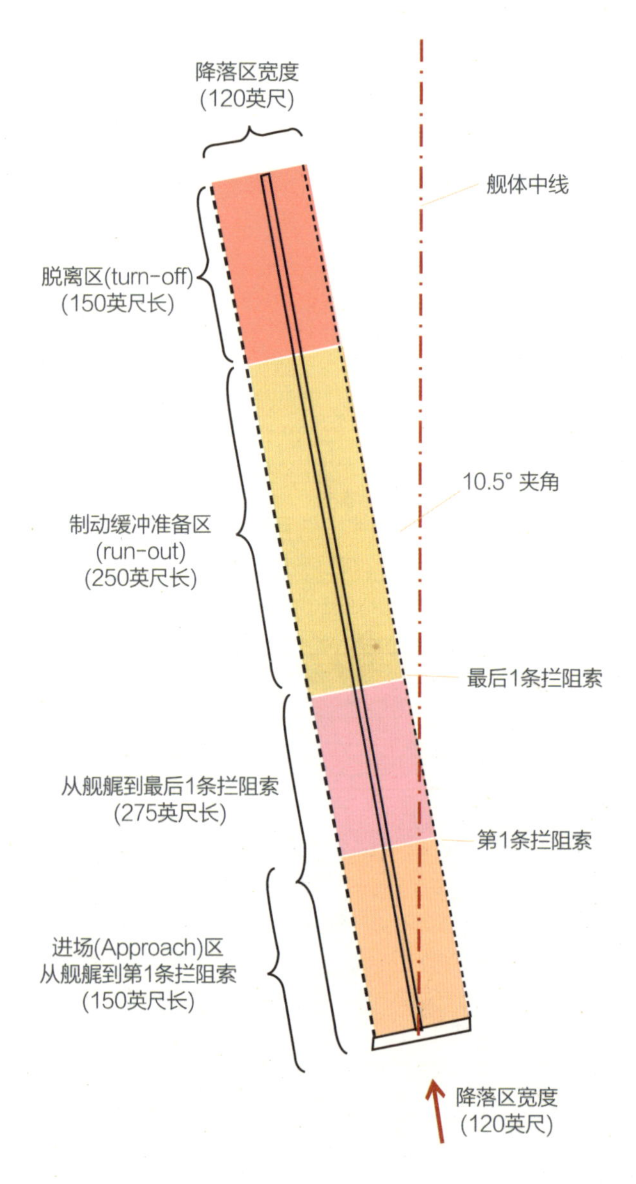

上图：美军航空母舰斜角甲板长度需求设定（1954年）。整个降落区的长度，由舰艉末端到第一条拦阻索、到最后一条拦阻索以及到制动准备区3个距离决定，最低需求为525英尺，“福莱斯特”级航空母舰则为575英尺，另外加上150英尺长的拖离区，整个斜角甲板长度需求为675～725英尺。（知书房档案）

则上可用的飞行甲板至少要有877英尺（267米）长，包括斜角甲板长度、斜角甲板降落区前端保持净空的整备区域长度（降落的飞机停止后，可立即从净空区拖离斜角降落区），以及舰艏弹射区和脱离区的长度，所以飞行甲板总长度需求为1027英尺（313米）。在前述配置下，从舰艉沿着斜角甲板右侧往舰艏方向，整个飞行甲板将有一块总长约1000英尺（305米）、呈三角形由后往前逐渐变宽的区域，可供飞机停放与起降运转作业调度。

不过，前述配置只是理想值，实际上飞行甲板长度会受舰体长度制约。由于新设计方案将舰壳水线长度缩减到940英尺，比之前的CVA 3/54设计方案短了90英尺，要在这样短的舰壳上配置长达1000英尺的飞行甲板，就会有多达60英尺的部分外张在舰体之外，就强度与稳定性来说都是不可接受的。实际允许飞行甲板外张在舰体外的长度约为40英尺，这也说明飞行甲板总长被限定在980英尺（298米）。

舰体深度基于飞机操作来决定。航空母舰舰体的干舷高度，应确保在恶劣天气下仍能保持飞行甲板的干燥，不受上浪影响。新航空

上图：美国海军在20世纪50年代初期设计超级航空母舰时，以操作A3D“空中战士”重型舰载轰炸机作为飞行甲板与机库的设计基准，弹射与回收A3D“空中战士”也成了弹射器与拦阻索的基本需求。（美国海军图片）

母舰设计方案的干舷高度，被设定为相当于水线长度的6%，也就是56.4英尺（17.19米），吃水深度则为35英尺（10.67米），所以舰体总深度为91.4英尺（27.85米）。

不过，为了确保机库高度，实际的舰体深度需求还会更大一些，对“福莱斯特”级航空母舰来说，由于机库高度为25英尺，在典型吃水深度下的干舷高度便超过61英尺（18.6米），整个舰壳的深度超过97英尺（29.5米）。

海军舰船局指出，若能像某些专家建议的那样，将机库高度从25英尺降为21英尺，则舰体深度便能从97英尺降为93英尺。

为进一步削减舰体尺寸，海军舰船局还打算把水下侧防护隔舱删去1层，借以缩减水线宽度，这是一种相当有效的减重手段。每缩减1英尺舰体长度大约可减轻50吨，每缩减1英尺舰体舷宽可减轻250吨，每缩减1英尺的舰体深度则能减重230吨，而删去1层水下鱼雷防护隔舱、1部升降机或1条弹射器，有类似缩减舰壳深度的减重效果[1]。各项减重措施累加起来一共可减轻

[1] 虽然1部升降机或1条弹射器的设备重量高于230吨，但就整个舰体结构来说，删去1部升降机或1条弹射器的减重效果并不完全等同于减少了设备的这些重量。

大约7000吨重量，使满载排水量降到6.4万吨左右。

前述设计形成了CVA 5/54设计研究方案，经进一步发展后演变为SCB 127设计方案，也就是被列在1956财年造舰计划中的“小鹰”号航空母舰的设计基础。

成本与性能的平衡

海军舰船局于1954年10月完成SCB 127设计草案，考虑到CVA 5/54设计研究方案所采用的940英尺长舰体无法满足内部容积需求，于是海军舰船局将SCB 127航空母舰的舰壳长度延长到960英尺（292.6米），舷宽与舰体深度分别为130英尺（39.6米）与97英尺（29.56米），在22万轴马力主机驱动下，预期可有32节试航航速（“福莱斯特”级航空母舰主机输出功率虽然

下图：为确保飞行甲板在恶劣天气下不受上浪影响，加上必须在水线上舰体内使机库有足够的高度，因此美国海军超级航空母舰在不同吃水深度下的干舷高度至少都有61英尺（18.6米）。图片为“独立”号航空母舰的舰艉，从甲板上人员的比例即可看出干舷高度相当高。（美国海军图片）

多了6万轴马力，但航速也只有33.6节）。

SCB 127航空母舰的飞行甲板与燃油、弹药携载都采用了新配置。航空军械承载量为1800吨，稍低于“福莱斯特”级航空母舰。航空汽油承载量为67.5万加仑，虽然低于“福莱斯特”级航空母舰的75万加仑，但已比最初规划的50万加仑多出不少。在飞行甲板方面，弹射器只有3条，飞机升降机也只有3部，删除了左舷升降机，只剩右舷3部升降机，舰艏左舷弹射器也只剩1组，而且弹射器的飞机弹射能力与升降机的承载能力也都比“福莱斯特”级航空母舰低10%。

通过规格上的删减，SCB 127航空母舰的减重成效相当显著，不过性能上的局限依旧相当大，因此最初的草案很快就被放弃。海军舰船局随后修订了SCB 127暂订草案的规格，在左舷后方增设1部飞机升降机，使全舰的飞机升降机增加到4部，舰艏左舷边缘也增设第4组C 7弹射器。

除了将飞机升降机的数量恢复为4部与弹射器的数量恢复为4组外，海军舰船局在修改SCB 127设计方案时的考量重点，还包括改善同时弹射与回收飞机时的作业效率，通过调整弹射器布置方式，可允许邻接的2组弹射器同时作业，而且邻接的2组弹射器上，可允许最大翼展75英尺的2架飞机同时待射（当时翼展最大的A3D“空中战士”轰炸机，翼展也不过72.5英尺）。

海军舰船局还认为，可以接受只在SCB 127航空母舰上部署编制较小的舰载机大队，借此改进飞行甲板的配置。不过海军舰船局虽有心削减舰体尺寸，但要配备4部升降机与4组重型弹射器，所需的最小舰体规模就已十分接近“福莱斯特”级航空母舰。初步设计草案显示，尽管考虑了削减主机功率与降低弹药、燃料承载量等，如航空军械承载量降到1700吨，但舰体长度仍达到975英尺，轻排水量与满载排水量分别达到5.7万吨与7.225万吨，与“福莱斯特”级航空母舰相差无几。

海军参谋部空中作战部认为，确保航空作业能力达到“福莱斯特”级航空母舰的水平，是修改后的SCB 127设计方案不可或缺的目标，若要降低成本与尺寸，唯一能牺牲的只有自卫武装，也就是说，比起自卫武装，海军参谋部空中作战部认为航空作业能力更为重要，必要时宁可削减自卫武器规格，也要确保航空作业能力。

海军在预备设计时也发现，尽管就建造工程本身来看，SCB 127航空母舰确实比“独立”号航空母舰更便宜，所需的建造时间也大致相当。不过由于必须制定新的建造计划并设计相关新型元件，将导致新设计的净成本攀升，并造成建造时程的延迟。

另一方面，考虑到核动力已经接近实用化，海军高层打算让未来的大型航空母舰都改用核动力推进，在实际建造核动力航空母舰之前，美国海军将只剩下不超过1至2艘的传统动力航空母舰建造需求，如果采用SCB 127航空母舰这种只能稍微改善飞行作业能力，但却必须以削减整体性能为代价的新设计（较低的飞机搭载能力与较少的弹药、燃料承载量等），在成本、时间与人力上都是不经济的。

于是到了1954年底时，美国海军决定让新航空母舰CVA 63仍继续沿用“独立”号航空母舰的设计，这也让CVA 63从最初规划的一种新设计舰型，转变成为“福莱斯特”级5号舰。不过，海军内部依旧有许多人对“福莱斯特”级航空母舰的设计表示不满，因此美国海军另外展开一项列为备选的SCB 153研究方案，来研究修改“福莱斯特”级航空母舰设计的相关议题。

“小鹰”级航空母舰的设计成形

新一轮航空母舰设计研究从CVA 4/55研究方案开始，采用了部分SCB 127设计方案的概念元素，沿用了自“福莱斯特”级航空母舰以来的飞行甲板兼强力甲板概念，舍弃了独立的强力甲板设计，其最大特征则是通过全新设计或是改进的飞行甲板构型，试图解决“福莱斯特”级航空母舰飞行甲板设计存在的

缺陷。

如其中的Scheme N设计方案，就采用了一种既可确保同时进行弹射与起飞作业但又无须设置斜角甲板的崭新设计——舰岛被挪到舰体中央，空出右舷，然后在右舷2部舷侧升降机之间设置舰艏弹射器，左舷则设有第3部升降机。这种构型十分奇怪，不过概念上有可取之处，可确保在任何情况下，飞机都无须在飞行甲板的中轴线上进行作业，起飞与降落自然也互不干扰。

还有另外2种CVA 4/55设计方案，均以搭配A3D“空中战士”重型轰炸机与F7U“短剑”式战斗机为目的，并采用了不规则五边形的飞机升降机平台，外侧长85英尺，内侧长70英尺，宽度仍维持在52英尺（“福莱斯特”级航空母舰的升降机则为63英尺×52英尺的方形造型）。这种特殊造型是为了容纳机鼻较长、当时正在初期规划阶段的A3J超声速攻击机所做的特别设计。

在CVA 4/55设计方案研究中的飞行甲板构型，是海军航空局与海军参谋部空中作战部在1954年2月提出的新设计。这种新的飞行甲板构型大致上可视为“福莱斯特”级航空母舰飞行甲板的

下图：1999年8月，美国海军航空母舰“星座”号（前面位置）和“小鹰”号在西太平洋海域参加航空母舰联合演习。根据计划，“星座”号于2003年退役，它的位置被“罗纳德·里根”号取代，而“小鹰”号于2008年被CVN-77号航空母舰取代。（知书房档案）

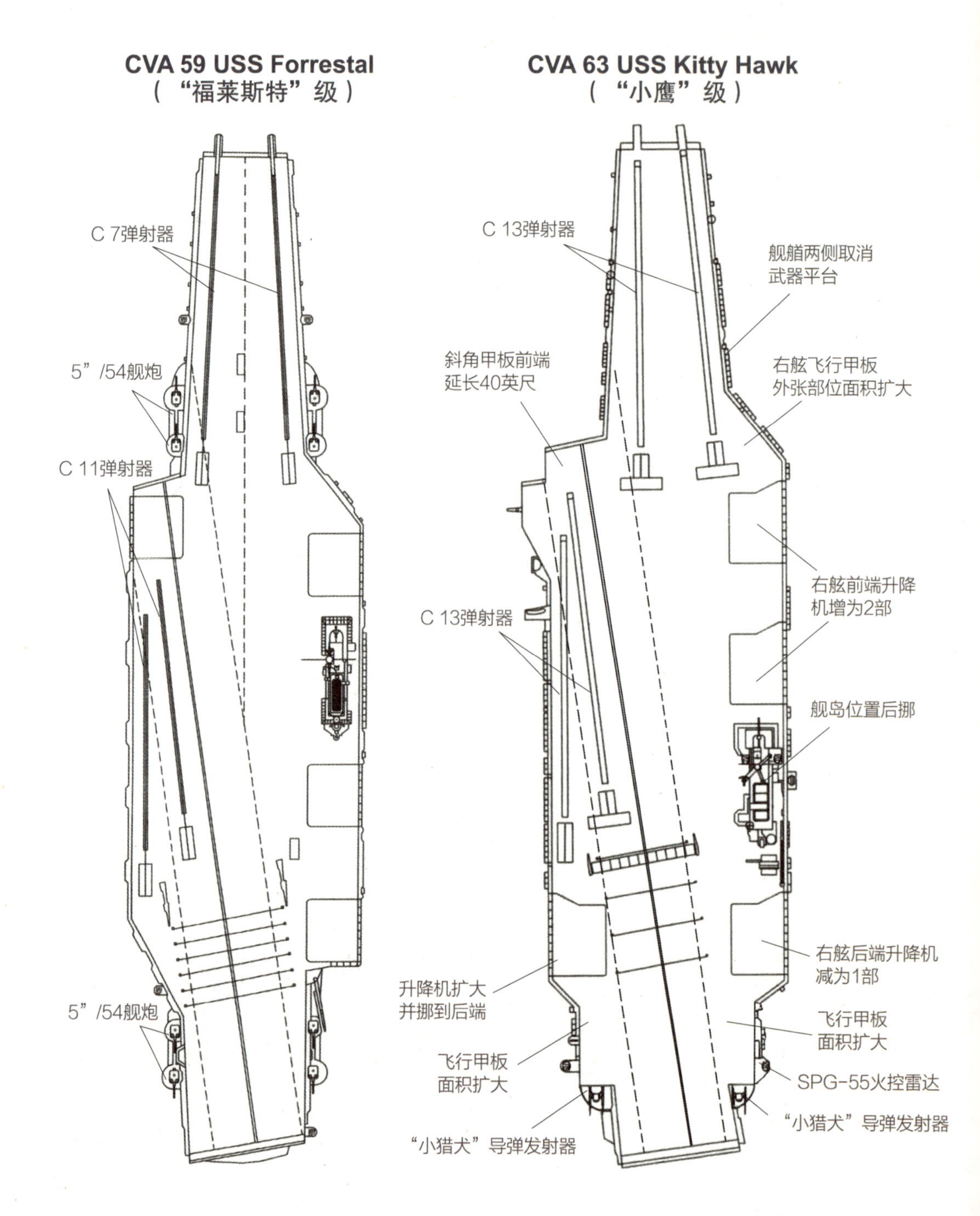
CVA 59 USS Forrestal
（“福莱斯特”级）
C 7弹射器
5”/54舰炮
C 11弹射器
5”/54舰炮
CVA 63 USS Kitty Hawk
（“小鹰”级）
C 13弹射器
舰艏两侧取消
武器平台
斜角甲板前端
延长40英尺
右舷飞行甲板
外张部位面积扩大
右舷前端升降
机增为2部
C 13弹射器
舰岛位置后挪
右舷后端升降机
减为1部
升降机扩大
并挪到后端
飞行甲板
面积扩大
飞行甲板
面积扩大
SPG-55火控雷达
“小猎犬”导弹发射器
“小猎犬”导弹发射器

变形改进版，但由于仍以飞行甲板为强力甲板，甲板上只允许纵向、与中线夹角不大的开槽，所以在弹射器布置上，相较于“福莱斯特”级航空母舰没有太大变化，升降机则采用了全新布置方式，舰岛位置也向舰艉方向后挪了。

确认新的飞行甲板构型后，紧接着便由海军舰船局开始设计搭配BuAer/OP-55新型飞行甲板的舰体，推出了一系列以CVA 64为代号的设计方案，意味着这种新设计预定从CVA 64航空母舰开始采用。

如同往例，CVA 64设计方案是从可允许的“最小”舰型起步，被称为CVA 64A的设计方案拥有970英尺长的水线，预期成本2.14亿美元，较继续建造“福莱斯特”级航空母舰所需的1.96亿美元高出不少，但功能上却有不少牺牲。如受限于较短的舰体，飞机起重机从右舷外张结构末端，挪到了舰岛后方的飞行甲板上，但这又妨碍了甲板作业。

接下来的CVA 64B设计方案的尺寸与“福莱斯特”级航空母舰相近，并有扩大面积的升降机设计；CVA 64C设计方案则是将BuAer/OP-55新型飞行甲板直接安装到“福莱斯特”级航空母舰舰体上。就性能来说，这个方案最接近海军期望的目标，拥有改善的飞行甲板，航空作业能力相较于“福莱斯特”级航空母舰也没有减损，唯一没能达到的目标是削减吨位；CVA 64D设计方案则符合了SCB 153研究方案要求的所有标准，并能容纳接近标准规格的水下鱼雷防护隔舱，还有改进的主机舱配置，预期成本为2.1555亿美元，只比规格、性能差了许多的CVA 64A设计方案稍贵一点。

由于海军部分人士希望能提高新航空母舰的航程性能，于是接下来的CVA 64E设计方案拥有一个全新设计、可携载更多燃油的舰体，不过成本也高达2.305亿美元。剩余的几种方案都是沿用“福莱斯特”级航空母舰设计的CVA 63衍生型，大致上都是在“福莱斯特”级航空母舰的基本设计上引进一些SCB 153/CVA 4/55研究的成果：如CVA 64F

对页图：“福莱斯特”级（左）与“小鹰”级航空母舰（右）飞行甲板构型对比。从对比中可看出在升降机、舰岛与自卫武装方面的配置变化最大。在飞机升降机方面，“小鹰”级航空母舰的升降机面积有所扩大，形状也有改动，可停放更细长的舰载机。左舷升降机从弹射器前方挪到了后方，新的位置不会妨碍到弹射作业，降落回收飞机时也不会与右舷升降机互相干扰。右舷升降机则沿舰岛形成二前一后配置，而非“福莱斯特”级航空母舰的一前二后，舰岛亦从右舷中央位置往后挪，如此可提高甲板上最重要的三角停放区调度运作效率，能就近使用右舷前端2部升降机出入机库。而通过新的升降机配置，左、右舷外张甲板前后两端的飞行甲板面积也都有所扩大，增加了不少停放面积。另外值得注意的一点是，最早服役的“福莱斯特”号航空母舰采用6条拦阻索，后来的超级航空母舰则减少着4条拦阻索。在武器系统方面，原先“福莱斯特”级航空母舰上的8门5英寸54倍口径炮，在“小鹰”级航空母舰上被2座双臂“小猎犬”防空导弹发射器取代，且只在舰艉设有武装，舰艏两侧的武器外张平台被取消。另外舰艏2条弹射器的位置也稍向右挪，减少了对左舷舰舯弹射器可能的干扰。为了配合“小猎犬”导弹，在“小鹰”级航空母舰的舰岛与舰艉两侧一共设有4套SPG-55追踪/火控雷达。（美国海军图片）

1967年8月，随着美国逐步被拖入越南战事中，“福莱斯特”号开始在菲律宾群岛沿岸巡航。（美国海军图片）

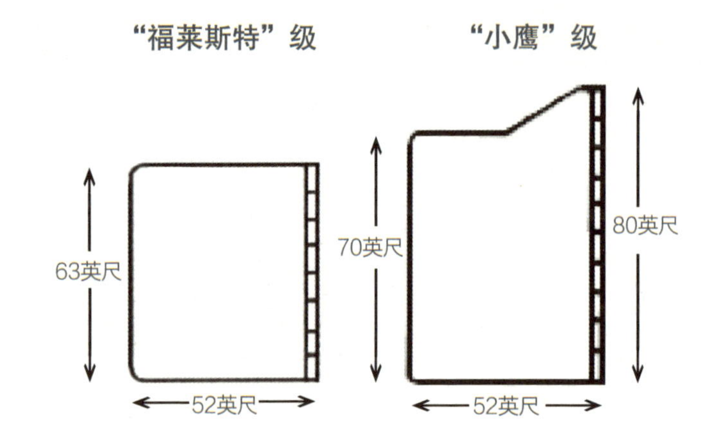

右图：“福莱斯特”级（左）与“小鹰”级航空母舰（右）飞机升降机平台构型对比。可看出“小鹰”级航空母舰的升降机平台面积有所扩大，并改用不规则的五边形造型，以应对日后机体更细长的新一代超声速飞机作业所需。（知书房档案）

设计方案引进了新的航空燃油配置，预期成本为2.1亿美元；CVA 64G设计方案采用新的飞机升降机构型，预期成本为2.1亿美元；CVA 64H设计方案采用新的飞行甲板设计，预期成本为2.125亿美元。

1954年秋，在美国海军研拟CVA 64设计方案时，核动力航空母舰的研究已接近成熟，美国海军希望CVA 65以后的新航空母舰都采用核动力构型，所以美国海军此时将只剩1艘CVA 64可以应用传统动力的SCB 153设计方案，然而单单为了1艘舰而引进不同的新设计，在经济上显然不划算，于是SCB 153设计方案便在1955年9月14日中止。

不过在这时候，考虑到下一艘新航空母舰CVA 63的建造计划才刚开始不久（即后来的“小鹰”号航空母舰，正式签约时间是在1955年10月1日），所以美国海军决定调整“小鹰”号航空母舰的设计，提早在这艘航空母舰上引进原定CVA 64航空母舰才会采用的SCB 153设计方案的新飞行甲板构型，替换“小鹰”号航空母舰原本预定沿用的“福莱斯特”级航空母舰飞行甲板构型。

由于时程紧迫，已经来不及为“小鹰”号航空母舰重新设计一组符合SCB 153设计方案标准的飞机升降机，临时的变通方

法是在既有的飞机升降机平台外侧加上一段派饼形（Piesharp）外板，从而解决升降机平台面积问题。

“小鹰”号航空母舰便成为一种混合了“福莱斯特”级航空母舰的舰体与主机、加上SCB 153新型飞行甲板构型的新航空母舰。接下来在1956年7月1日签约的“星座”号航空母舰（USS Constellation CVA 64）也沿用了相同设计，2艘舰被赋予SCB 127A的新设计代号。这也让原本成为“福莱斯特”级5号舰的“小鹰”号，摇身一变成为一级新航空母舰——“小鹰”级（Kitty Hawk Class）航空母舰的首舰。

虽然美国海军从开始规划“福莱斯特”级航空母舰以来，所持续关注的削减成本与吨位目标，在“小鹰”级航空母舰上未能实现，“小鹰”级航空母舰的尺寸、吨位反而都较“福莱斯特”级航空母舰略大，建造费用也稍高，但飞行甲板构型合理，运作效率高，搭载能力强，因而成为日后新航空母舰的设计基准。

下图：1979年1月，美国海军“小鹰”级航空母舰在南海航行，旁边是补给舰“尼亚加拉瀑布”号和巡洋舰“莱希”号（Leahy）。（美国海军图片）

63

现代超级航空母舰的完成式——“小鹰”级航空母舰

“小鹰”级航空母舰一共有“小鹰”号、“星座”号、“美利坚”号（USS America CVA 66）与“肯尼迪”号航空母舰（USS John F. Kennedy CVA 67）4艘，其中“肯尼迪”号航空母舰由于拥有多项修改，与前3艘差异较大，有时被单独列出。

但若按照美国海军最初的规划，原本不会有“小鹰”级航空母舰，而应该是“独立”级（CVA 62）或“星座”级（CVA 64）航空母舰。当美国海军舰船局在1953—1954年间规划“福莱斯特”级后继舰时，原提议从列在1955财年造舰计划中的“独立”号航空母舰起，便开始采用新的CVA 1/54设计方案构型，引进包括修改飞行甲板结构与舰体装甲箱在内的多项新设计，甚至连1954财年的“突击者”号航空母舰都准备采用这些设计修正，所以新一级航空母舰应该会被称为“独立”级（CVA 62）或“突击者”级（CVA 61）。

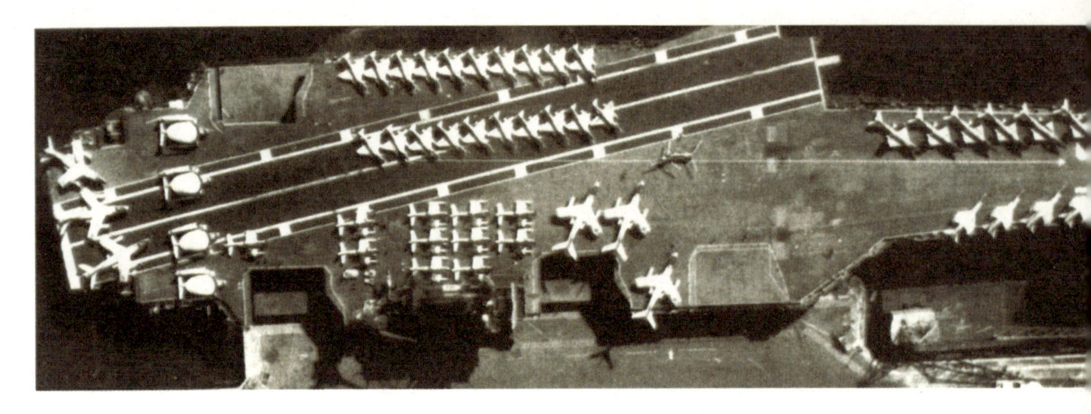

本页图：“小鹰”级“星座”号（上）与“福莱斯特”级首舰“福莱斯特”号航空母舰（下）的飞行甲板构型对比。可注意到“小鹰”级航空母舰的舰岛较为靠后，舰岛前方有2部升降机、后方有1部升降机；“福莱斯特”级航空母舰的舰岛则位于舰体右舷中央，舰岛前后的升降机数量与“小鹰”级航空母舰恰好相反。另外，“小鹰”级航空母舰左右舷外张甲板前后两端都有所扩大，升降机平台的形状也不同。（美国海军图片）

“小鹰”级航空母舰的起源

不过由于时程赶不及，“突击者”号与“独立”号航空母舰仍沿用“萨拉托加”号航空母舰的基本设计，并分别在1954年2月与7月签订建造合约，成为“福莱斯特”级的3、4号舰。相较于“萨拉托加”号航空母舰，这2艘新航空母舰唯一的更改只是将舰舯的2条弹射器从C 11-1换为更强力的C 7而已。

海军舰船局仍继续发展CVA 1/54设计方案，并在稍后演变为CVA 3/54。由于CVA 3/54航空母舰的造价过于昂贵，接下来又演变为规格有所删减的CVA 5/54，最后形成SCB 127设计方案。

“福莱斯特”级与“小鹰”级航空母舰基本参数对比

级别	“福莱斯特”级	“小鹰”级
轻排水量(吨)	55587[1] 59076[2]	55934[3] 60005[4]
标准排水量(吨)	61613[1]	—
满载排水量(吨)	76614[1] 78509[2]	76495[3] 80945[4]
全长/水线长(英尺)	1039 / 990	1047-6 / 990
水线宽/最大宽(英尺)	126-4 / 252	126-4 / 249-4
吃水深(英尺)	33-9[1] 37-0[2]	35-6 35-9[2]
飞行甲板尺寸(英尺)	1018×237	1047×238
机库甲板尺寸(英尺)	740×101	740×101
升降机面积(英尺)	63×52(×4部)	70/80×52(×4部)
升降机承载力(磅)	79000	89000
弹射器	C7×2+C11-1×2[5] C7×4[6]	C13×4
拦阻索	MK7-1×6[1] MK7-1×4[7]	MK7-2×5
主机功率(马力)	260000[8] 280000[9]	280000
自卫武装	MK 42 5英寸舰炮×8	“小猎犬”导弹发射器×2
航空军械承载量	1650(吨) 1718(吨)[2]	1800(吨)
航空燃油承载量(加仑)	航空重油：789000 航空燃油：750000	航空重油：1837512[4] 航空燃油：93384[4]

注：① 完工时的“福莱斯特”号航空母舰数据。

② 1974年时的“福莱斯特”号航空母舰数据。

③ 1958年的“小鹰”号航空母舰估计数据。

④ 1967年的“星座”号航空母舰数据。

⑤“福莱斯特”号与“萨拉托加”号航空母舰数据。

⑥“突击者”号与“独立”号航空母舰数据。

⑦ 20世纪60年代初期以后的“福莱斯特”级航空母舰数据。

⑧“福莱斯特”号航空母舰数据。

⑨“福莱斯特”级后3舰数据。

对页图：1962年，“小鹰”号航空母舰正在为“萨姆纳”级驱逐舰“麦克恩”号和“哈里·E.哈伯德”号进行海上加油，此时距离“小鹰”号编入美国海军太平洋舰队已有1年。（美国海军图片）

然而SCB 127设计方案还是没能应用到接下来建造的“小鹰”号航空母舰上。为了节省时间与成本，美国海军在1954年底时决定“小鹰”号航空母舰将继续沿用“独立”号航空母舰的设计，这让“小鹰”号航空母舰从最初规划的一种新设计舰型转变为“福莱斯特”级的5号舰。但“福莱斯特”级航空母舰固有的飞行甲板设计缺陷依旧存在，美国海军便在另一项SCB 153设计方案中继续发展“福莱斯特”级航空母舰的改进设计。

在SCB 153设计方案中，海军舰船局先尝试了一系列采用全新飞行甲板配置的CVA 4/55方案，最后决定采用海军航空局与海军参谋部航空作战部于1954年2月提出的一种飞行甲板提案，接下来便以这种飞行甲板构型为基础，提出一系列以CVA 64为代号的设计方案，意味着将从CVA 64起开始应用这些新设计，如果按照这样的规划执行下去，新航空母舰理论上将会被称作“星座级”。

但此时核动力航空母舰研究已经接近成熟，美国海军希望从CVA 65以后的航空母舰都采用核动力，所以接下来只剩1艘CVA 64仍旧采用传统动力的SCB 153设计方案，然而仅仅为了1艘舰而采用新设计，在经济上显然不划算。于是SCB 153设计方案便在1955年9月14日中止。1955年，“小鹰”号航空母舰的建造计划以及针对核动力航空母舰的CVA 9/55研究方案都才开始不久[1]，仍有更改设计的余裕，于是美国海军便决定调整“小鹰”号航空母舰与新型核动力航空母舰的设计，为这2个计划引进SCB 153中的新型飞行甲板。接下来在1956年7月1日签约的“星座”号航空母舰也沿用了相同设计，2艘舰被赋予SCB 127A的新设计代号。这也让“小鹰”号航空母舰成为一级新航空母舰的首舰。

[1] “小鹰”号航空母舰是在1955年10月1日签约，CVA 9/55后来则演变为SCB 160设计方案，也就是“企业”号航空母舰的设计代号。

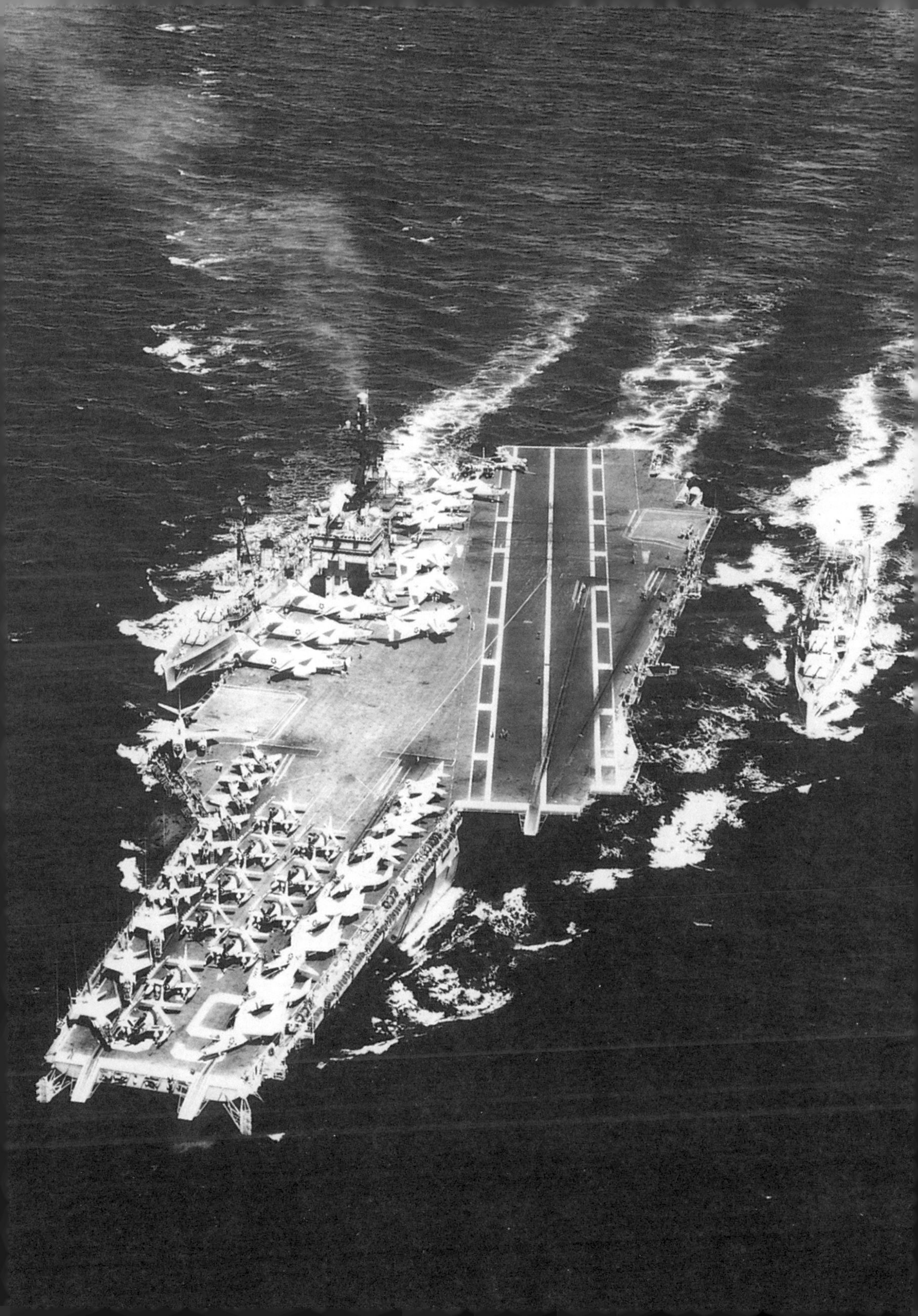

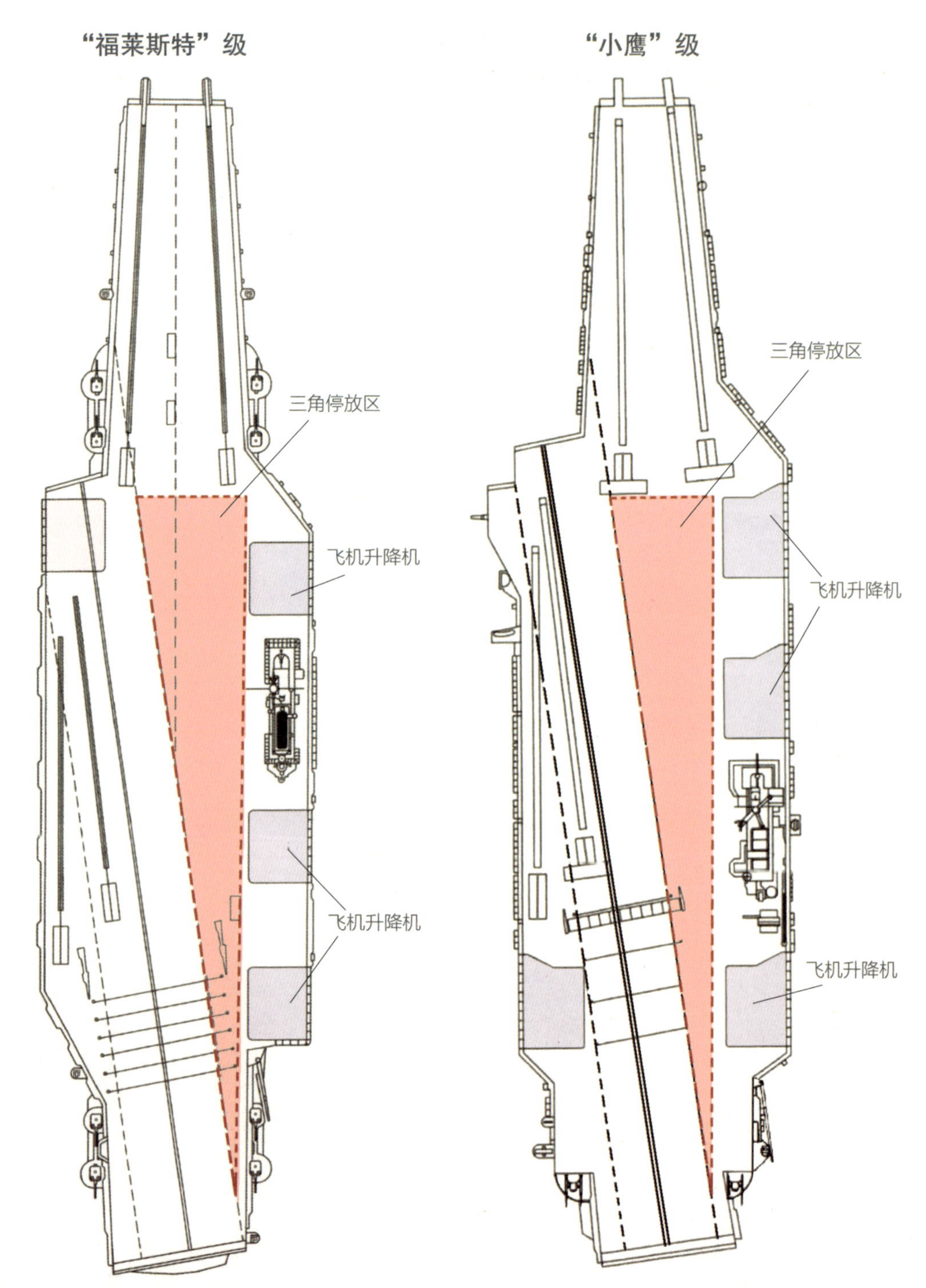
“福莱斯特”级
“小鹰”级
三角停放区
飞机升降机
飞机升降机
三角停放区
飞机升降机
飞机升降机

“小鹰”级航空母舰的设计特性——日后美国超级航空母舰的原型

与“福莱斯特”级航空母舰相比，“小鹰”级航空母舰的吨位略大，舰体水线长度与舷宽大致相同，吃水略浅，飞行甲板略长，但宽度稍窄[1]；动力系统采用8部每平方英寸1200磅作业压力的福斯特·惠勒（Foster Wheeler）蒸汽锅炉，搭配4部西屋的减速齿轮蒸汽涡轮机，输出功率28万轴马力，最大航速可达到33节。

“小鹰”号航空母舰的总长度为1062英尺8英寸（323.9米），“星座”号航空母舰更长一些，为1072英尺6英寸（326.89米），不过2艘“小鹰”级航空母舰的最大舷宽都只有249英尺4英寸（75.99米）。

“小鹰”级航空母舰在飞行甲板构型、航空设施与自卫武装方面都引进了新设计，这些设计不仅解决了前一代“福莱斯特”级航空母舰的缺陷，也为后来的“尼米兹”级（Nimitz Class）航空母舰所沿用，因此“小鹰”级航空母舰也可视为之后美国海军超级航空母舰的原型，在美国航空母舰发展史上具有承前启后的作用。

[1] “福莱斯特”级航空母舰的舰体总长度为1039英尺（316.68米，CVA 59～CVA 61）或1046英尺（318.82米，CVA 62），最大舷宽为252英尺（76.8米），CVA 61舷宽是259英尺10英寸（79.2米）。

对页图：“福莱斯特”级与“小鹰”级航空母舰飞行甲板“三角停放区”配置对比。

为了应对高强度的作战需求，美国海军航空母舰搭载的舰载机联队编制规模达到了80～100架，但机库最多只能容纳其中一半的飞机，剩余飞机必须常驻停放在飞行甲板上。因此，如何在兼顾飞行甲板既有的起飞与降落作业需求的前提下，获得尽可能高的飞机停放与调度作业效率，也就成了航空母舰飞行甲板设计时的一大重点。

对于20世纪50年代以后配置了斜角甲板的航空母舰来说，飞行甲板上的飞机停放与调度是以“三角停放区”为核心。三角停放区指的是斜角甲板与舰艏弹射区之间所夹的三角区域，利用这块区域，可在不干扰舰艏弹射作业与斜角甲板降落作业的情形下，自由地停放与调度飞机，是航空母舰飞行甲板上重要的停放区与调度区。

由于斜角甲板是从舰艉朝向舰艏左舷倾斜，这也让三角停放区形成前宽后窄的形状，靠舰岛前方的三角停放区可用面积最大，可停放更多舰载机，理论上说应在舰岛前方配置较多的升降机，以便应对该区域较多的舰载机调度所需。

但“福莱斯特”级航空母舰受先天设计的局限，右舷的3部升降机沿着舰岛形成一前两后的配置，三角停放区前端只有舰岛前方的1部升降机可用。舰岛后方虽然配有2部升降机，但舰岛后方的三角停放区面积明显较小，升降机的利用率相对不如舰岛前方，整体配置效率欠佳。

与“福莱斯特”级航空母舰相比，“小鹰”级航空母舰通过挪动舰岛位置，让右舷3部升降机沿着舰岛形成两前一后的配置，让调度需求频繁的三角停放区前端就近利用舰岛前方的2部升降机。相对地，舰岛后方仅配置1部升降机，足以应对三角停放区后端的调度作业所需。

除了更改右舷的舰岛与升降机配置外，“小鹰”级航空母舰将原本位于左舷舰舯弹射器前端的1部升降机后挪到弹射器后端，便可在不干扰弹射器与斜角甲板作业的情况下使用这部升降机。通过前述的飞行甲板配置改进措施，飞行甲板运作效率有大幅度的改善。因此“小鹰”级航空母舰的飞行甲板配置也为日后的美国航空母舰设计所沿用，成为美国海军超级航空母舰的标准构型。（美国海军图片）

“星座”号航空母舰建造过程中的火灾意外

1960年12月19日，“星座”号航空母舰正在布鲁克林纽约海军船厂中进行最终舾装。当机库甲板上的造船工人以堆高机搬运货物时，货物意外撞到堆放于机库甲板的钢板，受撞击的钢板跟着又撞破一旁的500加仑柴油油舱接头，导致燃油外泄，燃油被焊枪火星引燃，火苗随后延烧到木制脚手架并引发大火，火焰与浓烟很快便布满舰上通道。

当时刚结束3天前的空难（12月16日一架美国航空DC-8客机坠毁于纽约史坦登岛与布鲁克林一带）救援任务的消防队员便立即赶来支援。纽约消防队虽然救出了上百名造船工人，但仍有50名工人死亡，伤者超过300人。在船厂员工与纽约消防队全体努力下，“星座”号航空母舰上的大火于17小时后扑灭。

火灾造成的损失达到7500万美元，导致“星座”号航空母舰必须

右图与对页图：1960年12月19日，在布鲁克林纽约海军船厂中进行最终舾装工程的“星座”号航空母舰发生大火事故，右图为笼罩在浓烟中的“星座”号航空母舰，对页图为利用云梯车登上“星座”号航空母舰救火的纽约消防队员。（美国海军图片）

换掉长达120米的飞行甲板钢板，包括弹射器、部分缆线与战情中心电子设备在内的许多装备也受损需要更换，服役时间因此至少延后了7个月。

当时“小鹰”号与“星座”号2艘航空母舰都正在纽约一带建造，因此曾有人指出，失火的其实是“小鹰”号航空母舰，但为了赶上服役时程，海军便将“小鹰”号与“星座”号航空母舰的舷号互换，让“星座”号顶替成为“小鹰”号航空母舰服役。但这个说法可能是混淆了纽约造船公司与布鲁克林纽约海军船厂，承造“星座”号航空母舰的纽约海军船厂位于布鲁克林炮台公园东北处岸边，而承造“小鹰”号航空母舰的纽约造船公司，则位于德拉威河东岸的新泽西。事实上，《纽约时报》（*The New York Times*）刊出的一则简短失事报道便澄清了此事，明确指出失火的航空母舰是纽约海军船厂的“星座”号航空母舰。

对页图：在“福莱斯特”级航空母舰上，舰艏两侧用于安装MK 42 5英寸口径炮的武器平台，在恶劣天气下对航行性能造成的负面影响一直是个恼人的问题。为确保5英寸口径炮不妨碍甲板运作，这两座平台的高度较低，但又为了容纳5英寸口径炮供弹机构，平台构造的深度相当深，平台下缘已接近水面，恶劣天气下有容易上浪及影响航速等问题。于是在后续的“小鹰”级航空母舰设计中，便宁可牺牲武器射界覆盖，取消了舰艏两侧的武器平台，只保留舰艉的武器平台，借此让舰艏更光滑，改善适航性。上为“福莱斯特”级航空母舰，下为“小鹰”级航空母舰舰艏正面图片，可以看出“小鹰”级航空母舰舰艏两侧要“干净、光滑”许多，少了“福莱斯特”级航空母舰左右两侧凸起的大型外张武器平台。事实上，除了“突击者”号航空母舰以外的3艘“福莱斯特”级航空母舰，也都在20世纪60年代中后期撤除了舰艏两侧武器平台，借此改善适航性能。（知书房档案）

改进的飞行甲板构型

飞行甲板是“小鹰”级航空母舰的新设计，它解决了“福莱斯特”级航空母舰飞行甲板布置的缺陷。其实早在1953年中，当美国海军决定变更“福莱斯特”级航空母舰原始设计、引进新的斜角甲板构型时，就明白“福莱斯特”级航空母舰飞行甲板配置仍存在缺陷。但无奈的是，“福莱斯特”级航空母舰在开工后才引进新的飞行甲板构型，必须迁就于既有舰体设计，所以飞行甲板无法采用最理想的构型。

而到了规划“小鹰”级航空母舰时，就无须再做这种妥协，可重新调整舰岛与飞机升降机位置。“小鹰”级航空母舰的飞行甲板构型源自海军航空局与海军参谋部航空作战部在1954年2月提出的构想，相较于“福莱斯特”级航空母舰的飞行甲板，这种飞行甲板构型有4点改进。

◆ 变更右舷舰岛与3部舷侧升降机相对位置。“小鹰”级航空母舰将舰岛往后挪，并在舰岛前方布置2部升降机，舰岛后则只剩1部升降机，成为两前一后的布置。借此可改善飞行甲板三角停放区调度效率，三角停放区内的飞机可就近利用舰岛前方这2部升降机进出机库，且能加快降落作业时的飞机处理速度——从斜角甲板降落的飞机，可从斜角甲板前端离开并进入三角停放区，然后利用右舷2部升降机回收到机库内。

◆ 将左舷舷侧升降机挪后。左舷舷侧飞机升降机的位置从“福莱斯特”级航空母舰的斜角甲板前端挪到舰舯弹射器的后方，左舷飞机升降机运作与斜角甲板区及左舷舰舯弹射器的作业互不干扰，当斜角甲板后端进行降落作业或前端进行弹射作业时，仍能正常使用左舷升降机。

◆ 将斜角甲板后端的拦阻索安装位置向前挪动。与“福莱斯特”级航空母舰相比，“小鹰”级航空母舰的拦阻索安装位置前挪了大约30英尺，可让舰载机降落时的触地点前挪，从而增加舰载机降落进入舰艉时的垂直安全高度，减少撞上舰艉的概率。拦阻索位置前挪之后，斜角甲板可用制动距离减少，“小鹰”级航空母舰的斜角甲板前端也向舰艏方向延长了40英尺。

◆ 扩大飞行甲板面积。“小鹰”级航空母舰两舷外张甲板面积都有所扩大，这不仅增加了可用停放空间，而且能进一步提高甲板调度灵活性。

实际证明，“小鹰”级航空母舰的飞行甲板构型确实提高了作业效率，因而成为美国海军超级航空母舰标准甲板构型，为后来的“尼米兹”级航空母舰所沿用，一直到之后设计的“福特”级（Ford Class）才出现重大的配置更改。

航空设施新配置

在规划“小鹰”级航空母舰时，美国海军曾考虑让这级新航空母舰增加携带特殊燃料（Exotic Fuel）与过氧化氢燃料的能力。这类燃料具有高危险性，与航空汽油一样必须储放于装甲箱区域的特殊油舱中，不像JP-5航空燃油那样安全方便。

美国海军自20世纪50年代初期开始采用高闪点的JP-5航空燃油作为喷气式飞机标准燃油，但当时美国海军仍操作着数种活塞动力舰载机，如AD“天袭者”、AJ“野人”以及几款直升机，因此航空母舰依旧必须在装甲箱油舱中携带给活塞发动机使用的航空汽油。

相对于专门给老式活塞螺旋桨飞机使用的航空汽油，新的特殊燃料则属另一极端。这类被称为高能燃料（High Energy Fuel, HEF）或高性能燃料（Zip Fuel）的新燃料，通常为硼基（Boron-Based）并具有剧毒，尽管其极难处理，但可用于新一代超声速与高超声速（Hypersonic）飞机。当时研发中的几种超声速航空武器，如空军的XB-70轰炸机、XF-108拦截机与CIM-10防空导弹，以及海军的A3J超声速攻击机等，都打算采用这类能量密度极高的新燃料。过氧化氢燃料则是飞机助推火箭所用的燃料，运用与储放上有相当高的危险性。

按时程看来，海军的新航空母舰将会在高能燃料获准投入使用之前便先行服役，因此为了配合高能燃料的发展，海军舰船局在“小鹰”级航空母舰前身的SCB 153研究方案中，曾希望重新调整新航空母舰的燃油承载规格，从中预留搭载高能燃料的空间：一方面大幅减少航空汽油的承载量，将JP-5航空燃油承载量从“福莱斯特”级航空母舰的79.2万加仑增加到130万加仑；另一方面则追加高能燃料与过氧化氢燃料各20万加仑，以便为喷气式飞机准备高能燃料。

但这个提议最后遭到否决，虽然高能燃料最初曾被空军XB-70与海军A3J超声速攻击机计划指定采用，实际上这种新燃料的必要性却不如原先设想的那样大，于是让新航空母舰携带高能燃料的构想便在1955年8月8日正式终止，最后只通过减少航空汽油、增加JP-5航空燃油承载量，以及追加携带过氧化氢的提议（后来过氧化氢也没被普遍使用）。

除修改燃油配置外，“小鹰”级航空母舰另一项重要航空设施改进在于引进更强力的蒸汽弹射器与飞机降落拦阻设备。在弹射器方面，以C 13弹射器取代了“福莱斯特”级航空母舰的C 7；拦阻索装置以MK 7 Mod.2取代“福莱斯特”级航空母舰的MK 7 Mod.1。于是，“小鹰”级航空母舰起飞与回收舰载机的能力都有所提高，举例来说，C 13弹射器在最大作业压力下（每平方英寸1000磅）可将5万磅重物体以140节速度射出，相

海军舰船局对“小鹰”级航空母舰燃油配置构想演变

燃油类型	CVA 63原案①	CVA 153	SCB 127A②
重油	79.2万加仑	130万加仑	130万加仑
高能燃料	—	20万加仑	—
过氧化氢燃料	—	20万加仑	20万加仑
航空汽油	75万加仑	10万加仑	10万加仑

注：① 按“福莱斯特”级航空母舰规格建造“小鹰”号航空母舰的原始规划。
② 1956年2月定案的“小鹰”级航空母舰燃油配置。

较下C 7弹射器在最大作业压力下（每平方英寸550磅）弹射同等重量物体时，只能达到131节速度。若以达到130节末端速度为基准，C13的最大弹射重量可达7.2万磅，而C7最多只能弹射5.2万磅。

“小鹰”级航空母舰最后一项重要航空设施设计修改是扩大飞机升降机平台面积，并修改升降机平台造型，以便搭配机体更细长的新一代超声速飞机。

全新自卫武装

CVA 63与CVA 64航空母舰预定采用传统火炮作为自卫武装，最后被换成与同时期规划的CVAN 65核动力航空母舰相同的“小猎犬”（Terrier）防空导弹[1]，成为第一批采用全导弹化自卫武装的航空母舰。

“福莱斯特”级航空母舰在舰艏与舰艉两侧各设有1座武器平台，每座平台各安装有2门MK 42自动舰炮，4座武器平台一共配有8座火炮。而在初期规划中，CVA 63到CVA 65等3艘航空母舰将配备4套“小猎犬”导弹的MK 10发射器，分别位于舰艏与舰艉两侧的4座武器平台上，相当于每套MK 10双臂导弹

[1] 但要注意的是，“企业”号航空母舰在规划设计阶段虽曾预定配备“小猎犬”防空导弹，但后来实际开工时却取消了这项配置，以降低不断攀升的成本。在完工服役后的一段时间内，“企业”号航空母舰是没有自卫武装配置的。

上图：原本“小鹰”级航空母舰也打算配备与“福莱斯特”级航空母舰相同的MK 42舰炮作为自卫武装，但后来被“小猎犬”防空导弹替代，“小鹰”级成为第一批配备防空导弹的航空母舰。上为“福莱斯特”号航空母舰的MK 42舰炮，下为发射“小猎犬”导弹的“星座”号航空母舰。（知书房档案）

发射器取代“福莱斯特”级航空母舰上的2座MK 42 5英寸54倍径舰炮。

不过，为了改善航行性能，原先预定安置于“小鹰”级航空母舰舰艏两侧、易受上浪影响的2座前方武器平台被取消，以便使舰艏两侧维持更光滑的构型，从而改善恶劣天气下的持续航速性能。面对航速越来越大的新型苏联核潜艇，这种持续高速性能的重要性将日渐增加。

于是“小鹰”级航空母舰的防空导弹配置便改为只保留舰艉两侧的2座后方武器平台，每座平台上分别安装有1套MK 10导弹发射器，每组导弹发射器旁还设有1套导引导弹用的SPG-55雷达，舰桥顶部另设有2套SPG-55雷达。将导弹发射器从原先的4套减为2套，节省了建造经费，也存在着射界较狭窄的缺点。

尽管防空武器配置有所删减，不过配有2套Mk 10双臂导弹发射器与4套SPG-55火控雷达的“小鹰”级航空母舰，防空能力实际上已达到同时期“莱希”级（Leahy Class）导弹护卫舰（DLG）[1]的等级，防空火力与火控通道数量较“贝克纳普”级（Belknap Class）护卫舰更胜一筹，仅次于“长滩”号（USS Long Beach CG 9）、“阿尔巴尼”号（USS Albany CG 10）、“芝加哥”号（USS Chicago CG 10）与“哥伦布”号（USS Columbus CG 11）等导弹巡洋舰。

导弹护卫舰（Missile Frigate）的编号代码为DLG/DLGN，即

[1] “莱希”级与“贝克纳普”级都在1975年时从导弹驱逐舰领舰（DLG）重新划分为导弹巡洋舰（CG）。

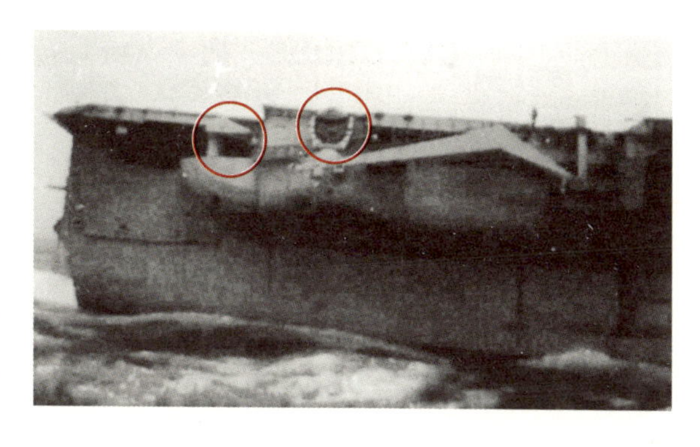

上图：“小鹰”级航空母舰原本打算配备4套“小猎犬”导弹发射器，但最后只安装了2套，分别安装在舰艉两侧的外张平台上。图片中左边红圈内即为“小猎犬”导弹的MK 10双臂发射器，右为导引导弹用的SPG-55追踪/导引雷达。（美国海军图片）

导弹驱逐舰领舰（Destroyer Leader）之意。在美国海军早期的分类规则中，护卫舰是一种介于驱逐舰与巡洋舰之间的大型舰艇。而欧洲国家的护卫舰级别仅相当于美国海军的护航驱逐舰（Destroyer Escort, DE）。美国海军于1975年6月30日起，将“导弹护卫舰”这类8000吨级的大型驱逐舰重新列为导弹巡洋舰，以填补在“巡洋舰”这个级别留下的空缺。原来的护航驱逐舰与导弹护航驱逐舰则分别改称护卫舰（FF）与导弹护卫舰（FFG），也使得美国与欧洲国家间的水面舰分类趋于一致。

为CVA 63、CVA 64、CVA 65这3艘新航空母舰配备区域防空能力的“小猎犬”导弹系统，是“航空母舰导弹自卫计划”的一部分，而这又是“特遣舰队导弹防卫计划”的一环。国防部部长麦克纳马拉（Robert McNamara）在1963年再次肯定了这种做法，认为让航空母舰自行配备区域防空导弹，不仅可保护自身，必要时也能掩护友舰，可减轻对防空导弹护卫舰的依赖，对提高特遣舰队防空能力来说，也是一种更经济的方法。

发射器与火控雷达只是整个导弹系统的一部分，要发挥“小猎犬”导弹的效能，另外还得配备1套提供目标指示的3D雷达，即电子扫描式的SPS-39。但为了安置沉重的3D雷达天线“小鹰”级航空母舰采用了全新舰岛天线布置。SPS-39的天线被置于舰岛顶部重型主桅上，而SPS-8B（或SPS-30）空中管制雷达则设置于舰岛后方新增的独立格状桅塔上。另外在“小鹰”号航空母舰建造的同时，美国海军也开始为新造攻击航空母舰引进新的SPS-37A远程搜索雷达，于是SPS-37A雷达的大型天线就直接被安装在舰桥顶部，这原本是“福莱斯特”级航空母舰用于安装测高雷达的位置。

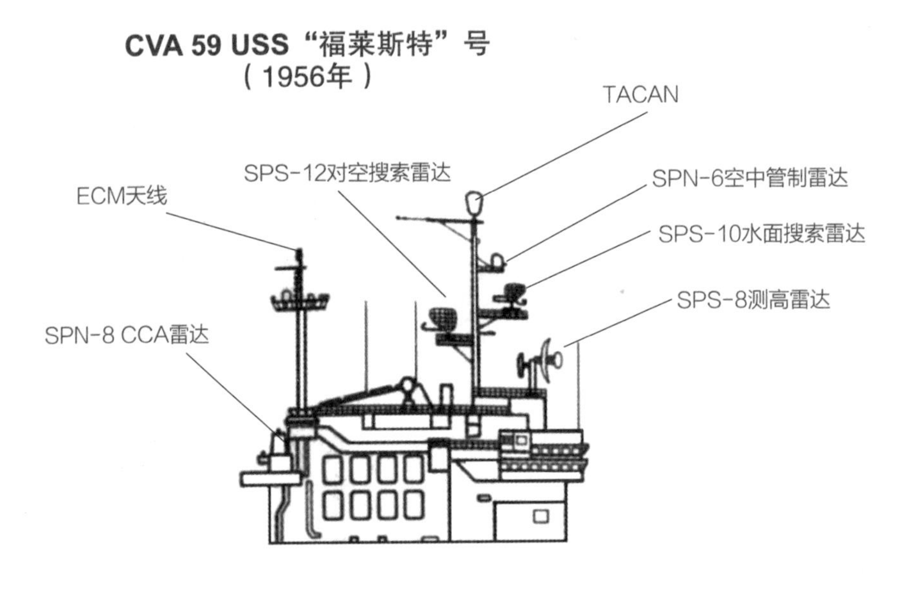

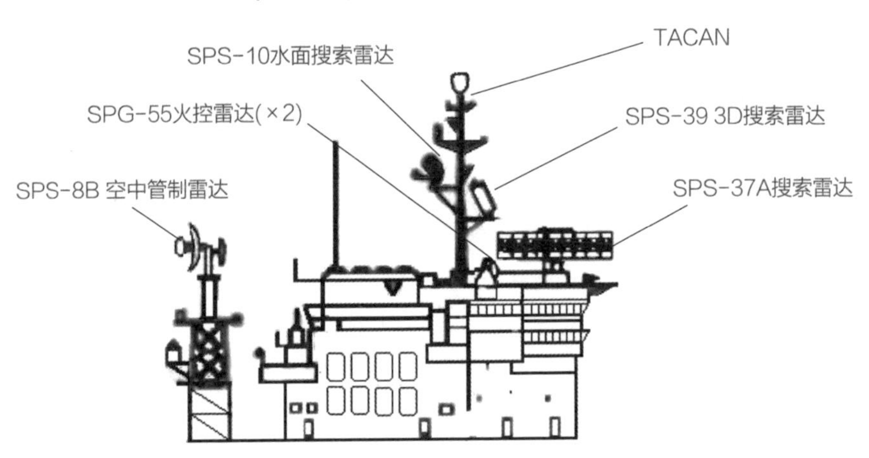

本页图：“福莱斯特”号（上）与“小鹰”号航空母舰（下）服役初期的舰岛构型与配备对比。除了电子设备型式与安装位置改变外，相较于只安装1套大型雷达（SPS-8）的“福莱斯特”级航空母舰，“小鹰”级航空母舰一共设有3套大型雷达——SPS-39、SPS-37A与SPS-8B，因此特地在舰岛后方增设一座格状桅塔，用于安装SPS-8B雷达的大型天线。为了配合舰上搭载的“小猎犬”防空导弹，“小鹰”级航空母舰也在舰岛顶部设有2套SPG-55火控雷达。此外，“小鹰”号航空母舰的航海舰桥与司令舰桥高度也加高了1层，舰岛与烟囱构型均稍有修改。（知书房档案）

航空母舰计划与造舰政策的演变

20世纪60年代初，是美国海军超级航空母舰计划的高峰期，在1961年一年内便有3艘超级航空母舰服役。“小鹰”号与“星座”号航空母舰分别于1961年4月29日与10月27日服役，第一艘核动力航空母舰“企业”号也紧接着在11月25日编入现役。

由于承造“小鹰”号航空母舰的纽约造船公司，与承造“星座”号航空母舰的纽约海军船厂出了不少问题，2艘“小鹰”级航空母舰的服役时间都比预定时间落后不少[1]。“小鹰”号航空母舰建造过程中一再出现施工品质不良情况，“星座”号航空母舰甚至还在最终舾装阶段时，于1960年12月19日发生严重火灾，导致造船工人死亡、323人受伤，损失高达7500万美元（相当于该舰建造经费的1/3），建造工程也因此延误了至少7个月。

在同时引进3艘超级航空母舰的风光背后，此时美国海军的航空母舰建造计划其实已经陷入困境。

从1952年至1958年连续7个财政年度，美国海军每年都获得采购1艘超级航空母舰的拨款，依序签订了“福莱斯特”号到“企业”号航空母舰等7艘航空母舰的建造合约。按照美国海军的规划，“小鹰”号与“星座”号航空母舰是最后的传统动力航空母舰，此后航空母舰都将采用核动力，然而由于第1艘核动力航空母舰“企业”号的成本高得惊人，让美国海军的超级航空母舰计划出现了停滞。

超级航空母舰的价值争议

当时有许多人反对建造费用高昂的超级航空母舰，随着远程弹道导弹的出现，加上“企业”号航空母舰的超高造价让反

[1] 纽波特纽斯船厂被要求承担难度更高的“企业”号航空母舰建造工程，所以“小鹰”号与“星座”号航空母舰分别被交给纽约造船公司与纽约海军船厂承包建造。注意，纽约造船公司是位于新泽西的私人船厂，纽约海军船厂则是位于布鲁克林附近的美国海军所属船厂。

本页图：20世纪50年代末期出现的“北极星”潜射弹道导弹与核动力潜艇组合，取代了由超级航空母舰搭配A3D“空中战士”重型轰炸机所承担的海军战略核打击任务，连带也引发了国会对海军继续建造超级航空母舰必要性的质疑。上图为第1艘“北极星”弹道导弹潜艇“乔治·华盛顿”号（USS George Washington SSBN 598），下图为部署在“萨拉托加”号航空母舰上的A3D“空中战士”。（美国海军图片）

对者有了更充分的理由。

如众议院拨款委员会主席坎农（Clarence Cannon）便严厉批评美国海军在建造航空母舰上所投入的数10亿美元完全是浪费。由于美国海军当时已研制出由潜艇携带的“北极星”弹道导弹（UGM-27 Polaris），原先由航空母舰舰载重型攻击机所承担的海军核打击任务顿时失去必要性。一位参议员便质疑海军部部长：“如果‘北极星’弹道导弹那样好的话，你们为什么还需要建造新航空母舰呢？”虽然超级航空母舰的价值并不仅止于核打击，但这确实代表了当时外界普遍的看法。

另一方面，20世纪50年代的航空技术发展突飞猛进，新型超声速飞机、导弹先后问世，面对超声速飞机与导弹的威胁，航空母舰的生存安全性也再次成为反对者的攻击焦点。针对这方面的抨击，海军也提出反驳，力陈航空母舰绝非不堪一击。如第2舰队司令斯梅伯格（William Smedberg）中将便透露，在最近的海空军联合演习中，“在距离航空母舰

70英里至100英里之外，我们就把它们（空军飞机）全部击落了。”

海军部部长托马斯在1956年的国会听证会中，总结了美国海军对航空母舰生存性的观点：“在广阔海洋中要定位‘福莱斯特’级航空母舰非常困难……一艘全速航行的航空母舰很难被找到，即使派出最先进的搜索飞机，需要搜索的范围也达到数千平方英里。即使一时找到了航空母舰位置，几小时后也将毫无意义。在6小时内，航空母舰可以出现在10万平方英里海域内的任一位置，再过6小时，范围就会扩大到50万平方英里。若巡逻机要搜索500英里外的航空母舰，即使航向只偏离1°，最后也会以数英里之差错过目标。”

上图：针对外界关于航空母舰缺乏生存安全性的批评，美国海军辩解指出，航空母舰的机动性使其难以被发现，而且航空母舰还有由舰载机与护卫舰组成的多层次防护体系保护，要发现、识别航空母舰，并突破航空母舰的重重防御并非易事。照片上是为“小鹰”号航空母舰护航的“托皮卡”号（USS Topeka CLG 8）导弹巡洋舰正在发射“小猎犬”防空导弹。（美国海军图片）

问题还不仅在于“发现”航空母舰，更在于如何“识别”航空母舰。托马斯部长指出：“在任何时间，大西洋上大约都有200艘船只在航行，地中海也有700艘船只在航行。就算使用最先进的巡逻机、使用最有效的雷达……但就算是一艘不起眼的货船也会反射雷达信号，甚至1个小岛看上去都像是航空母舰（地中海有几百个小岛）。经验丰富的飞行员也经常会在目视识别舰只时犯错，更不用说是雷达回波了……在电子时代，简单的（反制）装置就会让最有经验的雷达操作员发生失误。”

最后，即使搜索飞机成功找到且识别了航空母舰特遣舰队，也会遭到航空母舰舰载战斗机的拦截。

这就是说，敌方需消耗多架飞机来搜索海上航行的航空母舰，就算发现了航空母舰，也需耗费大量空中力量来对抗航空母舰带来的威胁。因此航空母舰将能“迫使敌人减弱攻势、分散并转移防御，以消耗敌方原本可转用于攻击的一部分空中

上图：当进入战备状态后，航空母舰凭借着高速机动性与多层护航体系的保护，并非敌方可以轻易发现、识别、定位与攻击的目标。图片为1963年1月于西太平洋上空，“小鹰”号航空母舰所属VF-114中队的2架F-4B“鬼怪”（Phantom）战斗机，拦截1架试图接近“小鹰”号航空母舰的苏联Tu-16“獾”式（Badger）轰炸机。若是在高战备情况下，这种情况将很难发生。（美国海军图片）

力量”。敌方若要对航空母舰发动攻击，“首先必须突破我们外围的导弹护卫舰……我们的新型防空导弹有效射程相当可观……敌军飞机还需突破我们航空母舰自身战斗机的掩护……”托马斯的结论是：“‘福莱斯特’级航空母舰是我们所拥有的具备最佳防护，且最不易受攻击的武器系统。”

针对“北极星”弹道导弹出现后的航空母舰价值问题，一些航空母舰支持者则指出，弹道导弹必须预先瞄准确定的目标，相较之下航空母舰的运用更具弹性，任务范围也更广泛。

航空母舰造舰计划的中断

1955年至1961年间担任海军作战部部长的伯克上将，在1958年夏天提交国会的报告中，描述了美国海军未来所需承担的军事责任：“首先，美国必须具备阻止爆发全面战争的能力，这意味着我们必须拥有可承受敌方袭击的核报复力量。”

为了达到前述目标，美国海军要求拥有12艘现代化攻击航空母舰（其中6艘为核动力），另外再加上9艘反潜航空母舰与3艘大型训练航空母舰（均为“埃塞克斯”级航空母舰专用）。除了既有舰只与建造中的7艘超级航空母舰，在未来10年中，海军还需要建造5艘核动力攻击航空母舰。

然而，美国海军的努力遭到挫败，1958年7月1日，在1959财年与1960财年建造新航空母舰的提案遭到否决，中断了连续7年的新航空母舰建造拨款。

“企业”级核动力航空母舰替代案

相较于超级航空母舰的价值与生存性争议，真正造成航空母舰计划难以为继的原因是高昂的造价，尤其是美国海军希望获得的核动力航空母舰——超级航空母舰原本就相当昂贵，但“企业”号航空母舰的造价却又比“福莱斯特”级或“小鹰”级航空母舰高出1倍，即使是海军内部也有许多人认为难以承受。因此美国海军曾在1958年7月另外提出一种廉价型核动力航空母舰方案SCB 203，试图作为“企业”号航空母舰替代品，但

美国海军航空母舰建造费用估算（1959年4月）

财政年度	航空母舰	建造成本(美元)
FY1952	CVA 59“福莱斯特”号	18946.3万
FY1953	CVA 60“萨拉托加”号	21438.7万
FY1954	CVA 61“突击者”号	18216.2万
FY1955	CVA 62“独立”号	22279.6万
FY1956	CVA 63“小鹰”号	21796.3万
FY1957	CVA 64“星座”号	24762万①
FY1958	CVAN 65“企业”号	39316.7万②

注：① 不包含1960年12月19日大火后的修复费用。

② “企业”号航空母舰完工时实际支出的建造费用达到4.45亿美元，是当时最昂贵的舰艇。

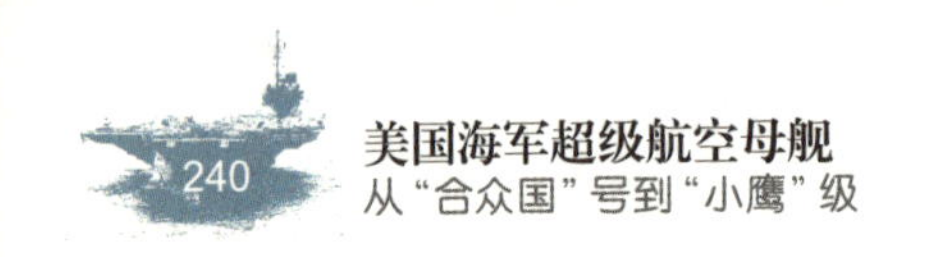

依旧未能获得接受。

负责航空业务的作战部副部长皮里（R. B. Pirie）中将，在1958年9月16日一份报告中，比较了“星座”号（CVA 64）、“企业”号（CVAN 65），以及按SCB 203方案建造的CVAN 66等3种舰型，并指出：“考虑到任何核动力装置的高成本，以及航空作业方面的需求，针对1960年（计划）所提出的较小、较便宜的CVA(N)（即SCB 203）是不可行的。”皮里认为SCB 203的规格削减过多，包括将斜角甲板减小到7°，弹射器与飞机升降机都减少为3套，并将持续航速降到30节以下等，所造成的航空作业性能牺牲过大，无法让人接受。他的结论如下。

◆ CVA(N) 65代表了未来的理想航空母舰设计。

◆ CVA(N) 65飞机搭载能力增强是由安装核动力设施造成的舰体尺寸增加所带来的。

◆ “福莱斯特”级类型的攻击航空母舰能够满足当前与计划中飞机操作要求。

◆ 核动力航空母舰唯一让人无法忍受的缺陷是成本。昂贵的初始采购费用与定期反应堆核心更换成本，导致核动力的经济效益无法突显。

◆ 必须从战术军事要素方面出发，才能证明核动力的必要性。

◆ 1960财年计划新航空母舰应该选择“星座”号航空母舰的规格。按SCB203规格建造的CVAN 66并无法满足一艘高效率航空母舰所需的航空需求，并不值得为了核动力而牺牲“福莱斯特”级或CVAN 65航空母舰等级的飞行甲板与航空设施配置。也就是说，与其建造SCB 203这种大幅缩减航空作业能力的缩减版核动力航空母舰，不如继续建造拥有完整航空作业能力的“小鹰”级后续舰更为有利。

皮里中将建议，另外引进更多类似CVAN 65航空母舰的现代化电子设备，如固定式相控阵雷达（SPS-32与SPS-33）、海军战术资料系统（Naval Tactical Data System, NTDS）等。在自

本页图：“企业”号航空母舰过高的造价，不仅妨碍了后续同型舰的建造，甚至还导致连续7年的航空母舰建造拨款中断，核动力也成了接下来航空母舰计划最大的争议点，为回避这个问题，部分海军高层建议以传统动力的“小鹰”级“星座”号航空母舰基本设计，作为下一艘新航空母舰的建造蓝本。上图为刚完工的“企业”号航空母舰，下图为服役初期的“星座”号航空母舰。（美国海军图片）

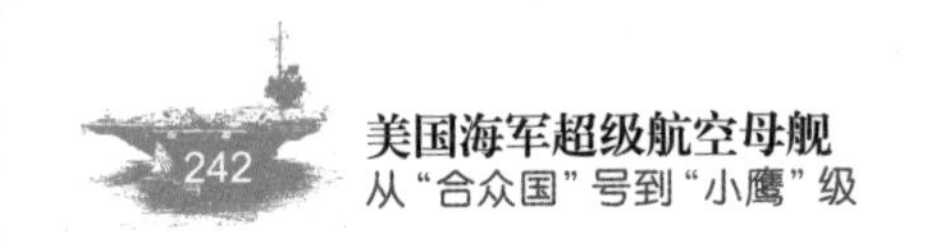

卫武器方面，“小鹰”号与“星座”号2艘航空母舰都配备2套“小猎犬”导弹发射器。而对于新的1960财年计划航空母舰，皮里认为“导弹配置将会受重量与空间的限制，应根据未来对这种攻击航空母舰防空自卫武装的精确需求决策而定”。

另一项设计是为新航空母舰的舰艏配备1套大型的SQS-23低频声呐，当时一些反潜支援航空母舰也打算配备类似声呐。为大型攻击航空母舰配备声呐是基于不同的考量，这是应对苏联核攻击潜艇发展所采取的措施——高速核潜艇的出现，让潜艇第一次具备了跟随与攻击快速航空母舰编队的能力，同时这也让航空母舰编队暴露在核攻击威胁下，为此航空母舰特遣舰队必须保持更加疏散的编队。如此一来，便无法确保护卫舰的声呐侦测范围能达到彼此重叠覆盖的要求，可能出现侦测漏洞。解决办法便是让攻击航空母舰自行携带声呐，以弥补护卫舰艇声呐侦测覆盖范围的不足。

除前述两点以外，1960财年计划中的新航空母舰，将稍有修改的“星座”号航空母舰同型舰，暂称为CVA 66航空母舰，相较于“星座”号航空母舰的设计代号SCB 127A，新航空母舰的设计代号定为SCB 127B。

“小鹰”级的后续舰——“企业”级的廉价替代者

面对“企业”号航空母舰过于昂贵以致后续建造计划难以为继的问题，海军舰船局在1958年7月提出一种吨位较小的廉价型核动力航空母舰方案SCB 203，建议依此来建造1960财年计划航空母舰，代称为CVAN 66。但为了抑制成本与吨位，SCB 203在航空设施、机库面积、主机输出功率等方面的规格牺牲过大，导致性能严重不足，连美国海军内部都有许多人不满。

负责航空业务的作战部副部长皮里中将在1958年9月建议，相较于SCB 203这种规格严重缩水的核动力航空母舰，不如继续建造传统动力的“小鹰”级航空母舰更为有利。皮里中

SCB 203廉价型核动力航空母舰

美国海军在1958年7月提出一种廉价型核动力航空母舰SCB 203，希望作为“企业”级的替代品，以增加在国会中过关的概率。

SCB 203的尺寸要比“福莱斯特”级、“小鹰”级或“企业”号航空母舰小得多，只稍大于大幅改装后的“中途岛”级航空母舰，为了抑制排水量，飞行甲板与机库面积都只相当于现代化工程后的“中途岛”级航空母舰水平，航空设施也大幅缩减，弹射器与升降机都只配备3套，弹射器采用研发中的C 14内燃式弹射器。相较于“小鹰”级航空母舰使用的C 13蒸汽弹射器，C 14内燃式弹射器可提供同等以上的弹射能力，但占用空间远小于C 13，更适合尺寸较小的SCB 203使用。主机则为4部A3W反应器，整套推进系统的输出功率仅18万轴马力，还略低于“中途岛”级航空母舰（21.2万轴马力），因而持续航速也将降到30节以下。

SCB 203核动力航空母舰预备设计方案

设计代号	SCB 203
轻排水量(吨)	54000
满载排水量(吨)	66000
全长/水线长(英尺)	1000 / 950
水线宽/最大宽(英尺)	125 / 230
吃水深(英尺)	34
飞行甲板尺寸(英尺)	1000×230
机库甲板尺寸(英尺)	664×93
升降机	3部
弹射器	C 14×3
拦阻索	MK 7
主机	A3W反应器×4①
主机功率(马力)	180000
自卫武装	“小猎犬”飞弹发射器×2
航空军械承载量	1350吨
航空燃油承载量(加仑)	航空重油：1800000 航空燃油：80000 过氧化氢燃料：210000
乘员	4195员

注：①A3W是一种理论上的反应器，美国海军并未实际建造这种反应器原型。

SCB 203虽然比“企业”号航空母舰便宜许多，但为了保留核动力，导致航空设施规格缩减过大，航空作业能力仅略高于“中途岛”级航空母舰的水平，规格上的亮点只有核动力所带来的无限续航力，以及省略了航空母舰自身主机锅炉用燃油搭载需求后所增加的航空燃油承载量——SCB 203尺寸虽然小于“小鹰”级航空母舰，但JP-5航空燃油承载量反而更大。然而由于SCB 203的航空作业能力缩减过多，即使海军内部也有许多人反对这种廉价型核动力航空母舰，认为还不如继续建造传统动力的“小鹰”级航空母舰更有利，最后SCB 203计划就此夭折。

将建议，1960财年计划航空母舰应按照“星座”号航空母舰的规格建造，但为适应新的形势，他也建议对“小鹰”级航空母舰的设计做些许修改，包括配备类似“企业”号航空母舰的相位阵列雷达与海军战术资料系统，并增设舰艏低频声呐（SQS-23）。

航空母舰计划的再展开

虽然美国海军试图通过改回传统动力来压缩新航空母舰的成本，但外在情势仍然严峻。继1958年初预算申请失败后，美国海军于1959年夏季再次尝试提出建造1艘攻击航空母舰的预算申请，依旧麻烦不断。

国会中最主要的反对者，仍是众议院拨款委员会主席坎农，他是当时常见的核导弹支持者，认为超级航空母舰不但无用，反而是一个累赘：“我们今天的处境，就和1938年张伯伦在慕尼黑面对希特勒时一样，希特勒有飞机，英国空军却实力不足。今天赫鲁晓夫有导弹、有潜艇，而我们在这两方面都不足。我们在航空母舰上浪费了太多本来应该投入到导弹与潜艇上的时间、精力与金钱……苏联没有建造任何航空母舰。他们仿造了我们除了航空母舰以外的每一种武器，这就是两国军事计划唯一不同之处，结果是美国的相对军事力量每年都在减弱，而苏联每年都在增强……没有其他解释，这就是航空母舰造成的。”

美国海军的航空母舰计划，在坎农主导的众议院中碰壁，不过一向支持海军的参议院，却通过了建造新航空母舰的2.6亿美元预算，还额外追加1亿美元，以便为新航空母舰配备核动力推进系统，后来改成给核动力装置追加3500万美元拨款。然而艾森豪威尔总统却反对为了核动力而追加预算，不准海军动用追加部分的资金。

核动力仍旧是航空母舰计划中最关键的争议，美国海军当时曾在对外政策说明中这样声称：核动力航空母舰比传统动力

航空母舰的建造成本高出1.3亿美元，却不能换得等值的利益。但海军核动力推进系统负责人里科弗中将在国会听证会中抨击：采购传统动力而非核动力航空母舰是个“愚蠢的”决定，指出拨款建造传统动力航空母舰，就如同购买过时的报废品，就好像“现在还继续购买柴油潜艇一样”（1956年后美国海军便不再建造传统动力潜艇）。

尽管新航空母舰采用核动力与否仍存在争议，但无论如何，美国国会与总统至少已同意在1961财年（从1960年7月起）采购1艘传统动力攻击航空母舰，让中断了两个财政年度的新航空母舰采购拨款得以恢复。

新舰型的探索

虽然航空业务作战部副部长皮里中将建议直接沿用“星座”号航空母舰的基本设计，来作为新航空母舰的建造蓝本，但海军舰船局仍在1959年底到1960年初发展了一系列的新航空母舰舰型。

鉴于国会中仍有不少支持核动力航空母舰的议员，因此海军舰船局在1959年11月提出一个新的核动力航空母舰设计SCB 211。吸取了SCB 203因规格削减过大导致作战能力不足的教训，SCB 211的轻排水量与满载排水量较SCB 203分别放大了7800吨与1.06万吨（相当于14%与16%），较“小鹰”级航空母舰还略大。弹射器与升降机从3套恢复为4套，飞行甲板与机库甲板面积均略有扩大，主机仍为4具A3W反应堆，但输出功率从18万轴马力提高到20万轴马力，整体性能相较于SCB 203有显著提高。

海军舰船局研究了以“企业”号航空母舰舰体为蓝本的传统动力舰型方案，沿用了“企业”号航空母舰的1040英尺长舰体，但以蒸汽涡轮动力替换“企业”号航空母舰的核动力装置。

考虑到既有设计方案都存在着舰体内部容积有限的困扰，在这一系列以“企业”号航空母舰舰体为基础的传统动力航空

SCB 211核动力航空母舰预备设计方案

设计代号	SCB 211
轻排水量(吨)	61800
满载排水量(吨)	76600
全长/水线长(英尺)	1068 / 1020
水线宽/最大宽(英尺)	131 / 238
吃水深(英尺)	34-6
飞行甲板尺寸(英尺)	1070×238
机库甲板尺寸(英尺)	710×95
升降机	4部
弹射器	C 13×4
拦阻索	MK 7-3
主机	A3W反应器×4
主机功率(马力)	200000
自卫武装	“小猎犬”飞弹发射器×2
航空军械承载量	1650（吨）
航空燃油承载量(加仑)	航空重油：1500000 航空燃油：100000
乘员	5000员

母舰研究方案中，特别将扩大舰体内部容积列为重点。一般来说，增加舰体舷宽是扩大内部容积最简单的方式，但考虑到控制新航空母舰排水量的要求，增加舷宽却是不可行的，这会导致排水量超标，于是海军舰船局便引进了较窄、较薄的水下侧防护隔舱设计，在维持舰体宽度大致不变的前提下，通过削薄舰体两侧的水下侧防护隔舱，并搭配增加液舱（Tankage）来加深水下舰体，同样能获得更大的舰体内部容积，但又不致造成排水量大幅增加，由此得到了一系列拥有大舰壳的新型传统动力航空母舰方案。

相较于既有的“小鹰”级航空母舰（以“星座”号航空母舰为基准）与“企业”号航空母舰，这几种新的大舰壳传统动力航空母舰方案特别强调燃油搭载能力与航速性能。代号Scheme 60C以1.2万海里续航能力为设计标准，同时也保有

CVA 66代号Scheme 60 系列备选大舰壳传统动力方案（1960年1月）

舰型	对照组		Scheme 60A	Scheme 60B	Scheme 60C
	CVA 64	CVAN 65			
水线长(英尺)	990	1040	1040	1040	1080
舰体宽(英尺)	129	133	133	133	133
吃水深(英尺)	34	36	36	36	38
轻排水量(吨)	57000	67700	59000	60000	60500
满载排水量(吨)	77137	85000	85000	85000	85500
主机输出功率(马力)	280000	—	280000	360000	360000
持续航速(节)	31	—	31	33.5	35.0
试航航速(节)	33	—	33	36.0	37.5
航空重油(JP-5)油承载量(吨)	4007	6426	7200	5050	4550
航空军械承载量(吨)	1800	1800	2000	2000	2000
舰载机数量	89	98	98	98	98

非常充分的JP-5航空燃油承载量，弹药承载量也有所增加。代号Scheme 60B与代号Scheme 60C两个方案以达到36节航速为基准，这在美国海军过去的大型主力军舰设计方案中是前所未见的，主机功率需求增加到36万轴马力，较现有的超级航空母舰足足多出8万轴马力。另外为了减少航行阻力，这两个方案的舰体水线长度，也比“小鹰”级航空母舰延长了50～90英尺。

海军舰船局并未详细估算这几个设计方案的成本，预计在动力系统方面的花费相当庞大，因此实际上可行性并不高。于是这几种以“企业”号航空母舰舰体为基础的大舰壳传统动力攻击航空母舰方案在1960年初便遭到搁置。

航空母舰角色转换与需求变化

1958—1960年是美国海军航空母舰发展的另一个转折期。海军努力向国会争取恢复攻击航空母舰建造计划。随着远程导弹与核潜艇的发展，到了1959年，美国海军对航空母舰所设定的任务形态已经与几年前大不相同，也影响了接下来的新航空

右图：北美公司发展的A3J“民团”攻击机原是美国海军寄予厚望的新一代攻击机，拥有当时舰载攻击机前所未见的2马赫高空高速性能，并具备可在超声速下投掷核弹的能力。不幸的是，当A3J“民团”攻击机投入服役时，海基核打击任务已被“北极星”弹道导弹核潜艇取代。A3J“民团”攻击机从1961年中开始交付部队，短短3年后便退出核攻击机角色，从1964年起陆续改装为RA-5C侦察机。图片为1960年7月在“萨拉托加”号航空母舰上进行舰载适应性测试的A3J-1“民团”攻击机。（美国海军图片）

母舰设计。

美国海军决定以核潜艇配备的“狮子座”巡航导弹与“北极星”弹道导弹，来承担核打击任务，攻击航空母舰将退居传统的战术角色。航空母舰配备的主力攻击机，从2马赫级、专为核攻击开发的A3J“民团”攻击机转换为次声速、以全天候传统打击为主要任务的格鲁曼A2F“入侵者”（Intruder）战机。

与此同时，美国海军的舰队防空构想也有了转变，面对苏联超声速轰炸机与远程反舰导弹的威胁，传统从甲板紧急起飞的拦截机已无法应付这样的目标。为获得足够的反应时间，同时尽可能拉长拦截距离，美国海军决定改用可在舰队外围长时间滞空巡逻，以中程空对空导弹为武器的新型防空战机。

最初采用的是F4H“鬼怪”战机与“麻雀”导弹的组合，不过海军认为这样的组合仍不足以对抗预期中速度更快、射程也更远的苏联新型轰炸机与导弹，解决之道便是设计一种搭载了大型雷达与远程空对空导弹，拥有6小时以上滞空巡逻时间的次声速机型。最后赢得合约的便是专门针对前述需求特制

左图：在20世纪50年代末期，美国海军的舰载机发展出现了以次声速飞机取代超声速飞机的“返祖”现象。随着A3J“民团”不再执行攻击机任务，舰载主力重型攻击机只剩下次声速的A2F“入侵者”。另外，为了应付苏联超声速轰炸机与远程反舰导弹的威胁，美国海军也打算引进可搭载大型雷达与远程空对空导弹、具备极长滞空时间，但也因此牺牲高速性能的F6D，来作为未来的主力舰载防空战机。航空母舰任务角色与舰载机组成的变化，也影响了接下来的新航空母舰设计。上图为试飞中的YA2F-1原型机，下图为F6D想象图。（美国海军图片）

的F6D“导弹手”（Missileer）次声速战机，它可搭载大型的APQ-81雷达与6枚AAM-N-10“老鹰”（Eagle）远程空对空导弹，并可在距航空母舰150海里外巡逻6小时，但也牺牲了高速与机动性能。

随着次声速机型替代超声速机型，也减少了对航空母舰弹射器、拦阻装置的性能，以及飞行甲板空间的需求[1]。鉴于航空母舰的任务性质与操作需求都发生了变化，舰艇特性委员会便在1960年1月提议，应发展新的航空母舰来替代既有的SCB 127B与SCB 211等方案。

[1] A2F攻击机发展之初还有短场起降的需求，配有可向下偏转23°的喷嘴，希望借此缩短起飞距离。不过实测显示可偏转喷嘴的效用不大，最后只有8架原型机配备，量产型A2F全部改用固定式喷嘴。

航空母舰基本规格的调整

虽然从当时看来，在A3D“空中战士”、A3J“民团”攻击机出现后，舰载机尺寸增大的趋势已逐渐稳定，短时间内不会出现更大型的舰载机。但是，负责航空业务的作战部副部长认为不应缩小新航空母舰的尺寸，也不应牺牲航速，以便新航空母舰能与既有的攻击航空母舰编队共同行动。

于是唯一有削减余地的便只有装甲，“对抗现代武器时，（‘福莱斯特’级航空母舰）2英寸厚的（飞行甲板）装甲板仅能发挥破片防护的效用，但却在舰壳顶部重量上付出巨大代价，还须设置大量支撑结构，如果不能删除的话，至少可以将其降低到机库甲板那层。”

海军参谋部负责计划规划的部门Op-722认为，与即将服役的A3J“民团”攻击机及F4H“鬼怪”战机相比，未来的舰载机

下图：A3D“空中战士”与A3J“民团”这两种以核打击为目的的重型攻击机，是美国海军迄今最大型的正规舰载机，也是美国海军规划新航空母舰时，设定机库、升降机与弹射器等航空设施操作需求的上限基准。图片为由A3D“空中战士”衍生的KA-3加油机与由A3J“民团”衍生的RA-5C侦察机。（美国海军图片）

在尺寸、重量与降落进场速度（Approaching）方面不会有大的改变，因此航空母舰还是需要配备720～750英尺长的斜角降落跑道。只有具备“福莱斯特”级航空母舰等级的舰体规模，才能配备这种尺寸的斜角甲板。不过，机库高度倒是有可能大幅缩减，可从当前的25英尺减到21英尺，将能大幅削减舰体顶部的重量。

在当时美国海军的所有舰载机中，只有A3D“空中战士”的高度超过21英尺，A3D-2还能通过折叠垂直尾翼将高度降到15英尺2英寸。依据远程目标小组（Long Range Objectives Group, LRO, Op-93）的预估，到1966年时第一线单位将只剩下59架A3D“空中战士”现役，因此削减新航空母舰的机库高度是可行的。

海军参谋部中负责舰队作战与战备的Op-342与负责空中作战的Op-05两个分部，大致同意Op-722的见解，不过也特别强调：新航空母舰必须避免舰体侧面凸出的外张平台结构太多，以致在恶劣海况下因激起浪花而限制航速的问题。这样的航速限制在过去是可以接受的，但从20世纪50年代后期起，为应对高速的核动力潜艇威胁，航空母舰特遣舰队必须采用更疏散的编队，以致航空母舰也不再用贴身的近接反潜护卫舰保护。考虑到新型核动力潜艇的水下航速比以往传统动力潜艇高出2倍以上，为摆脱核潜艇的追踪，航空母舰在恶劣海况下保持一定航速也日趋重要。

因此Op-342便希望新航空母舰能针对恶劣海况改良型舰艏，以及拥有两侧更平滑的舰体。同时他们也建议为新航空母舰配备自卫用的声呐，如为快速补给舰（AOE）配备的SOS-20声呐的形式。

不过，刚由海军航空局与军械局合并而成的海军武器局，却坚决反对任何对于新航空母舰飞机搭载能力（如机库高度）和防护性能（装甲）方面的削减。

尽管当时规划中的新型舰载机能在更小的“中途岛”级航

右图：由于停放时占用高度最高（21英尺）的A3D“空中战士”轰炸机从20世纪60年代初期陆续退出第一线，剩下来的机型中占用停放高度最高的A3J“民团”也不过19英尺高，因此海军参谋部中的部分单位，希望能将新航空母舰的机库高度从25英尺降为21英尺，借以削减舰体顶部重量、降低船体重心高度。照片为1964年拍摄的“企业”号航空母舰机库，靠镜头前方的机体即为A3J“民团”攻击机，可看出机库高度仍有相当大的余裕。（美国海军图片）

空母舰上操作（机库高度仅17.5英尺），将新航空母舰的机库高度从25英尺缩减到21英尺不会造成什么问题。但海军武器局预期未来新型飞机的巡航速度可能会提高到3马赫，而这样飞机也将拥有更长且更高的机体。

对2马赫极速、次声速巡航的A3J“民团”攻击机来说，该机的尺寸为73英尺长，53英尺宽，19英尺高。而海军武器局估计以3马赫巡航的新机型可能会重达7万磅，并有更细长的机身。海军武器局将这种机型的机身尺寸暂定为95英尺长、40英尺宽与25英尺高，并预计这类飞机对弹射器的弹射性能需求将能轻易达到与满载的A3D“空中战士”或A3J“民团”攻击机相当的程度。

海军武器局认为未来的舰载机向着更大型的方向发展将是不可避免的趋势，而这也成为他们要求继续沿用已为7艘超级航空母舰采用的25英尺高度机库最大理由。

针对这样的需求，海军武器局要求新航空母舰设计必须以A3J“民团”攻击机的尺寸作为未来舰载机的基准，也就是说最低限度必须要能操作A3J等级的机体，并添加了一项在6.5万磅重量下以150节速度弹射起飞的弹射上限。这个要求比现

役A3J“民团”攻击机的起飞要求还要严苛许多（A3J“民团”攻击机在最大起飞重量5.5万~6.1万磅时的起飞速度为135~140节），也比现役C 7弹射器的弹射能力超出25节。着舰重量需求则设定为4.2万磅，不仅较A3J“民团”攻击机的最大着舰重量（3.85万磅）高出不少，也超过了现役MK 7-1拦阻索的制动能力上限。

新发展的C 13与C 14弹射器将具备零甲板风条件下弹射A3J“民团”攻击机的能力，不过要操作比A3J“民团”起飞速度需求更高的机型，便需要更强力的弹射器。至于改进的MK 7-2拦阻索，虽然拥有更高的制动能力，但还是需要17节甲板风的辅助，才能回收以4.2万磅重量着舰的机体。

新航空母舰需要的飞行甲板长度则视舰载机的降落与弹射起飞需求来设定。其中降落需求是以150节进场速度、3°滑降角

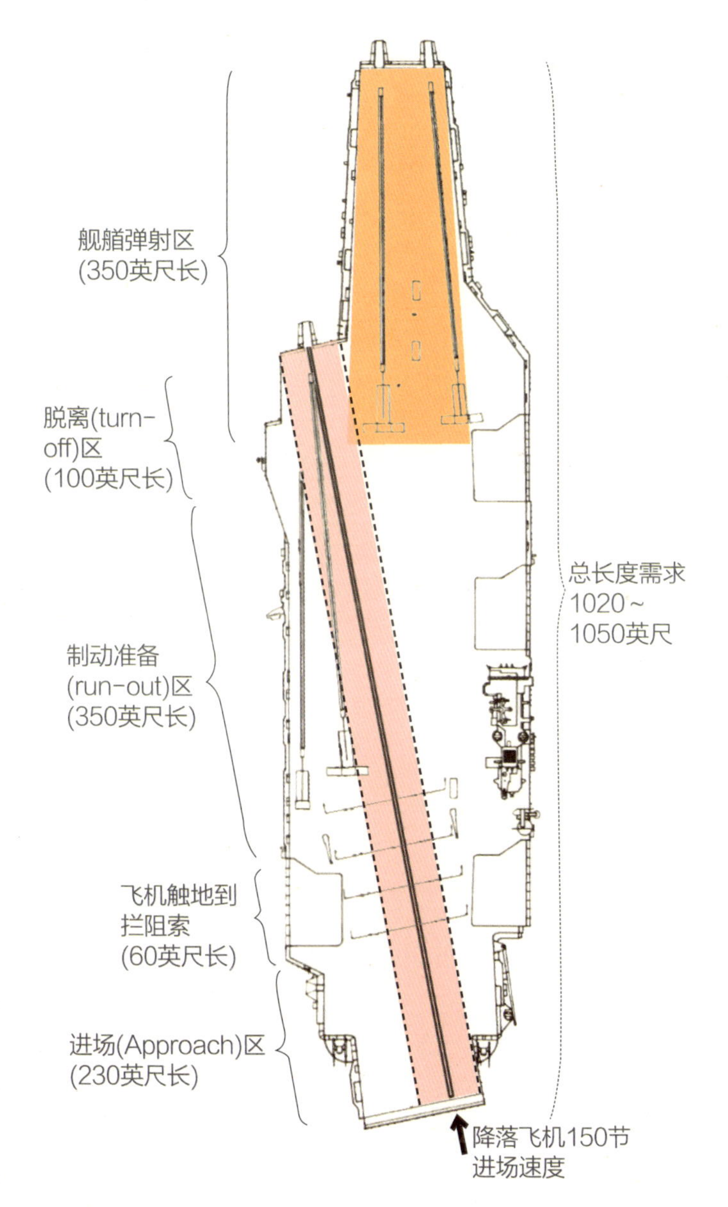

上图：美国海军大型攻击航空母舰飞行甲板长度需求设定（1960年）。按照美国海军参谋部与海军航空局的设定，降落用的斜角甲板总长度需求为720~750英尺，加上350英尺长的舰艏弹射区，整个飞行甲板总长度需求至少为1070英尺。（知书房档案）

（Glide Slope）降落的舰载机着舰作业为基准，进场甲板区的长度定为230英尺，从舰载机触地到最前端拦阻索的距离为60英尺，加上350英尺长的制动缓冲准备区，以及前端100英尺长的脱离区，斜角甲板总长度需求为740英尺，与“福莱斯特”级航空母舰相同。而C 13弹射器的弹射行程为250英尺，加上附属设施后，斜角甲板前方的舰艏起导弹射区甲板长度需求为350英尺，这也与“福莱斯特”级航空母舰相同。所以，斜角甲板加上舰艏弹射起飞区之后，整个飞行甲板总长度需求至少为1020英尺，基本上也与“福莱斯特”级航空母舰相同。

在种种关于新航空母舰的规格削减计划中，最受海军武器局反对的是关于削减装甲的提议，他们反而还希望增强新航空母舰的水下防护能力，并指出飞行甲板装甲有助于提高舰体的刚度（Stiffness），从而让航空母舰具备操作越来越快、越来越重的新型舰载机的能力。

“美利坚”号航空母舰诞生——折中下的“小鹰”级三号舰

1960年发生的一连串重大国际事件，暂时结束了美国海军内部对于调整新建航空母舰规格的争论。首先是1960年5月中情局所属U-2侦察机遭苏联击落的事件，紧接着在7月又爆发了刚果危机，稍后老挝也发生推翻亲美政府的政变。为应对渐趋紧张的国际局势，美国海军向西太平洋的第7舰队与地中海的第6舰队增派了航空母舰。

“独立”号与“无畏”号航空母舰（USS Intrepid CV 11）于该年8月底抵达地中海，展开为期6个月的部署。“萨拉托加”号航空母舰也在1960年9月初抵达地中海。与此同时，第7舰队也部署了3艘航空母舰，分别是“汉考克”号、“奥里斯坎尼”号与“提康德罗加”号（USS Ticonderoga CVA 14）。

为进一步增强打击力量，1960年秋季，美国海军又向第6

与第7舰队辖下的各2艘航空母舰，额外增配1支轻攻击机中队。这4艘航空母舰平时均从舰载航空联队中抽出1支战机中队部署到指定的岸基基地上。第6舰队将舰载机部署在西班牙的罗塔（Rota）基地，第7舰队将舰载机部署在日本的厚木基地。这些舰载战机平时以岸基部署，当情势需要时，这些战机将立即飞返原属航空母舰，跟着航空母舰一起行动。

短短2个月时间内，美国海军便向地中海与东南亚部署了6艘攻击航空母舰。由于当时美国海军只有14艘现役攻击航空母舰——4艘“福莱斯特”级、3艘“中途岛”级与7艘“埃塞克斯”级航空母舰[1]，要向海外派遣多达6艘攻击航空母舰，给美国海军带来相当大的压力。按照正常的任务轮替循环周期，若要持续维持6艘航空母舰的海外部署，则整个舰队必须要拥有18艘航空母舰才行。

于是美国海军决定暂缓将“埃塞克斯”级航空母舰从攻击航空母舰转为反潜航空母舰的计划。另外1961年也会有3艘新航空母舰服役（即“小鹰”号、“星座”号与“企业”号），可缓解现役航空母舰承担的压力。不过根本的解决办法，还是尽快展开已被核准的1艘新航空母舰建造工程。

为节约时间并降低成本，美国海军决定让新航空母舰沿用“星座”号航空母舰的规格，舍弃了续航能力更长、航速更高的大舰壳传统动力航空母舰方案，只引进了少许设计修正。

美国海军在1960年11月25日与纽波特纽斯船厂签订CVA 66航空母舰的建造合约。新航空母舰很快就在1961年1月9日正式开工，并于3年后的1964年2月1日举行的下水仪式中，由海军作战部部长麦克唐纳（David McDonald）的夫人命名为“美利

[1] 除了这14艘攻击航空母舰（CVA）外，美国海军同时期还有9艘由“埃塞克斯”级航空母舰转换而成的反潜航空母舰（CVS），以及1艘由“埃塞克斯”级“莱特”号航空母舰（USS Leyte AVT 10）转换而来的训练航空母舰（AVF）。

上图与对页图：1961财年采购的“美利坚”号航空母舰，让美国海军恢复了中断2年的超级航空母舰采购计划，为了加快工期并降低成本，“美利坚”号航空母舰直接沿用了“小鹰”级航空母舰的基本设计，没有采用美国海军曾一度考虑的大舰壳传统动力航空母舰方案。照片为1961年在纽波特纽斯船厂安放龙骨与建造中的“美利坚”号航空母舰。（美国海军图片）

坚”号（USS America）[1]。

“小鹰”级3号舰

“美利坚”号是“小鹰”级的3号舰，与设计代号SCB 127A的前两艘“小鹰”级航空母舰相比较，设计代号SCB 127B的“美利坚”号航空母舰有几项变化，从舰岛、舰体、飞行甲板、机库的设计到航空设施与雷达电子系统的配备，都有所调整，就外观来看，最明显的改变便是舰岛构型。

为了节省成本，“美利坚”号航空母舰并没有采纳前作战部副部长皮里中将提出配备已应用在“企业”号航空母舰上的

[1] 特别值得一提的是，“美利坚”号航空母舰也是美国海军最后一艘不以人名来命名的航空母舰，后来建造的航空母舰都是以对海军有重大贡献的著名将领、总统或国会议员姓名来命名。

雷达建议，基本雷达配备类型仍与前两艘“小鹰”级航空母舰大致相同（但型号有所更新），不过雷达天线在舰岛上的配置有所更改。舰岛上原有两套导引“小猎犬”防空导弹用的SPG-55火控雷达，从舰桥后上方挪到主桅后方、靠近烟囱的新平台上，新的位置高度更高，可让雷达更好地发挥作用（舰艉右舷平台上另配有1套SPG-55火控雷达）[1]。

“美利坚”号航空母舰的舰岛结构也稍有修改，调整了舰岛构造后端的设计，烟囱排烟口尺寸缩小了将近一半，排烟口也向后挪动，试图借此改善电子设备天线的配置与作业环境，降低烟囱排烟带来的影响。同时也调整了舰桥配置，将主飞行管制站的位置，从舰岛后方往前挪到舰岛前方，安置于航海舰桥与司令舰桥之上，这个配置也成为日后新航空母舰的标准。

除了外观上最显眼的舰岛外，“美利坚”号航空母舰的舰体与飞行甲板设计也和前两艘“小鹰”级航空母舰稍有差异。舰体水线长度仍是990英尺（301.75米），吃水深也同样是35英尺9英寸（10.89米），但水线舷宽从前两艘的126英尺4英寸（38.5米）扩大为129英尺11英寸（39.59米），增加了3英尺7英寸（1.09米）。飞行甲板最大宽度（249英尺4英寸/75.99米）

[1] “小鹰”级航空母舰前2艘“小鹰”号与“星座”号航空母舰，都配有4套导引“小猎犬”导弹用的SPG-55火控雷达，舰岛顶部配有2套，舰艉左右两侧平台也各有1套。按规格来看，“美利坚”号航空母舰理应也会配有4套，不过迄今所能找到的“美利坚”号航空母舰仍配有“小猎犬”导弹时期的照片中，却都只能找到3套——舰岛上仍配备2套，但舰艉却只在右舷配备1套，少了设于舰艉左舷的1套。笔者不能确定这是由于“美利坚”号航空母舰把SPG-55火控雷达的数量削减为只剩3套所致，还是第4套被安装在不容易从现有照片上找到的位置。

也与前两艘相同，总长度则略短，从前两艘的1062英尺8英寸（323.9米）与1072英尺6英寸（326.89米），缩减为1047英尺7英寸（319.3米）。

至于其他设计更改，多位于不显眼之处，主要内容如下。

◆ 增配声呐。水下鼻艏增设一部SQS-23低频声呐，这让“美利坚”号航空母舰成为除了改装为反潜航空母舰的“埃塞克斯”级以外，唯一配有声呐的攻击航空母舰。

◆ 调整舰艏舰锚配置。为了配合水下鼻艏设置的声呐，

右图：与前两艘“小鹰”级航空母舰相比，“美利坚”号航空母舰外观上的最大变化是明显不同的舰岛构型。上为“美利坚”号航空母舰，下为“星座”号航空母舰，可看出舰岛上配备的雷达电子形式大致相同，但两者的SPG-55火控雷达天线位置，以及烟囱的构型均有所不同（注意小圈所框出的SPG-55火控雷达安装位置差异）。（美国海军图片）

“美利坚”号航空母舰没有采用标准的舰艏两舷舰锚（左、右舷各1具舰锚），右舷舰锚仍维持不变，但左舷舰锚被挪到船艏前方中央。舰艏还通过一个鸟喙状构造来确保舰艏舰锚向前投放，避免碰触到水下舰艏的声呐罩。

◆ 主要雷达电子设备型号更新，“小鹰”级航空母舰前两艘原先配备的SPS-37A搜索雷达、SPS-8测高/空中管制雷达与SPS-39 3D搜索雷达，在“美利坚”号航空母舰上分别被这3款雷达的后继改良型SPS-43、SPS-30与SPS-52取代。

◆ 弹射与拦阻设备更新：在弹射器方面，“小鹰”级航空母舰前两艘原为4套C 13，“美利坚”号航空母舰则改为3套C 13和1套改进的C 13 Mod.1，其中长度较大的C 13 Mod.1安装在舰舯左舷靠内侧的3号弹射器位置。

C 13 Mod.1的弹射行程从243英尺延长到304英尺，性能有显著提高。以弹射5万磅物体为基准时，C 13在每平方英寸900磅作业压力下可达到135节的弹射末端速度；而C 13 Mod.1在每平方英寸900磅压力下则能达到150节的弹射末端速度。若以达到135节末端速度为基准，C 13 Mod.1可以弹射近8万磅重的物体，而C 13则只能弹射5.8万～6万磅重的物体。

这也就是说，通过增强的弹射功率，C 13 Mod.1即使是弹射6万、7万磅等级的A3D“空中战士”与A3J“民团”等重型舰载机，也能提供无甲板风弹射能力，可赋予航空母舰指挥官更大的指挥作业灵活性，无须顾虑航空母舰当时所处环境的风向、风速，也不用特意调整航向与航速来获得足够的甲板风协助，仅凭借功率强大的弹射器，就能“强行”将舰载机弹射升空。

“美利坚”号航空母舰另外一项弹射器相关设计更改，是为左舷边缘的4号弹射器也配备了折流板（Jet Blast Deflector, JBD）。在此之前的4艘“福莱斯特”级与2艘“小鹰”级航空母舰都只有1至3号弹射器配有折流板。4号弹射器由于紧靠左舷外侧边缘，弹射器后方距离左舷外张甲板后缘也很近，使用这套弹射器弹射时，只要注意弹射器后方的净空。舰载机起飞时

右图：“美利坚”号航空母舰的自卫武器配备与前两艘“小鹰”级航空母舰同样都是“小猎犬”防空导弹系统。舰艉两侧的平台上各配有1套双臂导弹发射器，并利用SPG-55火控雷达提供目标搜获与照射导引，其中2套安装在舰岛上，另有1套安装在舰艉右舷导弹发射器旁的平台上。上图为1965年“美利坚”号航空母舰试射“小猎犬”导弹的情形，下图为“美利坚”号航空母舰舰艉右侧的“小猎犬”导弹发射器与SPG-55火控雷达（红圈所框处），该舰左舷也有类似的1套导弹发射器配置。（美国海军图片）

的喷流对飞行甲板的影响比其他3套弹射器小了许多，喷流很容易便可导向甲板之外，所以4号弹射器便省略了折流板的配备。不过，这对甲板作业还是有些不便，于是从“美利坚”号航空母舰起，所有新造航空母舰也为4号弹射器配备了一组较小的折流板，可以进一步提高甲板运作便利性[1]。

[1] 后来到了20世纪70年代初期，为了搭载新型舰载战斗机F-14A“雄猫”（Tomcat）的需要，美国海军修改了所有超级航空母舰的飞行甲板，为4套弹射器全都配备了1组面积扩大的改良型折流板，也就是我们日后所看到的折流板形式。

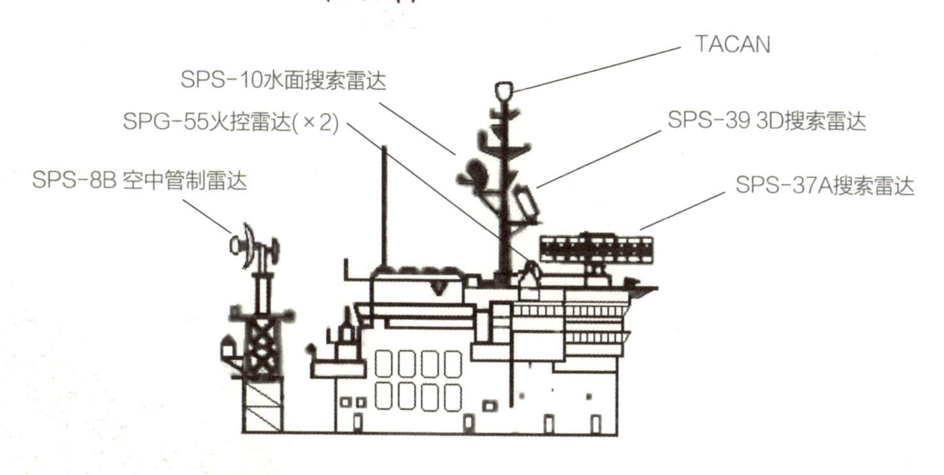

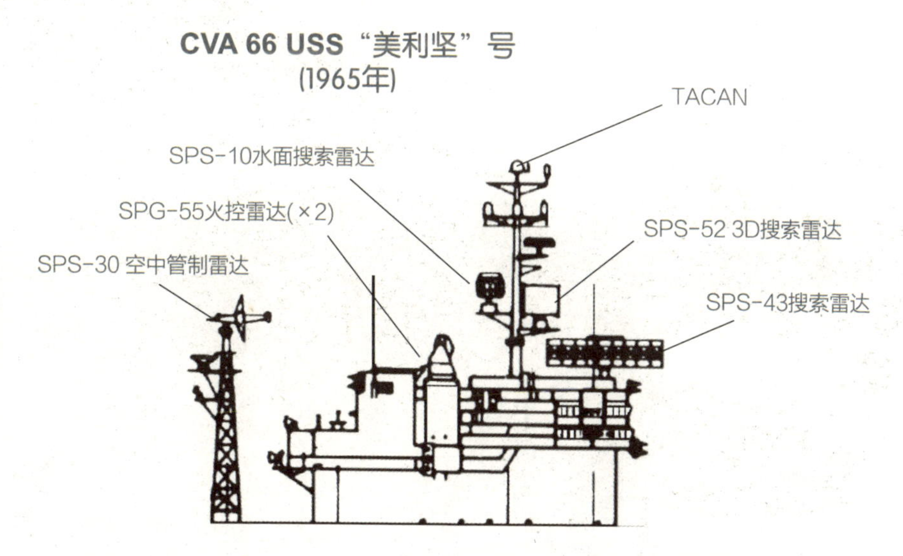

本页图：“小鹰”号（上）与“美利坚”号航空母舰（下）服役初期的舰岛构型与配备对比。“美利坚”号航空母舰的雷达电子配备形式与安装方式与前两艘“小鹰”级航空母舰相同，不过主要的系统被换成较新的形式，如SPS-37A搜索雷达被换成改款后的SPS-43，SPS-39与SPS-8也分别被换成较新型的SPS-52与SPS-30。另外导引“小猎犬”导弹用的SPG-55雷达位置也有所更改，从舰桥后上方向后挪到新设的平台上。舰岛构型也有修改，调整了后端构造，将烟囱排烟口缩小了近一半，并借此可扩大舰岛内部可用空间，减少排烟对舰岛电子设备的影响。（美国海军图片）

“美利坚”号航空母舰拥有与众不同的舰艏舰锚配置。一般航空母舰在舰艏左右舷各配备1具船锚，不过“美利坚”号航空母舰改为在舰艏前方与右舷各设1具舰锚。从图片中可以看到，“美利坚”号航空母舰的舰艏通过一个鸟喙状构造来确保舰艏舰锚向前投放，避免碰触到水下舰艏的声呐罩。（美国海军图片）

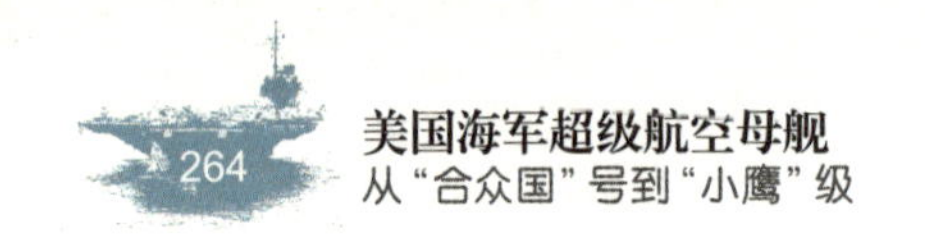

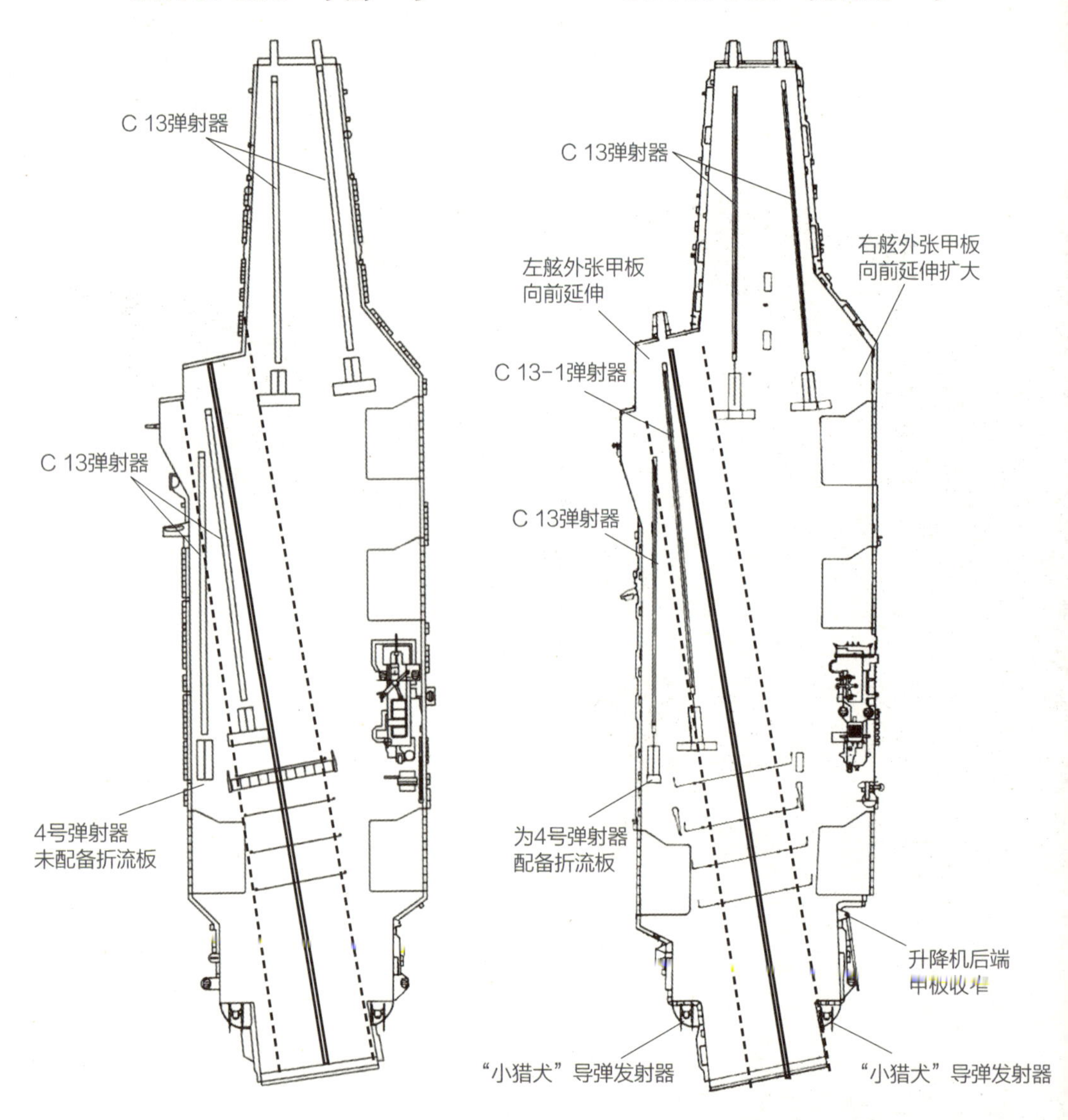

本页图：“小鹰”号与“美利坚”号航空母舰平面构型对比。除了左右两舷外张甲板前端向前延伸，右舷外张甲板后端收窄外，“美利坚”号航空母舰与“小鹰”号的另一不同在于，紧靠左舷边缘的4号弹射器也配备了折流板。在此之前的4艘“福莱斯特”级与2艘“小鹰”级航空母舰，都只有1～3号弹射器配有折流板。（美国海军图片）

在拦阻索方面，“美利坚”号航空母舰则采用5套MK 7 Mod.3拦阻索，取代前两艘“小鹰”级航空母舰的MK 7 Mod.2，“美利坚”号航空母舰也是继“企业”号航空母舰后第2艘采用MK 7 Mod.3拦阻索的航空母舰[1]。以回收5万磅重的机体为基准时，MK 7 Mod.2拦阻索对5万磅重机体的制动速度上限是120节，而MK 7 Mod.3对5万磅重机体的制动速度上限则提高到130节。

◆ 飞机升降机规格调整。“美利坚”号航空母舰仍配备4座飞机升降机，升降机平台构型也与前2艘“小鹰”级航空母舰一样，为不规则五边形，但承载能力从8.9万磅降为8万磅。

◆ 机库加宽。从4艘“福莱斯特”级以至前2艘“小鹰”级航空母舰，美国海军超级航空母舰的机库尺寸都是740英尺×101英尺，“美利坚”号航空母舰则改为740英尺×107英尺，宽度略微加大了6英尺。

◆ 飞行甲板构型调整。飞行甲板左舷外张部分前端略向前延伸以便容纳长度较长的3号弹射器，右舷外张部分也向前延伸，在飞机升降机前端扩张出一块面积更大的停放空间。

◆ 配备海军战术资料系统：美国海军从20世纪50年代开始发展战术资料系统，并于20世纪60年代初期开始引进到现役舰艇上，负责统整、交联本舰与友军的雷达资讯，让舰队作战的战情资料处理进入数字化时代。

“金”号（USS King DLG 10）与“马汉”号（USS Mahan DLG 11）两艘护卫舰，“奥里斯坎尼”号航空母舰、“企业”号航空母舰、“长滩”号导弹巡洋舰和正在建造中的“美利坚”号航空母舰与2艘姊妹舰（“小鹰”号与“星座”号），一同在1963年3月被列入第一批安装战术资料系统的17艘舰艇中。

由于此时“小鹰”号与“星座”号航空母舰都已投入第一

---

[1] 此处是引用弗里曼的《美国航空母舰》（1983年）一书中第398页与399页表格中的记载。不过依照美国海军1981年的军规文件MIL-STD-2066（AS）“Catapulting And Arresting Gear Forcing Functions For Aircraft Structural Design”的记载，“企业”号与“美利坚”号航空母舰依旧配备MK 7-2拦阻索。

99

线服役，只能在1964年年中以后，陆续趁着返港大修的机会安装战术资料系统。于是当时仍在建造中的“美利坚”号航空母舰，也就成为姐妹舰中最早配备战术资料系统的航空母舰，是第1艘在建造阶段就装设战术资料系统的“小鹰”级航空母舰[1]，也是继“奥里斯坎尼”号与“企业”号航空母舰之后，美国海军第3艘配备战术资料系统的航空母舰。

对页图：“美利坚”号航空母舰是美国海军最后一艘不以人名来命名的航空母舰，后来建造的新航空母舰都是以对海军有重大贡献的著名将领、总统或国会议员姓名来命名。（知书房档案）

◆ 发电机配备调整。从“福莱斯特”号航空母舰到“星座”号航空母舰，美国海军的传统动力超级航空母舰都配有3部1000千瓦的柴油发电机与8部1500千瓦的涡轮发电机（SSTG），服役后又陆续增设2部600千瓦（400 cycle）（“福莱斯特”级航空母舰）或750千瓦（400 cycle）（“小鹰”级航空母舰）的涡轮发电机，“美利坚”号航空母舰仍配有3部1000千瓦柴油发电机，但涡轮发电机改为6部2500千瓦加上4部300千瓦（600 cycle），总发电量提高了20%以上，以应对电子设备的增加（如声呐、海军战术资料系统等）[2]。

由于舰体舷宽尺寸与舰载配备都较“小鹰”级航空母舰前2艘有所增加，“美利坚”号航空母舰的设计排水量也稍有增大。“星座”号航空母舰的设计轻排水量与设计满载排水量分别为5.63万吨与7.687万吨，而“美利坚”号航空母舰则分别增加到5.775万吨与7.825万吨。

[1] “美利坚”号航空母舰是在1965年1月服役。“小鹰”号航空母舰虽然在1964年8月开始的大修中进行战术资料系统装设工程，但这次大修耗时8个月，待“小鹰”号航空母舰大修完工重新投入服役时，已落后于“美利坚”号航空母舰，所以“美利坚”号航空母舰是第一艘拥有战术资料系统的“小鹰”级航空母舰。稍后“星座”号航空母舰也在1965年进行配备战术资料系统的工程，接下来在1966年至1967年间，“福莱斯特”级的“福莱斯特”号、“独立”号与“突击者”号等航空母舰也装设了战术资料系统。

[2] “企业”号航空母舰为了应付极为耗电的SPS-32/33相控阵雷达，配备了4部1000千瓦柴油发电机与多达16部2500千瓦的涡轮发电机，总发电量比“福莱斯特”级或“小鹰”级航空母舰高出2.3～2.9倍。

美国海军超级航空母舰的舰桥设计演变

美国海军的超级航空母舰同时身兼“海上机场”“水面舰艇”与“航空母舰战斗群旗舰”3种角色，所以必须提供航空管制用的塔台、航行操舰用的舰桥，以及特遣舰队旗舰指挥中心3种设施，来满足航空作业管制、舰艇航行导航，以及战斗群指挥3方面的需求。美国海军超级航空母舰便是通过主飞行管制站（Primary Flight Control Station, Pri-Fly，或称为航空管制室）、航海舰桥（Navigate-Bridge, Bridge）与司令舰桥（Flag Bridge, Flag Plot）3项设施来对应这3项需求。

从第1艘超级航空母舰“福莱斯特”号起，经过“小鹰”号与“星座”号航空母舰的过渡调整，一直到了接下来服役的“企业”号与“小鹰”级3号舰“美利坚”号，才确立了美国海军超级航空母舰的舰桥配置形式，以下我们便以图解形式说明美国海军超级航空母舰

下图：“福莱斯特”号航空母舰的舰岛（1959年）。

平面呈L形布置的主飞行管制站（Pri-Fly），被嵌在舰岛末端最高的09甲板靠舷内位置，确保可拥有足以纵览整个飞行甲板的最佳视野，并方便观察从舰艉进场的飞机，飞行长（Air Boss）与副飞行长（Mini Boss）在这个位置负责管制航空母舰飞机起降，与周围3～5海里范围内所有飞机的飞行管制作业。

位于舰岛前端08甲板上的是航海舰桥，舰长与执行官在这个位置进行航空母舰的航行指挥。航海舰桥靠舷内的位置还设有第2航空控制站，可作为主飞行管制站的后备辅助。

在航海舰桥下一层07甲板前端的是司令舰桥，战斗群指挥官可在这里督导与指挥整个战斗群的作战。（知书房档案）

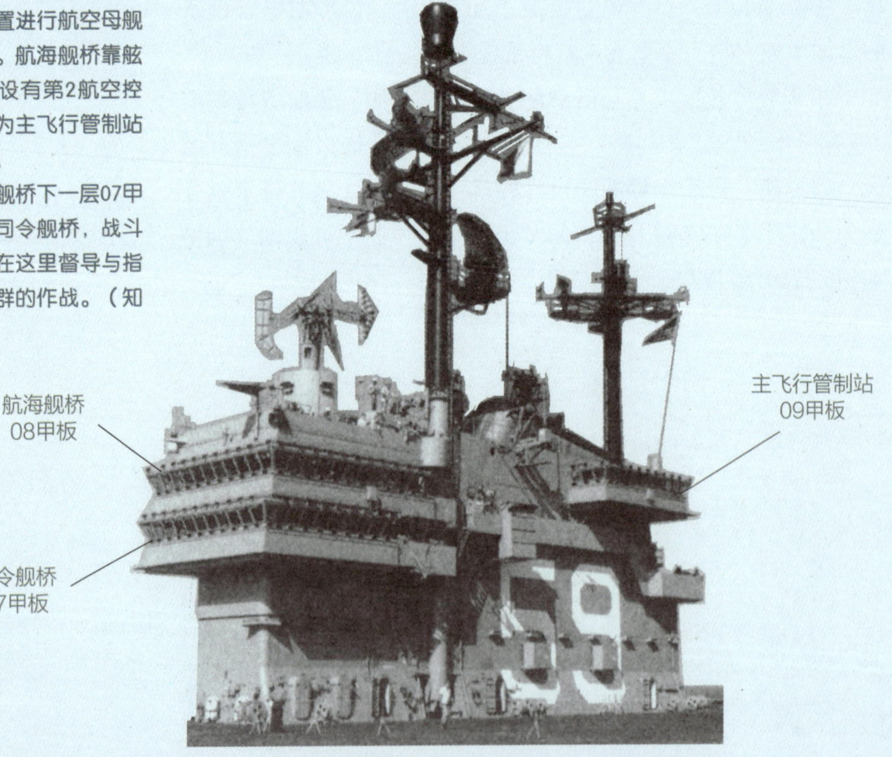

的舰桥设计演变。

自“企业”号与“美利坚”号航空母舰之后，日后的“肯尼迪”号与“尼米兹”级航空母舰也沿用了与这2艘航空母舰相同的3层式舰桥布置——主飞行管制站、航海舰桥与司令舰桥均设置于舰岛前端，分别位于10甲板、09甲板与08甲板3层甲板上。这样的布置也反映了3种舰桥作业对视野的要求。

主飞行管制站的航空管制作业对视野要求最高，所以优先安置在舰岛最高的甲板层，并且还会将主航空控制站靠向舷内设置，一部分构造还会向左延伸到飞行甲板上方，成为悬空的露台——也就是俗称为“一排秃鹰”（Vultrues Row）的平台，以确保没有遗漏地目视掌握整个飞行甲板的状态。

操舰航行使用的航海舰桥，对视野的要求次之，当航空母舰进出

下图：“小鹰”号航空母舰的舰岛（1961年）。

“小鹰”号与“星座”号航空母舰基本沿用了“福莱斯特”级航空母舰的舰桥布置，主航空管制站位于舰岛后端靠舷内处，航海舰桥与司令舰桥则安置在舰岛前端，较大差别是将航海舰桥与司令舰桥各自提高了1层，航海舰桥被提高到与舰岛后端主飞行管制站相同高度的09甲板，司令舰桥则在08甲板。（美国海军图片）

港埠或在狭窄海域航行时，同样也需要良好的目视视野，以避免发生危险，所以航海舰桥被安置在仅次于主航空控制站的舰岛第二高甲板层上。

至于司令舰桥的视野需求又更次之，位置也比航海舰桥更低一层。事实上，随着以现代化电脑、数字通讯系统与大尺寸显示器为基础的战术旗舰指挥中心（TFCC）等系统的发展，战斗群指挥官待在舰桥上目视指挥的需求已经大为降低了。战斗群指挥官实际上可以在

下图："企业"号航空母舰的舰岛（1965年）。

核动力的"企业"号航空母舰不需要烟囱，所以舰岛的尺寸很小，以致舰桥设计必须十分紧凑，因此直接把一个尺寸相当小的主飞行管制站，安置于航海舰桥之上，向舷内方向伸出，由上而下形成一个由主航空控制站、航海舰桥与司令舰桥构成的3层式舰桥构造。（知书房档案）

位于飞行甲板下方03甲板（回廊式甲板）的战术旗舰指挥中心中执行指挥作业，不仅设备更完善，也更舒适——司令舰桥刚好正对着1号弹射器后方，高度又相对较低，必须忍受巨大的弹射起飞噪声。因此目前司令舰桥的重要性已经大不如以往，现今航空母舰保留司令舰桥的设置，与其说是需求，不如说是维持传统。

下图："美利坚"号航空母舰的舰岛（1988年）。

"小鹰"级3号舰"美利坚"号由于修改了舰岛后端的设计，改用大幅缩小的烟囱，舰岛后端结构的高度降了两层甲板高度，因此把主飞行管制站从舰岛后端挪到舰岛前端，安置于航海舰桥之上的10甲板靠舷内位置，虽然这个位置离舰艉甲板较远，较不利于观察从舰艉进场降落的飞机，但比原来的位置高了1层，纵览整个飞行甲板的视野更好。（知书房档案）

“小鹰”级航空母舰的发展与演进——美国海军最后的传统动力航空母舰

几经波折，美国海军终于在1960年11月25日签订了“美利坚”号航空母舰的建造合约，让中断了2个财政年度的新型攻击航空母舰采购计划得以恢复。

但从另一方面来说，这也是美国海军核动力造舰政策的一次失败，美国海军原打算让“企业”号航空母舰以后的所有新造攻击航空母舰都采用核动力推进，然而“企业”号航空母舰极高的造价却造成外界对核动力航空母舰价值的质疑。美国海军虽然争取到参议院对核动力航空母舰计划的支持，但在众议院中受到阻挠。艾森豪威尔总统也不同意让新造航空母舰采用核动力，最后“美利坚”号航空母舰只能按照修改的“小鹰”级航空母舰规格建造，成为“小鹰”级的3号舰。

尽管如此，美国海军并未放弃可为航空母舰带来极大战略价值的核动力推进系统，仍继续尝试争取在后续新造航空母舰上采用核动力，不过从1961年过后，美国海军将面对全新政府领导阶层所带来的不同国防政策思维。

新时代新政策——麦克纳马拉与海军航空母舰计划

肯尼迪（John F. Kennedy）于1961年1月20日正式上任，在此之前的1月9日，“美利坚”号航空母舰在纽波特纽斯船厂开工，成为1951年以来美国海军开工建造的第8艘超级航空母舰。但1952—1958财年间那种每年都订购1艘新航空母舰的荣景再也无法重现，美国海军的航空母舰建造时程被大幅放缓。在肯尼迪主政的头一年中，从1961年7月开始的1962财年并未包含新造航空母舰计划，不过肯尼迪政府同意在接下来的1963财年中，拨给海军建造第9艘超级航空母舰（CVA 67）所需的资金。

在肯尼迪政府的头两年任期中，整个美国都被柏林与古巴发生的一连串国际冲突事件吸引，从1961年4月的古巴猪湾（Bay of Pigs）事件、1961年6月至8月的柏林危机到1962年10月至11月的古巴导弹危机，美国海军的航空母舰都在其中扮演了重要角色。

国际危机中的航空母舰

在猪湾事件中，克拉克（John Clark）少将率领的以“埃塞克斯”号反潜航空母舰（USS Essex CVS 9）与“拳师”号直升机航空母舰（USS Boxer LPH-4直升机两栖运输舰）为核心的特遣舰队[1]成了决定行动成败的关键，最后因肯尼迪总统拒绝由美国海军航空母舰为登陆部队提供直接空中支援，导致入侵古巴行动失败。

[1] 除了这两艘航空母舰外，“香格里拉”号攻击航空母舰当时也在加勒比海海域。

在稍后的柏林危机中，为应对苏联封锁东西柏林边界并建立柏林围墙的举措，肯尼迪决定以增兵作为回应。美国陆军将25万预备役部队征召为现役，美国空军排定了战略轰炸机部署时程，美国海军则将原定转为反潜航空母舰的“列克星顿”号继续保留为现役攻击航空母舰，让现役攻击航空母舰数量从14艘增加到15艘，是1953年半岛战事结束以来的最高点。

而在一年后的古巴导弹危机中，美国海军更是投入了多达6艘航空母舰，构成封锁古巴的海上力量核心。海沃德（John Hayward）少将的135特遣舰队（Task Force 135）作为海上机动打击骨干，拥有3艘超级航空母舰，包括“独立”号、“萨拉托加”号航空母舰，以及当时服役还不到1年的“企业”号航

下图：为庆祝美国海军航空队成军50周年，1961年大西洋舰队所属的3艘航空母舰上的舰员共同排列出“海军航空1911—1961”的字样，从前到后分别为“独立”号、“萨拉托加”号与“无畏”号航空母舰。其中“独立”号与“萨拉托加”号航空母舰都参与了后来在加勒比海爆发的古巴危机。（美国海军图片）

空母舰。沃德（Alfred Ward）中将的136特遣舰队（Task Force 136）则承担隔离封锁任务，拥有包括“埃塞克斯”号、“蓝道夫”号（USS Randolph CVS 15）与“胡蜂”号航空母舰（USS Wasp CVS 18）在内的3艘反潜航空母舰。

在此次事件过程中，美国海军再次展现了航空母舰在部署弹性与反应速度上的优势，在危机一开始就为战区提供强大的防空与打击力量。举例来说，当肯尼迪总统于1962年10月22日晚上向全世界发表电视演说，揭露苏联正在古巴部署弹道导弹时，“独立”号与“企业”号航空母舰同时也已做好了任务准备，可在3小时内让规模超过100架攻击机的打击机群出击。

稍后在危机最高峰——一架U-2侦察机于10月27日在古巴上空遭SA-2防空导弹击落后，肯尼迪虽推迟了原定立即发动的报复攻击，不过美国政府也紧急制定了一个攻击古巴导弹基地的新计划。此时海军航空母舰上的舰载机依旧处于可随时出击的状态。相较下4支处于警戒状态的战术空军中队此时却仍需要48小时的准备时间才能出击。

美国著名陆军历史学家马歇尔（S. L. A. Marshall）在提及1961年美国扩增兵力以应对国际危机这段历史时表示：“（政府）在决定部队与武装的水平时是带有风险的，不可能达到完美的全面平衡。”他指出，受限于财政，不可能让军事力量的

各个方面都达到面面俱到的完美平衡，而必须有所取舍。当时建造1艘超级航空母舰所需的开销，大致等同于组织、装备与维持一支军级陆军部队1年所需经费，虽然马歇尔认为，“争论一艘航空母舰和一支军级陆战部队，谁对战争的影响更大是没有意义的”，但他最后的结论是：“比起在美国本土征召2个陆军师，1艘超级航空母舰对苏联能产生更大的抑制与更积极的威慑。”

航空母舰特遣舰队在一系列国际危机中的表现，为美国海军的航空母舰建造计划提供了不可或缺的理由。不过在古巴危机过后，海军与国防部部长麦克纳马拉之间，却为了航空母舰的动力形式问题爆发了严重冲突。

对页图：古巴导弹危机期间的“企业”号（上）、“独立”号（中），以及“萨拉托加”号航空母舰上的舰载机（下），当时这3艘超级航空母舰均隶属于海沃德少将所属的135特遣舰队，构成了封锁古巴海上舰队的主要空中打击力量。在古巴危机期间，美国海军航空母舰的舰载空中武力，展现了远较于空军的陆基战机部队更高的部署弹性与立即可用性，从危机的一开始，便能为战区提供强大的防空与打击力量，并具备极高的战备程度，在接获命令的数小时内即可发起攻击，而航空母舰特遣舰队杰出的表现，也对美国海军接下来的航空母舰建造计划起了正面作用。（美国海军图片）

航空母舰建造计划的调整

美国海军一直没有中断对核动力航空母舰的研究，在肯尼迪政府刚上台的1961年初，海军舰船局提出了一个基于SCB 211核动力航空母舰设计方案的衍生方案SCB 211A。

相较于1959年提出的SCB 211，新的SCB 211A方案的主要特色在于采用新设计的缩窄型舰体侧防护隔舱，通过缩窄舰体两侧的水下防护隔舱，以便抑制舰体重量和获得更大的内部容积。动力系统则与SCB 211同样为4组规划中的A3W反应堆，带动蒸汽涡轮推进系统可输出20万轴马力以上的功率，架构比起采用8组A2W反应堆的“企业”号航空母舰要简化许多，建造与操作费用降低很多。

但SCB 211A的建造成本仍比传统动力航空母舰高出1/3到1/2，因此当美国海军于1962年提出列在1963财年计划下的新航空母舰采购计划时，国防部部长麦克纳马拉与海军作战部部长伯克都要求采用较便宜的传统动力。

在1963财年新航空母舰上采用传统动力的另一个因素，是基于减少技术风险的考量。当时第一批核动力水面舰——“企业”号航空母舰与“长滩”号导弹巡洋舰，服役均尚未满

从半岛战事结束到古巴危机的美国海军航空母舰数量变化（1954—1963年）

级别	1954年	1955年	1956年	1957年	1958年	1959年	1960年	1961年	1962年	1963年
“埃塞克斯”级 CVA	11	7	6	8	11	8	7	7	5	4
“中途岛”号 CVA	2①	1①②	1①②	2③	2③	2③	3	3	3	3
“福莱斯特”级 CVA	—	1	2	3	3	4	4	4	4	4
“小鹰”级 CVA	—	—	—	—	—	—	—	2	2	2
“企业”号 CVA	—	—	—	—	—	—	—	1	1	1
攻击航空母舰总数	13	9	9	13	16	14	14	17	15	14
“埃塞克斯”级 CVS	6	9	10	11	11	10	9	9	10	9
攻击航空母舰+反潜航空母舰总数	19	18	19	24	27	24	23	26	25	23

注：①“富兰克林·罗斯福”号航空母舰于1954年4月开始进行SCB 110现代化工程，1956年4月重回现役。
②“中途岛”号航空母舰于1955年6月开始进行SCB 110现代化工程，1957年9月重回现役。
③“珊瑚海”号航空母舰于1957年6月开始进行SCB 110A现代化工程，1960年1月重回现役。

半年，美国海军还需要多累积一些操作经验，才能确切评估核动力水面舰的实际运作成效。因此在评估结果完成前，在1963财年的新航空母舰上，美国海军暂时采取较保守的传统动力方案。

美国海军的核动力水面舰评估报告预计要到1963年春季才能出炉，但国防部部长麦克纳马拉却先行在1963年初对海军航空母舰计划作出了重要决策。当1964财年国防预算于1963年1月30日呈递给国会时，其内并未包含新航空母舰的拨款，麦克纳马拉声明：“暂订每2年着手建造一艘新的传统动力航空母舰，前一艘航空母舰（CVA 67）已包含在1963财年造舰计划中，因此下一艘航空母舰暂订将会于1965财年中进行（采购），然后再于1967财年着手（采购）另一艘。”

按照这份声明，麦克纳马拉允许美国海军在1963财年、1965财年与1967财年各采购1艘新航空母舰。但事实上，麦克纳马拉并未兑现这项承诺。在1963年稍晚的采购计划审核中，麦克纳马拉便将1965财年采购1艘航空母舰的订单给取消了，这也意味着，麦克纳马拉将海军新航空母舰采购周期延长到2年以上。麦克纳马拉对海军航空母舰计划不友善的举措还不限于此，1963年2月22日，麦克纳马拉又要求海军进行一项分析研究，证明海军要求维持15艘现役攻击航空母舰并据此规划新航空母舰建造计划的合理性。

由于远程弹道导弹数量的迅速增加，当时的攻击航空母舰已不再被视为美国战略进攻力量中的主要角色。到1963年，美国已部署超过400枚核弹头弹道导弹，其中144枚部署在海军的9艘“北极星”弹道导弹潜艇上。到1963年底，可用的战略弹道导弹总数增加到将近600枚。因此海军这项航空母舰需求分析，

下两图：美国海军最初在1962年初提交列在1963财年中的第9艘超级航空母舰CVA 67建造计划时，由于当时第一批核动力水面舰——“企业”号航空母舰与“长滩”号巡洋舰服役还未满半年，还未累积足够的实际运作经验，为求保险起见，美国海军先行建议让CVA 67航空母舰采用传统动力。待1963年初确认了核动力水面舰运行成效后，美国海军转而要求从CVA 67航空母舰以后所有8000吨以上主要水面作战舰，都希望采用核动力。左图为刚服役的“长滩”号导弹巡洋舰，右图为“企业”号航空母舰，分别为第一艘核动力水面舰与第一艘核动力航空母舰。（美国海军图片）

以对抗陆基战术空中武力的成本效益为基础。

这项航空母舰研究被分为几个部分，由斯科奇（Schoech）中将担任总监，卡德威尔（Turner Caldwell Jr.）少将负责主持其中的海基空中打击研究（Sea-Based Air Strike Study），借以评估海军需要15艘（或以上）航空母舰的合理性，科威尔（John Colwell）少将则出任水面舰核动力推进委员会主席，并以航空母舰的核动力相关议题为重点。

对页图：随着"北极星"弹道导弹潜艇服役，攻击航空母舰在美国战略核打击力量中的比例也迅速降低。1963年初，美国海军已有10艘"北极星"弹道导弹潜艇服役，因此原先承担核任务的A3D"空中战士"与A3J"民团"2种舰载攻击机先后转型为加油机或侦察机，这也让攻击航空母舰重新回归到以战术作战为核心任务。为"华盛顿"级"北极星"弹道导弹潜艇2号舰"帕特里克·亨利"号（USS Patrick Henry SSBN 599）于1959年9月22日下水的情形。（美国海军图片）

航空母舰推进动力形式之争

基于"企业"号航空母舰与"长滩"号导弹巡洋舰的操作测试成果，美国海军的水面舰核动力研究在1963年得出的结论是：建议从CVA 67航空母舰起，让所有标准排水量大于8000吨的作战舰艇都采用核动力。

但是当美国海军于1963年4月30日将航空母舰核动力推进研究结果呈递给麦克纳马拉时，却立刻遭到否决。麦克纳马拉认为海军的报告是"基于直觉而非定量的"，麦克纳马拉否决了海军在这份研究报告中提出的结论，指示海军针对传统动力、核动力航空母舰与护卫舰在各种假定部署与作战强度情境下的混合搭配，汇整更详细的资料，并要求海军在新的报告中证明，为了引进核动力所增加的成本，能否带来相对应的作战效能提升，或在提高作战能力的同时借此缩小舰队规模。

1963年8月12日，美国海军将修改后的核动力研究送交麦克纳马拉，又再次遭到退回，被要求做额外的补充。然而在美国海军重拟报告期间，麦克纳马拉于1963年10月9日知会海军，他决定反对在已获得建造授权的CVA 67航空母舰上采用核动力，要求该舰采用传统动力。麦克纳马拉解释道，这个决策是为了避免该舰的建造时程迟延，而非对后续水面舰核动力应用议题的预先论断。麦克纳马拉强调，他只是反对在马上就要展开的CVA 67航空母舰建造计划上采用核动力，而不是反对后续水面舰采用核动力。

核动力与传统动力

麦克纳马拉未充分与美国海军沟通，便径自决定新航空母舰CVA 67采用传统动力，这在海军与国会中激起了极大的反应，海军部部长寇斯（Fred Korth）立即辞职以示抗议，这让人回想起1949年“合众国”号航空母舰遭取消时，当时海军部部长苏利文辞职抗议的往事。国会核能联合委员会也召开了听证会，委员会主席帕斯托尔（John Pastore）参议员在宣布听证会结论时指出：“联合委员会在1962年3月31日针对‘企业’号航空母舰举行的听证会中，所得到的证据显示，核动力航空母舰的军事效能远远超过传统动力航空母舰。如果决定海军舰艇类型的唯一因素是经济性，那就不会从风帆动力转变为燃煤，然后又转变为燃油了！”

原子能委员会（Atomic Energy Commission, AEC）、海军与国防部的首脑官员都出席了听证会发表证词，参与人员包括原子能委员会的主席希伯格（Glenn Seaborg）与里科弗海军中将，海军部部长寇斯与海军作战部部长麦克唐纳，国防部国防工程研究总监布朗（Harold Brown），以及最重要的主角麦克纳马拉。

在听证会陈词中，麦克纳马拉将核动力航空母舰的成本设定为比传统动力高出1/3。可以看出，核动力航空母舰本身的建造成本就比传统动力航空母舰高出将近1亿美元。另外，由于核动力舰艇在建造时就须预先为反应堆装填好燃料。这笔初始燃

美国国防部的核动力航空母舰成本分析（1963年10月）

项目	金额(美元)
核动力航空母舰建造成本(CVAN 67)	3.710亿
初始反应炉燃料核心成本	0.320亿
额外的轻攻击机中队(A-4)成本	0.374亿
合计	4.404亿
传统动力航空母舰建造成本(CVA 67)	2.772亿
核动力与传统动力间的差额	1.632亿

料费用也相当可观（等同于在建造阶段预先支付7年份的燃料费）。

不过，核动力的支持者很快就指出，把相当于7年份燃料费的反应堆初始核心费用计入核动力航空母舰建造总成本中，但却没把相对应的多年份燃油费用纳入传统动力航空母舰成本中，这样的对比显然是不公平的。同样地，麦克纳马拉把1支轻攻击机中队的费用纳入核动力航空母舰成本的做法，也受到质疑。

左图：核动力舰艇须在建造阶段便预先为反应堆填入燃料，因此这笔初始反应堆燃料费用也会列入核动力舰艇的采购费用中，相较下，传统动力舰艇的燃油费用则不包括在建造费中。所以在比较核动力与传统动力航空母舰成本时，核动力航空母舰往往会因此吃亏。由于核动力航空母舰装填一次燃料，就等同于传统动力航空母舰数年的燃油费用，因此就整个寿命周期成本来看，核动力的成本与传统动力的差距并不那么大。图片为建造中的“尼米兹”级航空母舰“里根”号（USS Ronald Reagan CVN 76）。（诺思罗普·格鲁曼集团·纽波特纽斯船厂图片）

麦克纳马拉向联合委员会这样解释他的观点：“核动力航空母舰拥有传统动力航空母舰所不具备的特点，就这个意义来看，核动力（航空母舰）优于传统动力航空母舰。但就我以及与其他人的共同的观点，当我们面对苏联时，以1艘核动力航空母舰替代传统动力航空母舰，并不能使我们的力量增强。”换言之，麦克纳马拉承认核动力航空母舰拥有一些传统动力航空母舰不具备的技术性能优势，但就对抗苏联的整体战略态势来说，并不会带来显著的差别。

当参议员帕斯托尔质询到底需不需要新航空母舰时，麦克纳马拉回答：“我认为这（需求）相当低。”他进一步解释：“我倾向于认为我们需要（CVA 67），但需要的程度并不等同于我们需要的许多其他东西。我不认为我们需要核动力为这航空母舰所带来的额外性能。”这也就是说，麦克纳马拉虽然同意认可建造CVA 67这艘新航空母舰的必要性，但反对将CVA 67

航空母舰改用核动力。

国会联合委员会在1963年12月21日发表了一份言词苛刻的报告，指称麦克纳马拉支持传统动力航空母舰的成本效益论点是“使人误解”“被误导”与“不正确”的。联合委员会指出，若以30年全寿命成本来计算，核动力航空母舰的全寿命总成本，仅比传统动力航空母舰的全寿命成本高出3%而已。联合委员会建议：

◆ 虽然（国防部）已做出在新航空母舰CVA 67上安装传统动力系统的决策，但应搁置（这项决策），重新规划在这艘航空母舰上安装核动力系统。

◆ 美国应采纳在所有未来的主要水面作战舰艇使用核动力推进的政策。

◆ 应该大力发展水面舰核动力推进技术。

不过就像14年前，海军与国会的反对无法阻止国防部取消建造“合众国”号航空母舰的决策一样，这一次来自国会联合委员会与海军内部的抗争，也依旧无法撼动麦克纳马拉要求CVA 67航空母舰采用传统动力的决定。而且海军、国会与国防部针对航空母舰推进动力形式的争论，也大幅拖延了CVA 67航空母舰的计划时程，让原定在1963财年（从1962年7月至1963年7月）便要进行签约采购的CVA 67航空母舰，实际上一直拖到1964财年第4季才完成签约。

在艾森豪威尔总统2任任期内，美国海军成功得到建造6艘新型攻击航空母舰的授权，虽然在争取其中第6艘——CVA 66航空母舰的过程中曾遭遇一些麻烦，但还是在艾森豪威尔卸任前的1960年11月25日，签订了“美利坚”号航空母舰（CVA 66）建造合约。接下来在1961年1月上任的肯尼迪政府，也同意在1963财年让美国海军新购1艘攻击航空母舰CVA 67，然而由于海军与国防部对新航空母舰应采用何种动力形式存在严重歧见，以致CVA 67航空母舰的建造出现意料之外的波折。

核动力航空母舰的替代品——超大型传统动力航空母舰研究方案

眼见建造核动力航空母舰的尝试一再遭遇阻挠，海军舰船局在1963年时另外提出了一系列超大型传统动力航空母舰设计方案，包括CVAL、CVA XL与CVA XXL，试图从另一个方面向来弥补无法获得核动力航空母舰的缺憾。

相较于传统动力航空母舰，核动力航空母舰最大优点便是几近无限的续航力。比起传统的蒸汽锅炉，虽然核反应堆会占用更多的舰体内部空间，但能省下大量传统动力航空母舰原用于携带主机锅炉用燃油的空间，并将这些空间转用于携带舰载机使用的JP-5航空燃油或额外的武器弹药，故核动力航空母舰通常可拥有明显更大的航空燃油承载量，航空军械承载量也会略有增加，作战持续能力明显优于传统动力航空母舰。为弥补传统动力航空母舰在这方面的劣势，海军舰船局这一系列设计方案的重点，便是企图通过扩大舰体，借以携带更多的燃油与弹药，让传统动力航空母舰具备接近核动力航空母舰的持续作战能力。

其中CVA XL方案是当时美国既有造船与维护设施所能允许的最大舰型，水线长达1080英尺，轻排水量与满载排水量分别达到6.65万吨与9.736万吨，借助更大的舰体，CVA X的航空燃油与航空军械承载量均达到相当于核动力版CVAN 67航空母舰的程度，JP-5航空燃油承载量达1.1211万吨（传统动力版CVA 67航空母舰的JP-5航空燃油承载量仅5835吨，核动力版CVAN 67航空母舰为8071吨），航空军械承载量则为3150吨（CVA 67航空母舰则仅2140吨）。

CVAL方案是一种尺寸相当于“企业”号航空母舰的舰型，水线长1040英尺，可携带6433吨JP-5航空燃油与3150吨航空军械，轻排水量与满载排水量分别为6.4052万吨与8.815万吨。

除了拥有更大的航空燃油与军械携带量外，CVAL与CVA XL两个方案的续航力，都设定为与传统动力版CVA 67航空母舰同等的程度（基本需求是以20节航行时可达1.2万海里），但这也衍生了一个新问题——更大的航空燃油与军械承载量，虽然大幅延长了舰载航空联队的持续作战能力，但航空母舰本身的续航能力却没有相应延长，因此这一系列设计中最大型的CVA XXL方案，便是希望既拥有CVA XL的航空承载能力（JP-5航空燃油与军械），同时又搭载更充分的锅炉用油来获得更大的续航力，结果也带来超出美国既有干坞容纳上限的超大舰体，水线长达1300英尺（396.5米），轻排水量与满载排水量分别高达8.2917万吨与11.0719万吨。

虽然CVA XXL拥有极大的续航力，但整体效能却不见得超过吨位更小的CVAL等级舰体，CVA XXL为了延长续航力而携带了更多的主机锅炉用油，导致航空军械与JP-5航空燃油的承载量均受到限制，航空军械承载量仅与CVAL等同，JP-5航空燃油更是只有CVAL的2/3，而且过大的舰体尺寸还会造成使用上的许多困难。

整体来说，这一系列超大型传统动力航空母舰设计方案并不太成功，虽然得到了更大的燃油与军械承载量，然而随着舰体尺寸吨位的放大，导致成本也跟着增加，反而失去传统动力航空母舰原有的成本优势，但性能依旧不及核动力航空母舰，可说在成本与性能两方面都不讨好，最后也没有得到实际采用。

传统动力航空母舰设计的平衡点

从20世纪50年代中期的CVA 3/53、CVA 10/53等中型传统动力航空母舰研究方案，到20世纪60年代初期的CVAL、CVA XL与

超大型传统动力航空母舰设计方案与既有航空母舰设计对比（1963年）

设计代号	CVAN 65	CVAN 67①	CVA 67②	CVAL	CVA XL	CVA XXL
水线长(英尺)	1040	1040	990	1040	1080	1300
轻排水量(吨)	68443	—	56628	64052	66500	82917
满载排水量(吨)	85480	87400	78145	88150	97360	110719
JP-5燃油承载量(吨)	8264	8071	5835	6433	11211	4300
航空军械承载量(吨)	2524	2329	2140	3150	3150	3150
续航力	无限	无限	12000海里(20节)	12000海里(20节)	12000海里(20节)	＞12000海里

注：① SCB 211A设计方案。

② SCB 127C设计方案。

CVA XXL等超大型传统动力航空母舰研究方案，显示出传统动力攻击航空母舰在尺寸/吨位、性能与成本方面的最佳平衡点，大致是落在“小鹰”级航空母舰这种满载7.6万～8万吨级左右的舰型上。

比“小鹰”级航空母舰小上一截的6万吨级中型传统动力航空母舰，大约能节省20%左右成本，但航空作业能力却缩减1/4以上，军械承载量少了25%～30%，航空燃油减少25%～30%，升降机与弹射器也都只能配备3套。与大幅缩水的航运能力相比，中型航空母舰相较于大型航空母舰的成本节省幅度却相当有限，可谓得不偿失。

至于比“小鹰”级航空母舰更大型的9万～11万吨级超大型传统动力航空母舰，虽然借助更大的燃油量与军械承载量，作战持续性能明显超过“小鹰”级航空母舰，但航空作业能力的提升却有限——随着舰体扩大，飞行甲板面积有所增加，但舰体内部增加的空间主要用在携带更多的军械与燃料上，机库面积没有太多增加，也无法配备更多的弹射器或飞机升降机。而且要让这样大的舰型维持与“小鹰”级航空母舰同等的航速性能，还需大幅增加在动力系统方面的投入。过大的尺寸也会造成运用与维护上的许多问题，如要运用CVA XXL这种超大舰型，相关的港埠与船坞设施都需跟着改建扩大，所费不赀，整体性能的提升幅度与增加的成本不能成正比。

总而言之，航空母舰尺寸吨位过大或过小，在成本效益上都不理想，成本效益较为平衡的是类似“小鹰”级航空母舰这样的舰型。

重归传统动力

事实上，美国海军虽然极力推动采购新的核动力航空母舰，但考虑到当时的政治情况，美国海军针对1963财年的新航空母舰（CVA 67）计划，同时发展了传统动力与核动力2种设计。

一方面，海军舰船局持续发展SCB 211与SCB 211A这一系列核动力航空母舰设计方案。另一方面，在签订“美利坚”号航空母舰建造合约后不久，美国海军也开始探讨后续的传统动力航空母舰设计，并在1961年11月29日的舰艇特性委员会工作层级会议中准备了一份草案，建议新的传统动力航空母舰采用以下规格：

◆ 沿用“美利坚”号航空母舰的舰壳。

◆ 航速、续航力与锅炉用燃料容量等规格，都参照“美利坚”号航空母舰。

◆ 重新布置主机舱室。自“福莱斯特”级航空母舰以来，美国海军传统动力航空母舰的动力舱段都采用2个辅机舱加上4个主机舱的配置（由前而后构成辅机舱—主机舱—主机舱—辅机舱—主机舱—主机舱的排列顺序），新配置则把原先2个36英尺长的辅机舱合并到1个52英尺长的新舱室，成为5个52英尺长的舱室布置，辅机舱夹在主机舱之间，借此可缩减大约20英尺长的动力舱段占用空间（从280英尺长减为260英尺）。

◆ 沿用“美利坚”号航空母舰的电子设备配置，另增设“堤丰”（Typhon）防空导弹系统，包括2套中程导弹发射器，每套弹舱容纳40枚导弹，以及1套含有7000个天线单元的SPG-59多功能火控雷达。

◆ 与“美利坚”号航空母舰相同的飞行甲板构型与航空设施配置，但改用4套弹射行程310英尺的C 13 Mod.1弹射器（“美利坚”号航空母舰为3套弹射行程250英尺的C 13搭配1套C 13 Mod.1）。

◆ 防护设计沿用“美利坚”号航空母舰的规格，但预定采用较薄、占用空间较少的水下侧鱼雷防护舱。

◆ 乘员编制人数增加58名军官与318名士兵（“美利坚”号航空母舰的配置是411名军官与4171名士兵）。

从前述规格需求设定，可以看出美国海军的矛盾心态，一方面想尽可能沿用“美利坚”号航空母舰的设计以便削减成本，另一方面却又希望引进新技术，如“堤丰”防空导弹系统便是一项十分庞大且昂贵的装备，必须在舰上增设1座独立的舰岛来安装该系统大型的SPG-59多功能火控雷达。

设计规格的调整

整体来说，新的CVA 67传统动力航空母舰方案以“美利坚”号航空母舰的SCB 127B构型为基础，但在防空武装与动力装置方面有较大更改。

在自卫武器方面，当初在设计“小鹰”级航空母舰时，为了提高整个航空母舰特遣舰队的防空能力，并降低防空护卫舰的负担，故采用了区域防空等级的“小猎犬”导弹。从“小鹰”号到“美利坚”号航空母舰的3艘“小鹰”级航空母舰，都配备了“小猎犬”导弹系统，包括2套MK 10双臂导弹发射器、4部SPG-55照明雷达与SPS-39/52 3D搜索雷达，整体防空能力实际上已达到同时期导弹护卫舰的等级，防空火力与火控通道数量仅次于同时期的导弹巡洋舰。

不过，美国海军当时正在发展新一代的“堤丰”防空导弹系统，含远程型与中程型2种款式，预期很快就会取代旧的“小猎犬”“塔洛斯”（Talos）与“鞑靼”（Tartar）等导弹，因此为CVA 67航空母舰配备“堤丰”中程型导弹也被列为可行的选项。“堤丰”防空导弹系统必须搭配重量极大且十分精密昂贵的SPG-59多功能火控雷达，以致CVA 67航空母舰会在舰体设计、舰岛构型、配置与成本等方面付出相当大的代价，但“堤丰”防空导弹系统的作战效能远远高于“小猎犬”防空导弹系

本页图：美国国防部部长麦克纳马拉（上）反对在新航空母舰上采用核动力，于1963年10月下令海军在CVA 67航空母舰的设计上继续使用传统动力，虽然海军部部长寇斯（下）辞职以示抗议，许多国会议员也支持采购核动力航空母舰，并召开听证会质疑美国国防部的决策，但麦克纳马拉获得肯尼迪与约翰逊2任总统的充分支持，海军与国会最终未能改变麦克纳马拉的决策。（美国海军图片）

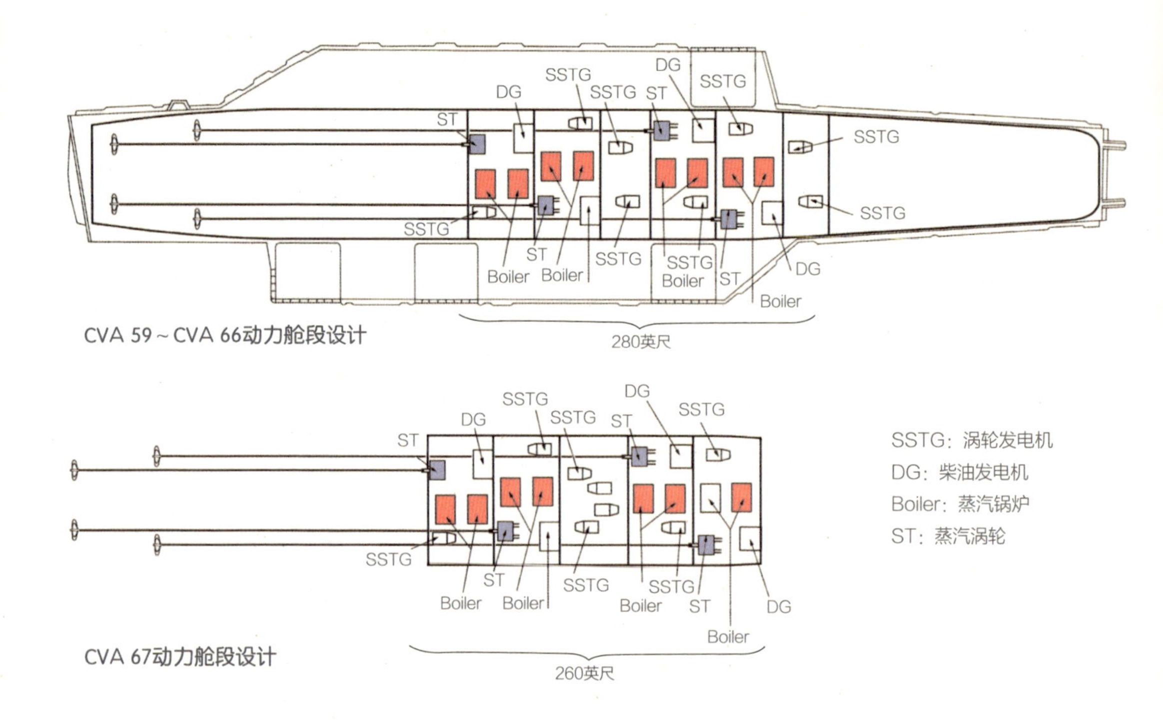

CVA 59～CVA 66动力舱段设计

CVA 67动力舱段设计

本页图：从“福莱斯特”级航空母舰开始，一直到“小鹰”级三号舰“美利坚”号为止，美国海军的传统动力超级航空母舰的动力舱段，都采用4主机舱加上2辅机舱的6舱式布置（如上图），总共得占用280英尺长的舰体，而在后续的CVA 67航空母舰设计上，美国海军尝试改用4主机舱加上1辅机舱的5舱式布置（如下图），以便将动力舱段占用的舰体长度减少到260英尺，从而获得更多可用空间。（美国海军图片）

统，并具备抗饱和攻击能力[1]。

让新航空母舰配备“堤丰”导弹，主要基于改善整个特遣舰队防空火力的考量，而非仅限于航空母舰本身的自卫。但问题在于，考虑到航空母舰原本就已相当庞大的尺寸与成本，若因配备“堤丰”防空导弹系统而导致成本进一步增加，在成本效益上将不如另外建造专用的“堤丰”防空导弹系统护卫舰。

因此，另一个思路便是以节省成本优先，降低防空系统的

[1]　“堤丰”防空导弹系统是20世纪50年代后期开始发展，性能空前强大的舰载防空系统。如CVA 67航空母舰预定搭载的“堤丰”中程型导弹，弹体长度与重量分别只有“小猎犬”导弹的59%与56%，但却拥有同等级的射程，并且有半主动雷达导引、被动归向与TVM（Track-Via-Missile）3种导引模式。至于CV 67预定搭配的是“大船版”SPG-59多功能火控雷达的简化型，配有7000个天线单元，完整的大船版SPG-59多功能火控雷达则配有1.02万个天线单元，在4秒1次的低更新率模式下可同时追踪400个目标，在0.1秒更新率的高精确度追踪模式下则能同时追踪10个目标（部分资料记载的更新率为1秒），并能同时导控30枚滞空中的“堤丰”导弹接战目标。

规格，让新航空母舰改用性能比低一阶的“鞑靼”导弹，借此可大幅节约导弹发射器、弹舱等相关配备的空间与重量，也只需安装较小、较简单的火控系统。

除改用“鞑靼”导弹外，新航空母舰防空系统还有一个选择是改用“海撕裂者”（Sea Mauler）导弹系统[1]，但性能比“鞑靼”导弹系统更低阶，只具备基本的点防御能力。若改用这种系统，也就意味着放弃让航空母舰为特遣舰队分摊防空任务的角色，仅能为航空母舰自身提供最基本的自卫能力，不过这确实能节省非常多的经费与重量。从另一方面来看，伴随航空母舰的护卫舰理应会配有更高阶的区域防空系统，航空母舰本身未必需要自行配备高阶防空系统。此外，由于“海撕裂者”采用了发射器与搜索/火控雷达合一配置的形式，也有助于简化导弹系统在航空母舰上的布置设计。

然而，由于技术问题不断，“撕裂者”开发计划在1965年11月取消，美国陆军改用由AIM-9D响尾蛇（Sidewinder）导弹衍生的小槲树（Chaparral）导弹替代“撕裂者”导弹。在美国海军方面，考虑到采用红外线导引的丛树导弹缺乏迎头作战能力，选择以半主动雷达导引的AIM-7E“麻雀”导弹，衍生出舰艇发射的版本“海麻雀”导弹，取代了“海撕裂者”导弹，发展为日后广获使用的基本点防御导弹系统（Basic Point Defense Missile System, BPDMS）。

动力系统的调整

除了自卫武装外，美国海军也考虑改变新航空母舰的主机

[1] “海撕裂者”即20世纪50年代后期美国陆军委由通用动力公司发展的“撕裂者”（Mauler）前线防空系统（FAAD）的海军版，“撕裂者”的陆军编号为XMIM-46A，采用雷达乘波导引，射程可达5英里，每个发射单元含9枚装（3×3）的发射器、1套搜索雷达与1套T-I连续波追踪照明雷达，全部系统都安装在1辆由M113装甲车衍生的XM546履带机动载具上。美国海军也在20世纪60年代初期考虑引进“撕裂者”的衍生型，赋予RIM-46A的编号，打算充作二线舰艇的点防御导弹系统（Point Defense Missile System, PDMS）。

形式，打算引进新型的增压锅炉（或称为压力燃烧锅炉）。这种锅炉的尺寸更紧致，而且可使用JP-5航空燃油为燃料，因此航空母舰将不必分别携带JP-5航空燃油与自身主机使用的锅炉用油，可将燃料类型统一，借此可让航空用油与主机用油具备互相调配的能力。

在20世纪60年代初期，增压锅炉曾被美国海军视为极具前景、可改善传统燃油动力舰艇效能的新型动力装置，也是战后新一代水面护卫舰的动力来源，如“加西亚”级（Garcia Class）与“布鲁克”级（Brooke Class）远洋护卫舰都采用了这种锅炉[1]。原本接下来的“诺克斯”级（Knox Class）也要采用增压锅炉，然而威廉·弗朗西斯·吉布斯（William F. Gibbs）船厂在1963年至1964年设计“诺克斯”级时，认为这种新型锅炉固然有单位功率高、可用燃油类型广等优点，但在可靠性与安全性上都存在难以解决的问题，而且构造复杂、成本较高，最后还是改回使用传统的每平方英寸1200磅蒸汽锅炉。增压锅炉也没有应用到比护航驱逐舰更大

[1] 与之前应用在上一代护航驱逐舰的传统蒸汽锅炉相比，应用在“加西亚”级与“布鲁克”级上的增压锅炉，可在相同体积、重量下提供多出70%以上的输出功率。

的舰型上。存在过的最大功率增压锅炉单元，便是前述两级护航驱逐舰上的1.75万轴马力单元。

尽管如此，增压锅炉还是具备一些优点的：可使用JP-5航空燃油作为燃料的特性，污染物（可减少腐蚀）较少，排烟烟尘密度（可改善飞机降落进场视野）较低，降低锅炉维护需求，以及统一燃油类型等。因此美国海军仍试图在新航空母舰上以JP-5航空燃油作为锅炉用油。

新航空母舰设计成形

舰艇特性委员会主席于1962年1月22日造访了海军舰船局，向该局建议平行发展2项研究方案：

（1）一种传统动力、造价不超过3.1亿美元的CVA 67航空母舰设计。这种方案基本上沿用“美利坚”号航空母舰的设计，但采用以下改进措施：

◆ 航空燃油承载量从185万加仑提高到195万加仑，航空军械承载量则从1650吨增加到1800吨。至于因此而增加的舰体内部容积需求，则通过改用较薄的水下侧防护隔舱来取得。

◆ 乘员编制数从411名军官与4171名士兵增加到481名军官与4724名士兵，需要以较低的居住性标准为代价（居住性标准降低到驱逐舰与巡洋舰等级）。

◆ 原先“美利坚”号航空母舰配备的2套“小猎犬”导弹用的MK 10双臂发射器，被2套“鞑靼”导弹的MK 13单臂发射器取代（也有采用MK 11双臂发射器的选项），而不采用复杂昂贵的“堤丰”防空导弹系统。

◆ 以新发展的SPS-48 3D搜索雷达，同时取代之前航空母舰配备的SPS-39 3D搜索雷达与SPS-30测高雷达。

（2）以SCB 211为基础的核动力CVAN 67方案。舰艇特性委员会要求继续发展核动力设计。核动力版CVAN 67的基本规格与平行发展的传统动力版CVA 67航空母舰大致相同，通过核动力可省下50万加仑锅炉用油的配置，并将这些油舱空间转用

对页图：在CVA 67航空母舰设计初期，美国海军曾考虑为该舰配备“堤丰”防空导弹系统防空系统，但这也必须为该舰安装“堤丰”系统十分庞大且昂贵的SPG-59多功能火控雷达，无论在成本或设计上都须付出许多代价。图片为1962年底到1966年间安装在“诺顿湾”号测试舰（USS Norton Sound AVM-1）上测试的SPG-59多功能火控雷达原型，雷达塔顶端的球形天线是发射天线，基座部位的3个球形则是为了接收天线，可同时导控30枚“堤丰”导弹接战多个目标，不过重量与耗电量都极为庞大，如“诺顿湾”号这套不完整的SPG-59多功能火控雷达原型，整座雷达塔重量就达到190吨。（美国海军图片）

于携带JP-5航空燃油，因此承载量可比传统动力版CVA 67航空母舰多出将近1/4。CVAN 67的乘员编制数，也从早先SCB 211的413名军官与4242名士兵，增加到487名军官与4485名士兵。

另外，CVA 67与CVAN 67两种设计都预定采用4套250英尺弹射行程的C 13弹射器。

依据前述规划，海军舰船局于1962年2月2日向舰艇特性委员会提出了初步预备设计方案，接下来这些设计方案便送交美国海军征询意见。大西洋航空部队司令奥贝恩（Frank O'Beirne）中将认为，考虑到北大西洋海域强烈的暴风，应重新采用设于舰体中线的舷内升降机。暴风虽然不一定会影响到飞行甲板作业，但却会干扰舷侧升降机运作，因此奥贝恩建议将右舷前端的一号升降机改为前甲板中线配置的舷内升降机，借此也能省略前方上层弹药升降机的配置（可以让舷内飞机升降机兼任弹药升降机）。

不过，太平洋舰队司令赛德斯（John H. Sides）上将却强烈反对恢复舷内升降机的建议，认为这种设计早已不合时宜。

他还认为应该取消像“美利坚”号航空母舰一样配备舰艏声呐的做

法，他指出为攻击航空母舰配备声呐或许是值得的，但受到预算短缺影响，以致在实际配备与维护上都存在困难。

赛德斯上将还建议取消新航空母舰的防空导弹配备，改为依靠特遣舰队中其他军舰来提供防空保护，仅保留一些轻型火炮作为基本武装——如正处于概念阶段的轻型5英寸54倍口径炮。他认为新航空母舰预定配备的“鞑靼”导弹，充其量只是一种能力非常有限的防空武器。相比之下，通过引进海军战术资料系统，航空母舰特遣舰队的整体防空拦截效能有望获得大幅度的提升，因此与其为航空母舰配备性能有限的“鞑靼”导弹，不如干脆彻底取消防空导弹配置，完全依靠战术资料系统提供的网络化舰队防空机制来提供保护。

另一方面，当时美国海军许多高层军官都认为，当大型军舰在沿海地带作战时，将会面临严重的机动鱼雷艇（Motor Torpedo Boat, MTB）威胁，但防空导弹对于这类目标却发挥不了太多效用。因此在1962年3月的舰队代表会议中，各舰队代表对于新航空母舰设计唯一达成的共识，即质疑为航空母舰配备防空导弹的必要性，建议改用火炮替代。

对页图：美国海军在规划CVA 67航空母舰时，曾打算采用新的防空导弹系统，在此之前的CVA 63、CVA 64、CVA 66三艘“小鹰”级航空母舰，均配备区域防空等级的“小猎犬”导弹，而CVA 67航空母舰则考虑改用同样属于区域防空等级但性能更高的“堤丰”中程型导弹，或是较低阶的“鞑靼”导弹，也考虑改用与陆军共同研发的“海撕裂者”导弹。图片由上到下分别为“小猎犬”导弹、“堤丰”远程型导弹（中程型并未实际建造）、“鞑靼”导弹，以及陆军型的“撕裂者”导弹。（美国海军图片、雷神公司与GD）

新航空母舰设计定案

当美国海军纷纷提出对新航空母舰设计的见解时，舰艇特性委员会却已有了不同的构想，决定保留舰艏声呐，并倾向于采用“鞑靼”导弹而非火炮，但同意在原定用于安装“鞑靼”导弹发射器的2座舰艉武器平台上各配备1门轻量型5英寸54倍口径炮，保留日后安装“鞑靼”导弹的空间与重量余裕。舰艇特性委员会在稍后的1962年4月30日重新审查了新航空母舰设计，并做出进一步设计更改，包括：

◆ 变更3号弹射器的形式，从250英尺弹射行程的C 13更换为310英尺弹射行程的C 13 Mod.1。这也让CVA 67航空母舰的弹射器配置，成为与“美利坚”号航空母舰相同的3套C 13加上

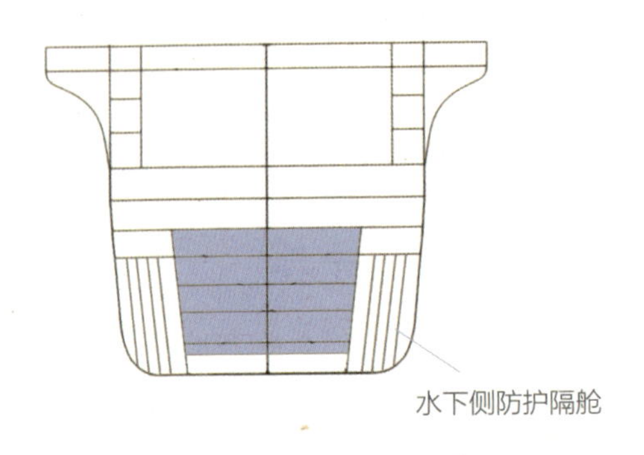

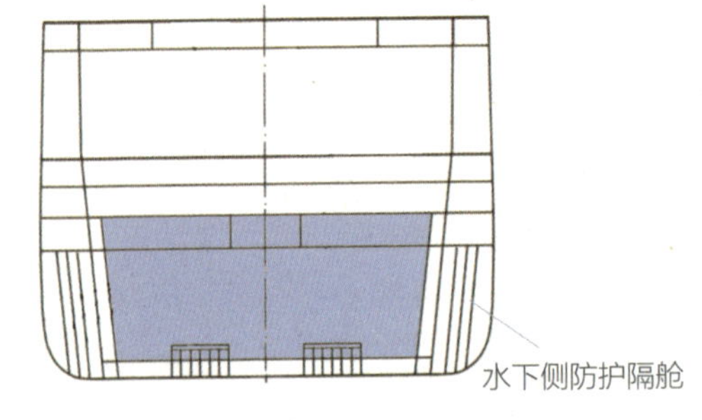

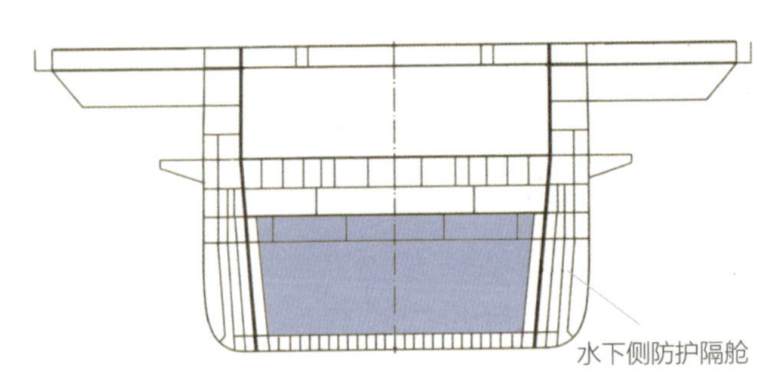

上图：从“福莱斯特”级航空母舰前身的“合众国”号航空母舰起，到“福莱斯特”级与“小鹰”级的前3艘航空母舰，美国海军超级航空母舰的水下防护系统都采用由6层壳板组成的5层式侧防护隔舱，舰体两侧的防护隔舱占30%～40%的水下舰体宽度。为了增加水下舰体的内部可用容积，“美利坚”号航空母舰引进了原为核动力航空母舰设计的较薄的防护隔舱。由上而下为“福莱斯特”级航空母舰由前而后的舰体横截面剖图，可看出舰体水下部位有将近30%的空间都被侧防护隔舱占用。（知书房档案）

1套C 13 Mod.1的混合配置[1]。

◆ 基于节省成本的考量，删除了舰艏声呐的配备。

◆ 删除“鞑靼”导弹（MK 74）火控系统中的2套（原预定配备4套）。

◆ 将活塞飞机用的航空汽油承载量减少到2.5万加仑，喷气式飞机用的JP-5航空燃油承载量则增加到192.5万加仑。

◆ 改用长度稍小、宽度较大的舰岛，研究显示这种舰岛构造可改善抵抗核爆冲击的能力。另外还改用向右舷外侧倾斜的烟囱，借此减少排烟对舰载机降落作业的影响。

◆ 调整电力系统配置。“小鹰”级航空母舰前2艘最初都沿用了“福莱斯特”级航空母舰的3部1000千瓦柴油发电机与8部1500千瓦

---

[1] 单就弹射性能来说，CVA 67航空母舰上这套C13-1应该是美国海军历来使用过的蒸汽弹射器之冠，既拥有可减少压力下降的湿蒸汽收集器，又具备较高的每平方英寸800磅作业压力。相较下，“美利坚”号航空母舰上那套C 13-1虽然采用更高的每平方英寸900磅压力，但仍采用旧的“干”蒸汽接收器，弹射性能略逊于CAV 67上的C 13-1。配备在“尼米兹”级航空母舰上的C 13-1与C 13-2，虽然也采用了湿蒸汽收集器，但作业压力却大幅降低到每平方英寸520磅与每平方英寸450磅，性能均逊于“美利坚”号航空母舰与CVA 67航空母舰上的高压版C 13 Mod.1。

上图：早期设计阶段的CVA 67航空母舰模型，可注意到该舰此时仍保留水下舰艏声呐的配备（球鼻艏设有声呐罩），舰艏两侧的舰体造型十分光滑，没有设置任何武器平台，只在舰艉两侧配备“鞑靼”导弹用的MK 11双臂发射器，不过舰岛已经采用了外倾的烟囱构型。（美国海军图片）

涡轮发电机的配置，服役后又增设2部750千瓦（400 cycle）涡轮发电机［“福莱斯特”级航空母舰也增设了2部600千瓦（400 cycle）涡轮发电机］，“美利坚”号航空母舰则将配置改为3部1000千瓦柴油发电机、6部2500千瓦涡轮发电机与4部300千瓦（600 cycle）涡轮发电机。到了CVA 67航空母舰又改为2部1500千瓦柴油发电机与6部2500千瓦涡轮发电机。

海军舰船局在1962年4月底完成了这个代号SCB 127C的预备设计方案。尽管SCB 127C航空母舰沿用了“美利坚”号航空母舰的舰壳，舰体内部采用了较薄的新型侧防护隔舱，借此可获得更多可用空间，但连带也必须重新设计舰体内部结构配置，不过因重新设计所造成的成本增加，可通过以“鞑靼”导弹替代“美利坚”号航空母舰上较昂贵的“小猎犬”导弹而抵销一部分。

舰体内部配置的改变包括：增加弹药舱容积（必须拉长舰体后方装甲箱尺寸并缩短前方装甲箱）、扩大JP-5航空燃油承载量，以及新的主机舱布置（由4个主机舱加上2个辅机舱改为较短的4个主机舱加上1个辅机舱），弹道防护性能也有所改

67

进。在后来的设计修正中，SCB 127C航空母舰又将所有飞行员待命室往上挪到回廊式甲板，这虽然降低了待命室的防护性，但可删去从待命室通往飞行甲板的手扶电梯。

由于SCB 127C航空母舰的乘员编制数量比“美利坚”号航空母舰多一成，为此必须增加乘员住舱空间，加上重新调整了内部舱室配置，影响了可配置给机库使用的舰体空间，导致SCB 127C航空母舰机库甲板面积稍小于“福莱斯特”级与前几艘“小鹰”级航空母舰。“福莱斯特”级航空母舰与“小鹰”号、“星座”号航空母舰的机库面积都是740英尺×101英尺，“美利坚”号航空母舰是740英尺×107英尺，SCB 127C航空母舰则只有688英尺×106英尺，虽然机库稍宽于“福莱斯特”级与前2艘“小鹰”级航空母舰，但长度却短了52英尺，不过总面积只相差大约2.5%，整体来说影响不大。

稍后到了1963年，活塞动力形式的舰载机逐渐退出第一线，因此在这个阶段的新航空母舰设计中，无论是核动力版的CVAN 67还是传统动力版的CVA 67航空母舰设计方案，都将航空汽油替换为190吨的航空军械承载。

对页图：传统动力航空母舰的烟囱布置一直是个恼人的问题，为减少排烟对飞行甲板作业与舰岛电子设备的影响，美国海军在“美利坚”号航空母舰与CVA 67两艘航空母舰上，尝试了与前不同的烟囱构型。自“福莱斯特”号到“星座”号航空母舰为止的6艘传统动力航空母舰，都采用相似的烟囱构造，烟囱被整合在舰岛结构后方，并直接向上排出废气。“美利坚”号航空母舰则将烟囱稍向后挪，同时将烟囱排烟口体积缩小近一半；CVA 67航空母舰则改用向外侧倾斜的烟囱，这种倾斜烟囱早在二战日本海军的“大凤”号、“信浓”号、“飞鹰”号与“隼鹰”号等航空母舰上便已出现，不过美国海军直到20世纪60年代中期设计的CVA 67航空母舰上才引进这种外倾构型的烟囱。（美国海军图片）

最后的传统动力航空母舰——“约翰·肯尼迪”号航空母舰

随着麦克纳马拉作出新航空母舰采用传统动力的决策，核动力的SCB 211与SCB 211A方案都遭到放弃，传统动力的SCB 127C设计方案出线，成为新航空母舰的设计基础。新航空母舰的舷号也正式确定为CVA 67航空母舰，而非核动力版的CVAN 67。不过，动力形式方面的争执，也无可避免地导致了建造时程的延迟，海军直到1964年4月30日才与纽波特纽斯船厂签订CVA 67航空母舰建造合约，已从原先规划的1963财年拖延到1964财年。

半年后，CVA 67航空母舰于1964年10月22日正式开工。到

了实际建造阶段，美国海军又对CVA 67航空母舰做了一些设计更改，主要集中在自卫武装与飞行甲板构型方面。

为了节省成本，美国海军决定不在CVA 67航空母舰上配备任何火炮或重型导弹发射器。

CVA 67航空母舰的飞行甲板构型在建造阶段也略有修改，左舷外张甲板内侧向前延长，甲板前缘改为更锐利的角度与舰艏甲板结合，借此可让行程较长的3号弹射器有更充裕的安装空间，并可改善舰艏方向的迎风气流。另外，为了抑制舰体顶部重量的增加，飞行甲板左右两舷靠舰艉的外张部分面积均稍有缩小，删去了两块突出部分。

独立成级的“肯尼迪”号航空母舰

经过两年半的施工后，为纪念不幸在1963年11月22日遇刺身亡的前任总统肯尼迪，在CVA 67航空母舰于1967年5月27日举行的下水仪式中，由当时年仅9岁的肯尼迪女儿卡洛琳·肯尼迪（Caroline Kennedy）掷瓶，命名为“约翰·肯尼迪”号（USS John F. Kennedy），这也是继“中途岛”级的“富兰克林·罗斯福”号航空母舰之后，美国海军第二艘以总统姓名命名的航空母舰。

由于“海麻雀”导弹发展较晚，“肯尼迪”号航空母舰完工时只预留了安装空间，只能先以无武装的形态于1968年9月7日交付海军服役，稍后在1969年初返港安装了3组MK 25“海麻雀”导弹发射器以及与“海麻雀”系统配套的3套MK 115火控雷达。

“肯尼迪”号航空母舰的舰体基本上沿用了“美利坚”号航空母舰，舰体同样都是水线长990英尺（301.75米）、最大水线舷宽129英尺11英寸（39.59米），舰体水线舷宽稍宽于前2艘“小鹰”级航空母舰。含飞行甲板在内的舰体总长度较前2艘“小鹰”级航空母舰略短，为1047英尺7英寸（319.3米），但最大宽度则达到252英尺3英寸（76.88米），比“福莱斯特”级

对页图：相较于“福莱斯特”级与前3艘“小鹰”级航空母舰，“肯尼迪”号航空母舰由于更改舱室布置，以致机库长度是最短的，从前述7艘航空母舰的740英尺缩短为688英尺，虽然机库宽度加宽到106英尺，略宽于“福莱斯特”级航空母舰与前2艘“小鹰”级航空母舰的101英尺机库宽度（“美利坚”号航空母舰则拥有最宽的107英尺机库），但机库整体面积仍然略有减少。图片为“肯尼迪”号航空母舰的机库。（美国海军图片）

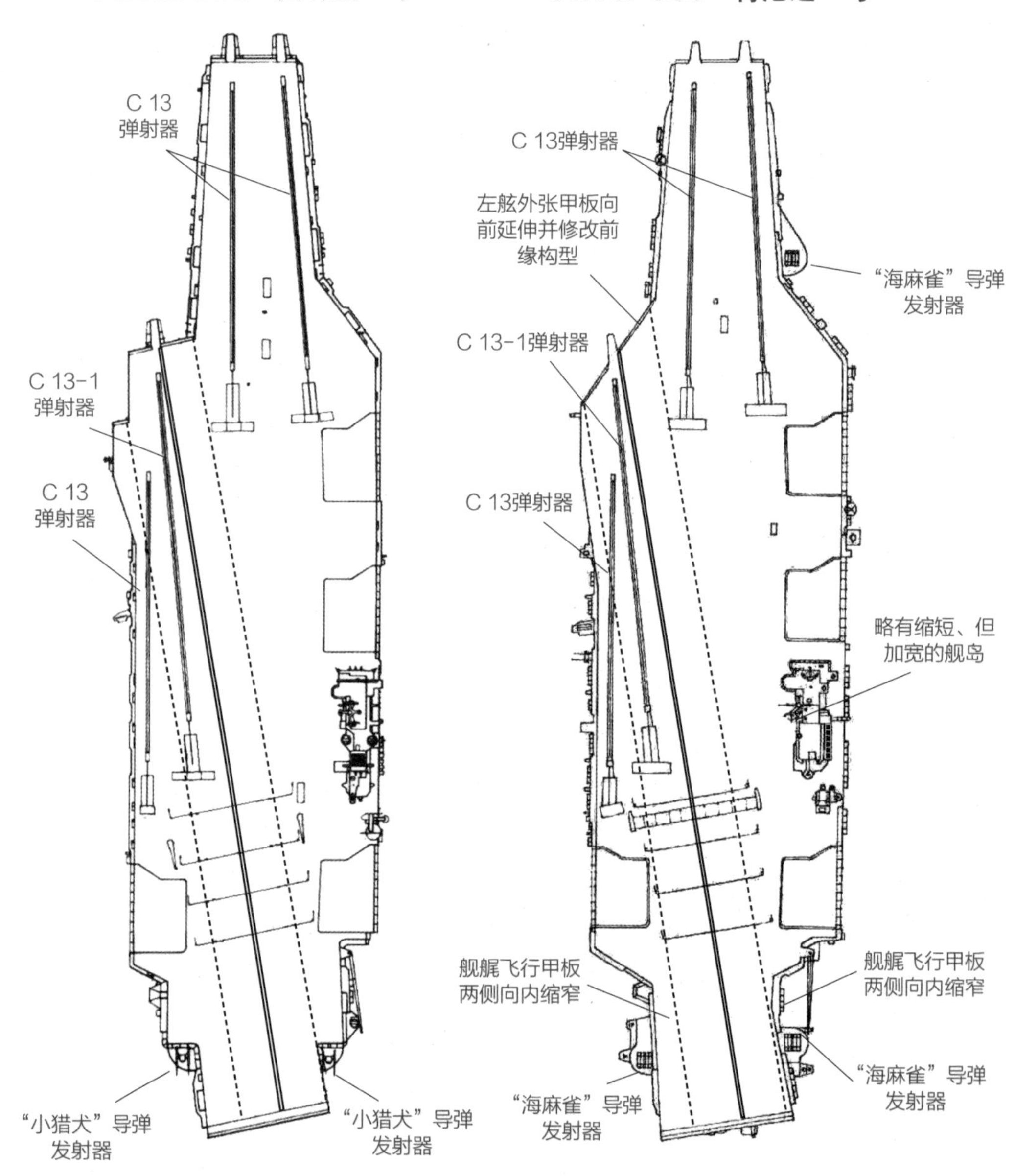

CVA 66 USS“美利坚”号
CVA 67 USS“肯尼迪”号
C 13
弹射器
C 13-1
弹射器
C 13
弹射器
“小猎犬”导弹
发射器
“小猎犬”导弹
发射器
C 13弹射器
左舷外张甲板向
前延伸并修改前
缘构型
“海麻雀”导弹
发射器
C 13-1弹射器
C 13弹射器
略有缩短、但
加宽的舰岛
舰艉飞行甲板
两侧向内缩窄
舰艉飞行甲板
两侧向内缩窄
“海麻雀”导弹
发射器
“海麻雀”导弹
发射器

与“小鹰”级航空母舰都略宽。“肯尼迪”号航空母舰也沿用了“美利坚”号航空母舰的水下球鼻艏，但并未像“美利坚”号航空母舰一样安装声呐。尽管如此，该舰的船锚仍沿用了“美利坚”号航空母舰因配备声呐需求而修改的独特配置，同样采用1具舰艏前方舰锚加上1具右舷舰锚。

虽然“肯尼迪”号航空母舰沿用了许多“美利坚”号航空母舰的基本设计，如舰壳、动力系统、升降机、弹射器与拦阻索配置等，但也引进了许多设计修改，包括舰岛、飞行甲板构型、舱室布置、自卫武装与电子设备等。

例如“肯尼迪”号航空母舰的舰岛引进了新的构型与外倾式烟囱，飞行甲板两舷外张部分的前、后缘构型均有所修改；内部舱室部分的修改尤多，如改用缩短的主机舱、水下舰体的两侧防护隔舱改用削薄的新设计、扩大JP-5航空燃油承载量，以及缩短机库甲板等，另外还将所有飞行员待命室都往上挪到回廊式甲板，因此删除了供飞行员往返下层待命室与回廊甲板的手扶电梯。

至于“肯尼迪”号航空母舰的雷达与自卫系统，更是采用了20世纪60年代后期服役的全新装备。另外，“肯尼迪”号航空母舰的发电机配置也和之前的航空母舰稍有不同，柴油发电机从“美利坚”号航空母舰的3部1000千瓦改为2部1500千瓦，总发电量则不变。

由于纳入了许多设计修改与新配备，“肯尼迪”号航空母舰的吨位也略大于前3艘“小鹰”级航空母舰，从“美利坚”号航空母舰的7.825万吨增加到8.3万吨，之前的4艘“福莱斯特”级与3艘“小鹰”级航空母舰经过服役生涯中的历次改装后，满载排水量也都超过8万吨，但在设计阶段时的满载排水量只有7.6万吨至7.8万吨。

从“小鹰”号到“肯尼迪”号航空母舰的4艘传统动力航空母舰设计虽然系出同源，设计代号均属于SCB 127系列。“小鹰”号与“星座”号航空母舰为SCB 127A，“美利坚”号航空

对页图：“美利坚”号（左）与“肯尼迪”号航空母舰（右）平面构型对比。“肯尼迪”号航空母舰沿用了“小鹰”级航空母舰的基本构型，但采用了不同的防空自卫武装，以较低阶、价廉的“海麻雀”导弹取代“小鹰”级航空母舰上的“小猎犬”导弹。飞行甲板构型也稍有修改，左舷外张甲板前缘内侧向前延伸，并以更锐利的角度与舰艏甲板接合，借此可改善甲板上的气流，并让舰舯部位较长的3号弹射器有更充裕的安装空间。舰艉甲板则稍有缩窄，删去了两块突出部分。从平面构型也可看出，“肯尼迪”号航空母舰舰岛长度稍短，但宽度略宽。研究显示这种舰岛构造可改善抵抗核爆冲击能力。（美国海军图片）

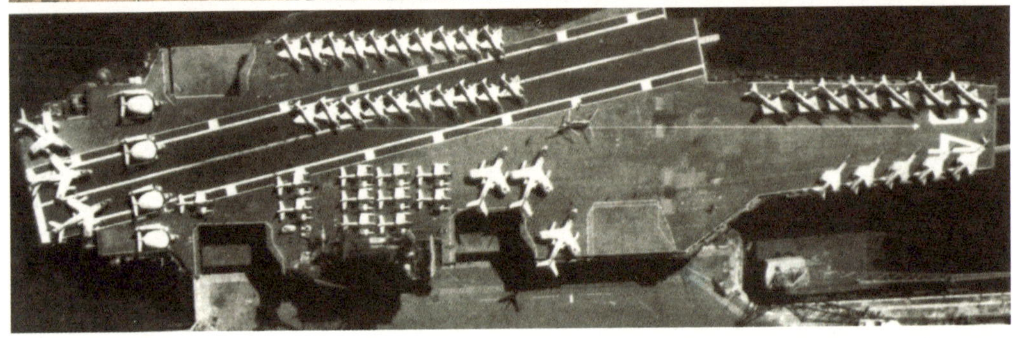

上图：“肯尼迪”号（上）与“星座”号航空母舰（下）的俯瞰角度对比，可看出“肯尼迪”号航空母舰虽然沿用了与“小鹰”级航空母舰前3艘相同的升降机配置，但飞行甲板构型稍有差异，左右两舷外张部分均向前延伸，前后缘以更锐利的角度融入主舰体中，显得更简洁，不像前几艘“小鹰”级航空母舰那样有棱有角。（美国海军图片）

母舰为SCB 127B，“肯尼迪”号航空母舰则为SCB 127C。但基于与“小鹰”级航空母舰之间众多的构型与设备差异，美国海军官方将“肯尼迪”号航空母舰单独列为一级，不过多数文献仍将该舰视为“小鹰”级4号舰，或列为“小鹰”级航空母舰的改良型。除了许多独特的设计外，“肯尼迪”号航空母舰是第一艘设计满载排水量超过8万吨的航空母舰，也是美国海军建造的最后一艘传统动力航空母舰，在美国航空母舰发展史上占有一个重要角色，接下来随着外在环境的变化，以及政策的更迭，在“肯尼迪”号航空母舰之后的航空母舰上，美国海军终于实现了全面核动力化的梦想。

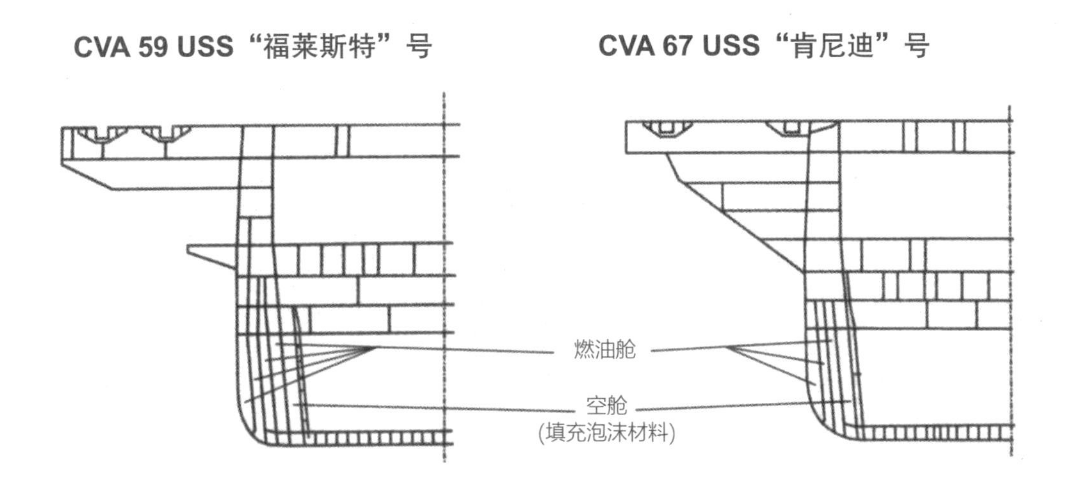

上图：“肯尼迪”号与“福莱斯特”号航空母舰的水下防护隔舱对比。“福莱斯特”号航空母舰的水下防护隔舱设计，是美国海军超级航空母舰的标准构型，被4艘“福莱斯特”级与3艘“小鹰”级航空母舰采用。“肯尼迪”号航空母舰则改用原为核动力航空母舰设计的削薄型水下防护隔舱，以便在不扩大舰体舷宽的情形下，增加舰体可用容积。从上图可以看出，“福莱斯特”级航空母舰采用由6层壳板组成的5层式侧防护隔舱，而“肯尼迪”号航空母舰的水下防护隔舱则缩减了1层，只剩5层隔板构成的4层隔舱，覆盖的舰体高度也比较少。在这种多层式防护隔舱中，最外面几层防护隔舱又兼作燃油舱，容纳航空母舰主机锅炉用油与舰载机使用的JP-5航空燃油，最内侧1层防护隔舱则为填充泡沫材料的空舱。（美国海军图片）

下图：1968年完工试航中的“肯尼迪”号航空母舰。“肯尼迪”号航空母舰是美国海军建造的最后一艘传统动力航空母舰，此后的新造航空母舰便实现全面核动力化。（知书房档案）

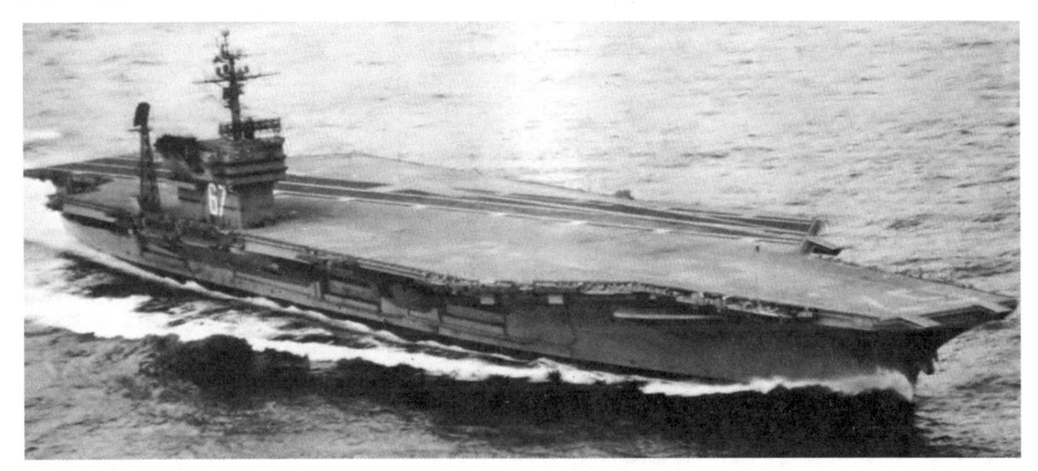

右图：“小鹰”号、“美利坚”号与“肯尼迪”号航空母舰服役初期的舰岛构型与配备对比。“肯尼迪”号航空母舰的舰岛改用较短但较宽的构型，有助于改善抗核爆冲击能力，这座舰岛外观上最大特色是改用向外侧倾斜的新烟囱设计。舰桥则沿用“美利坚”号航空母舰的布置，主飞行管制站在10甲板，航海舰桥在09甲板，司令舰桥在08甲板。比起“小鹰”级，“肯尼迪”号航空母舰的雷达电子配备也较为简化，以新发展的SPS-48 3D搜索雷达取代了各舰的SPS-39/52 3D搜索雷达与SPS-8B/30测高雷达。由于“肯尼迪”号航空母舰的自卫武装以“海麻雀”导弹取代了之前各舰的“小猎犬”导弹，因此舰岛上也没有SPG-55射控雷达配置。（美国海军图片）

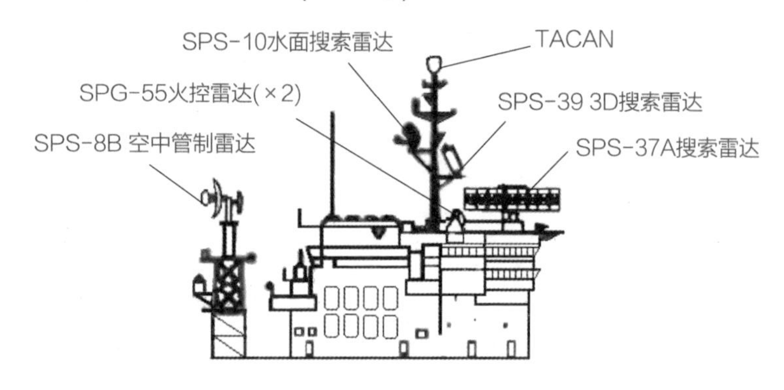

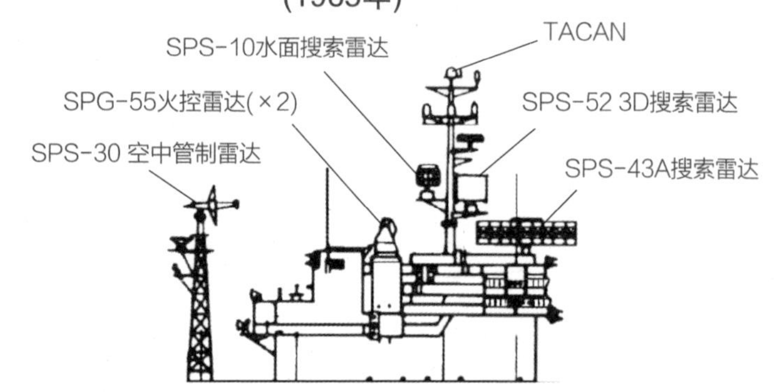

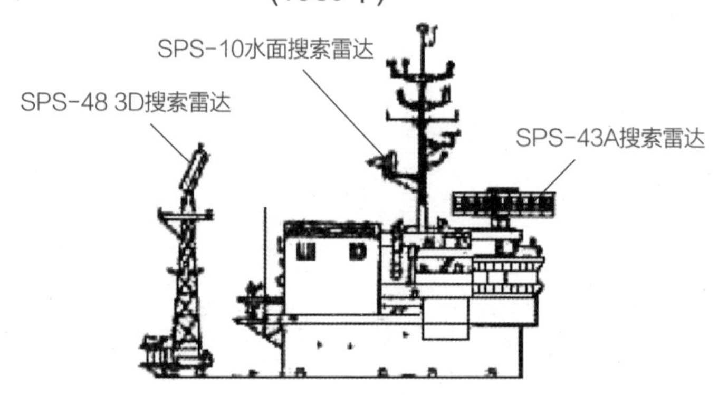

上图：为了纪念被刺杀的肯尼迪总统，在1967年5月27日举行的CVA 67航空母舰下水仪式中，由当时年仅9岁的肯尼迪女儿卡洛琳·肯尼迪掷瓶将该舰命名为"约翰·肯尼迪"号，这也是继"中途岛"级的"富兰克林·罗斯福"号航空母舰之后，第二艘以总统姓名命名的美国航空母舰。（美国海军图片）

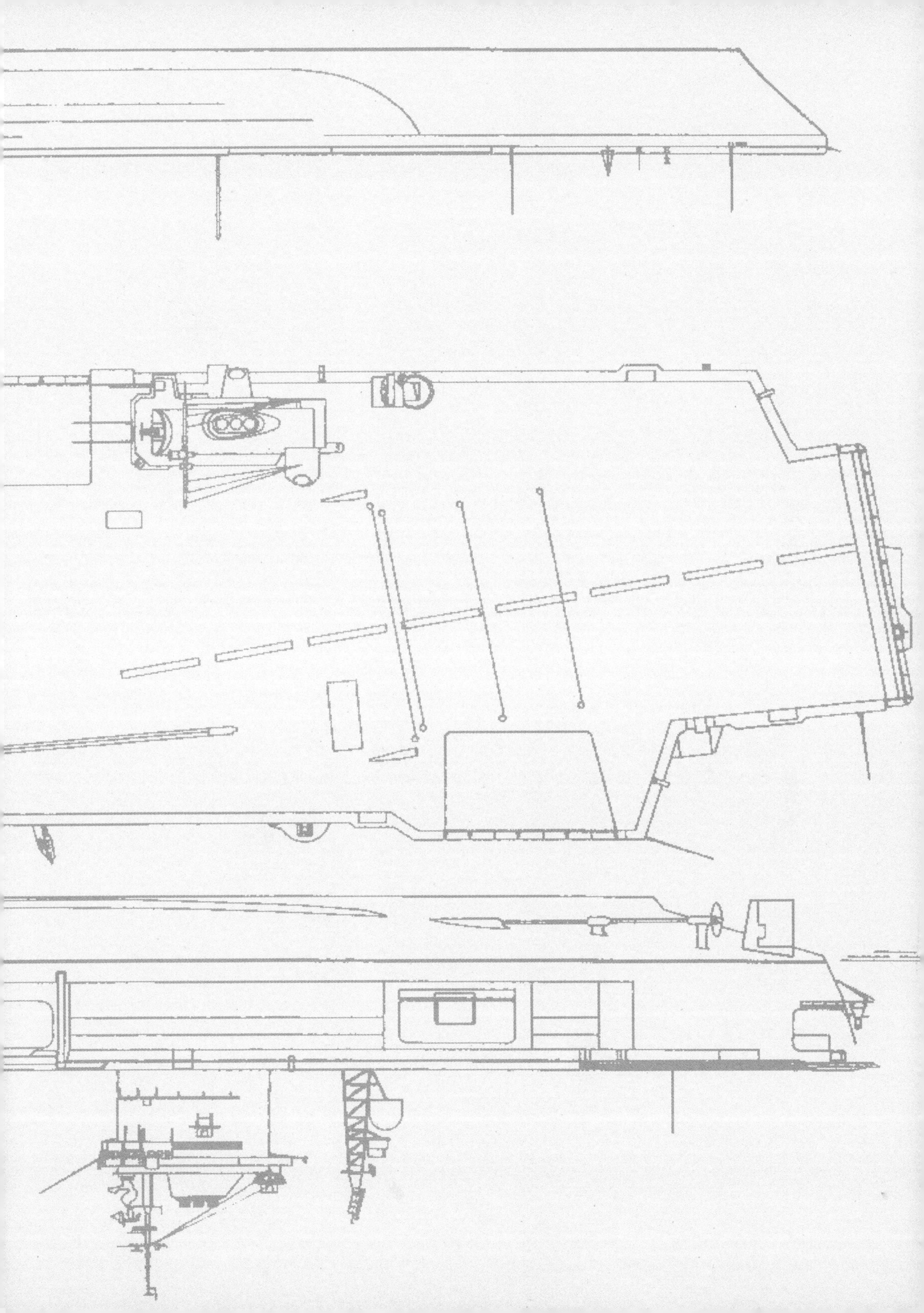

附　　录

英制单位与公制单位换算表

长度（Length）

1厘米（cm）=0.394英寸（in）

1米（m）=3.28英尺（ft）

1米（m）=1.09码（yd）

1千米（km）=4.97浪（fur）

1千米（km）=0.621英里（mile）

面积（Area）

1平方厘米（cm^2）=0.155（in^2）平方英寸

1平方厘米（cm^2）=10.8（ft^2）平方英尺

1平方厘米（cm^2）=1.20（yd^2）平方码

1公顷（ha）=2.47平方英尺（ft^2）=英亩（ac）

1平方千米（km^2）=0.386平方英里（square mile）

重量（Mass）

1克（g）=0.03527盎司（oz）

1千克（kg）=2.20磅（Ib）

1千克（kg）=0.157石（stone）

1公吨（t）=0.984吨（ton）

体积（Volume）

1立方厘米（cm^3）=0.0610立方英寸（in^3）

1立方厘米（cm^3）=35.3立方英尺（ft^3）

1立方厘米（cm^3）=0.765立方码（yd^3）

1立方厘米（cm^3）=27.5蒲式耳（bus）

容积（液体）Volume（fluids）

1毫升（mL）=0.0352液体盎司（fl oz）

1毫升（mL）=1.76品脱（pt）

1升（L）=220加仑（gal）

力（Force）

1牛顿（N）=0.2251磅力（bf）

1吨力（tonf）=9.96千牛顿（kN）

压力（Pressure）

1千克/平方厘米（kg/cm^2）=0.07（PSI）磅/平方英寸

1千克/平方米（kg/m^2）=4.88磅/平方英尺（Lb/Ft^2）

为了庆祝21世纪的到来，在阿拉伯湾执行支持“南方守望行动”任务的“肯尼迪”号上的舰员，在航母的飞行甲板上用队形摆出“2000”字样。（知书房档案）